每个人都需要一个 AI Agent

从 DeepSeek 看超级智能 ASI

赵永新 刘权 著

电子工业出版社
Publishing House of Electronics Industry
北京·BEIJING

内 容 简 介

本书以备受瞩目的 DeepSeek 为切入点，深入剖析人工智能领域，探讨智能体(Agent)这一前沿科技。书中详细介绍了大模型发展历程、智能体技术原理，以及多模态融合等前沿内容，可以充分满足科技爱好者对人工智能新技术的探索欲望；对于职场人士，书中则呈现了在文档处理、代码开发、设计创意等工作场景下，智能体如何助力提升 300% 的工作效率，从而为其职业发展添砖加瓦；学生群体也能通过本书了解智能体在学习导师、个性化训练等方面的应用，找到提升自身学习效率、培养兴趣爱好的新途径；而商业人士，则能通过书中智能体驱动的商业新生态内容，如个人 IP 孵化、小微商户智能客服搭建、大型企业数字化转型等，开拓商业新思路。无论哪个领域的读者，都能从这本书中得到满满的收获，从容应对智能时代的变革。

未经许可，不得以任何方式复制或抄袭本书之部分或全部内容。
版权所有，侵权必究。

图书在版编目（CIP）数据

每个人都需要一个 AI Agent ：从 DeepSeek 看超级智能 ASI / 赵永新，刘权著. -- 北京：电子工业出版社，2025. 4. -- ISBN 978-7-121-50091-6

Ⅰ. TP18

中国国家版本馆 CIP 数据核字第 2025VF8909 号

责任编辑：秦淑灵　　　　文字编辑：赵　娜
印　　刷：涿州市京南印刷厂
装　　订：涿州市京南印刷厂
出版发行：电子工业出版社
　　　　　北京市海淀区万寿路 173 信箱　　邮编：100036
开　　本：720×1000　1/16　印张：17.75　字数：311 千字
版　　次：2025 年 4 月第 1 版
印　　次：2025 年 6 月第 2 次印刷
定　　价：79.00 元

凡所购买电子工业出版社图书有缺损问题，请向购买书店调换。若书店售缺，请与本社发行部联系，联系及邮购电话：(010) 88254888，88258888。
质量投诉请发邮件至 zlts@phei.com.cn，盗版侵权举报请发邮件至 dbqq@phei.com.cn。
本书咨询联系方式：qinshl@phei.com.cn。

前言　当 AI Agent 成为人类的第二大脑

在科技浪潮汹涌澎湃的当下，人工智能（AI）深度嵌入我们工作生活的各个方面，早已不再是科幻作品中遥不可及的想象，从智能手机中的语音助手，到自动驾驶汽车的智能导航，AI 正以令人惊叹的速度重塑世界。在这股 AI 变革的洪流中，一个全新且极具潜力的概念——AI Agent，正逐渐崭露头角，宛如一颗璀璨的新星，预示着人类与智能交互的全新范式，甚至有可能成为人类的"第二大脑"，这本书正是对这一前沿领域的深度探索与解读。

AI Agent，简单来说，是一种能够代表用户自主执行任务，具备一定自主性和智能决策能力的软件实体。它并非简单的自动化工具，而是拥有理解复杂任务、规划行动步骤、在动态环境中灵活调整策略能力的智能体。这意味着，AI Agent 可以像一位贴心且聪慧的助手，深入了解我们的需求、偏好与目标，主动为我们筛选信息、处理事务，甚至在关键时刻提供精准的决策建议。它就像是一个不知疲倦、时刻在线的大脑延伸，拓展着我们认知与行动的边界。

回顾人类科技发展历程，每一次重大的技术突破都深刻改变了我们的生活方式与社会结构。从蒸汽机开创的蒸汽时代，到电力应用带来的电气时代，再到第三次工业革命开创的信息时代，到如今网络化、信息化、智能化深度融合的数字时代，科技进步如同催化剂，加速着人类文明的演进。AI Agent 的出现，极有可能开启一个全新的篇章。它有望将人类从烦琐的日常事务中解放出来，投入更多精力到富有情感与意义的创造性活动中。在工作中，AI Agent 能够根据项目需求自动整合资料、制订初步方案，并在执行过程中实时监控与优化，大大提升工作效率与质量；在生活中，能依据我们的健康状况定制个性化饮食与运动计划，规划旅行路线，预订合适的酒店与车票，全方位打理生活琐事。

而 DeepSeek 作为 AI 领域的先锋实践，是 AI Agent 强大潜力的具象化呈现。通过对 DeepSeek 的深入剖析，我们能看到 AI Agent 如何在复杂的环境中精准理解用户意图，调用多元数据与算法，实现高效且智能的任务执行。DeepSeek 作为本书理论与概念的生动案例，能使读者切实理解 AI Agent 从理论走向现实应用的巨大跨越，以及其在超级智能（Artificial Super Intelligence，ASI）发展进程中的关键作用。当然，与所有具有变革性的技术一样，AI Agent 的发展也伴随着诸多思考与挑战。隐私保护、数据安全、算法偏见、伦理道德等问题，都需要我们在前行的道路上审慎对待。但这并不应成为阻碍我们探索的理由，反而促使我们以更负责任、更具前瞻性的态度去构建这一全新的智能生态。

　　本书阐述了当下 AI 技术的前沿实践与未来人类生活的无限可能。不仅为专业人士提供了深入研究 AI Agent 技术的应用场景，也为普通读者打开了一扇理解未来智能生活的窗户。通过阅读本书，我们能更清晰地洞察 AI Agent 如何一步步成为人类的"第二大脑"，如何在重塑我们生活的同时，也重塑着人类自身与智能的关系。在这个快速变化的时代，我们希望以本书的抛砖引玉，帮助读者提前布局，迎接 AI Agent 带来的智能变革，开启一段充满无限可能的智能新征程。

赵永新

目 录

第 1 章 智能革命已至：为什么每个人都需要一个 AI Agent ·················1
1.1 大模型的平民化进程：从 ChatGPT 到 DeepSeek ·······················1
1.1.1 技术民主化的三次浪潮 ··1
1.1.2 DeepSeek：中国 AI 的"安卓时刻" ··4
1.1.3 平民化的技术杠杆 ··9
1.2 Agent 的核心价值 ··12
1.2.1 Manus Agent：新一代人工智能的突破与应用探索 ·················12
1.2.2 从工具到伙伴：Agent 的本质跃迁 ··15
1.2.3 认知效率的范式革命 ···17
1.2.4 数字分身：人类的第二大脑 ··19
1.3 Agent 对个人生活的变革性影响 ··23
1.3.1 日常生活的重构样本 ···23
1.3.2 认知民主化：教育鸿沟的消解 ···24
1.3.3 老龄化社会的终极方案 ··28

第 2 章 DeepSeek：开启平民化 AI 的新纪元 ···································31
2.1 开源大模型的破局者：模型蒸馏与私有化部署技术 ·····················31
2.1.1 模型蒸馏原理与技术实现 ···31
2.1.2 私有化部署的优势与应用场景 ···33
2.1.3 开源社区对 DeepSeek 的贡献与推动 ·····································34
2.1.4 模型蒸馏在降低成本方面的作用 ··35
2.2 成本革命：推理费用下降的技术密码 ··37
2.2.1 硬件优化：新型芯片与计算架构 ··37
2.2.2 算法改进：高效推理算法解析 ···38
2.2.3 资源管理：云计算资源的优化利用 ···40

2.2.4 成本降低对市场普及的影响 ·· 41
2.3 从代码生成到多模态交互：全能型基座模型的诞生 ····················· 43
　　2.3.1 代码生成的技术原理与应用 ·· 43
　　2.3.2 多模态交互的技术融合与实现 ·· 45
　　2.3.3 全能型基座模型的架构与特点 ·· 47
　　2.3.4 多模态交互在实际场景中的应用案例 ····································· 49

第3章 零基础入门：三步拥有你的第一个AI Agent ························· 53
3.1 选择平台：像选手机一样简单 ··· 53
　　3.1.1 云电脑：租用"智能管家"的VIP包间 ·································· 53
　　3.1.2 本地部署：打造家庭版"贾维斯" ·· 55
　　3.1.3 移动端：口袋里的智能秘书 ·· 58
　　3.1.4 成本计算器：哪种方案最划算 ·· 59
3.2 快速激活：5分钟设置你的智能助手 ··· 62
　　3.2.1 语音交互：让Agent听懂你的"暗号" ·································· 62
　　3.2.2 文字交互：定制你的聊天风格 ·· 64
　　3.2.3 图像交互：手机秒变扫描仪 ·· 66
3.3 实战演练：从点外卖到管日程 ··· 69
　　3.3.1 复杂日程设置：应对老板的临时需求 ····································· 69
　　3.3.2 智能点外卖：比对象更懂你 ·· 70
本章附录 ·· 71

第4章 个人Agent：数字时代的第二大脑 ·· 75
4.1 私有化智能体架构：数据-模型-存储三重防护体系 ······················· 75
　　4.1.1 数据加密与安全传输 ··· 76
　　4.1.2 模型隔离与权限管理 ··· 77
　　4.1.3 存储安全与备份策略 ··· 78
　　4.1.4 三重防护体系的协同工作 ·· 79
4.2 个性化训练实战：游戏助手、创作伙伴、学习导师 ······················· 80
　　4.2.1 游戏助手：策略制定与辅助 ·· 80
　　4.2.2 创作伙伴：灵感激发与内容生成 ·· 82
　　4.2.3 学习导师：知识讲解与学习规划 ·· 85

目　录

    4.2.4　个性化训练的数据收集与利用 ·· 86
4.3　AaaS 新模式：海马云电脑的启示 ·· 88
    4.3.1　AaaS 模式的概念与特点 ··· 88
    4.3.2　海马云电脑的实践案例分析 ·· 89
    4.3.3　AaaS 模式的市场前景与挑战 ··· 91
    4.3.4　AaaS 模式对个人用户的价值 ··· 92

第 5 章　生活场景全攻略：Agent 的日常妙用 ·· 95
5.1　家庭场景：智能菜谱生成/儿童作业辅导/老人健康监测 ······················· 95
    5.1.1　智能菜谱：食材匹配与烹饪指导 ··· 95
    5.1.2　儿童作业辅导：多学科知识解答 ··· 97
    5.1.3　老人健康监测：实时数据跟踪与预警 ······································· 99
    5.1.4　家庭场景中的设备联动与控制 ··· 101
5.2　出行场景：多模态旅行规划 ·· 103
    5.2.1　目的地推荐与行程规划 ··· 103
    5.2.2　交通预订与票务管理 ·· 105
    5.2.3　景点介绍与导游服务 ·· 106
    5.2.4　旅行中的实时信息更新与调整 ··· 107
5.3　消费场景：比价机器人+消费习惯分析报告生成 ······························· 108
    5.3.1　比价机器人：多平台价格对比 ··· 109
    5.3.2　消费习惯分析：数据收集与分析 ··· 110
    5.3.3　个性化推荐与优惠提醒 ··· 112
    5.3.4　消费风险评估与防范 ·· 113

第 6 章　职业加速器：Agent 如何帮你提升 300%工作效率 ······················· 117
6.1　文档处理：会议纪要自动提炼＋PPT 智能美化 ································· 117
    6.1.1　会议纪要：关键词提取与内容总结 ······································· 117
    6.1.2　PPT 智能美化：模板推荐与内容排版 ···································· 119
    6.1.3　文档协作与版本管理 ·· 121
    6.1.4　文档处理中的语言翻译与校对 ··· 122
6.2　代码开发：DeepSeek 编程助手实战（Python/Java 调试案例） ·········· 123
    6.2.1　代码自动补全与语法检查 ··· 124

VII

    6.2.2　调试辅助：错误定位与解决方案·············125
    6.2.3　代码优化与性能提升·····················126
    6.2.4　与开发工具的集成与应用···················128
  6.3　设计创意：LOGO生成/海报设计/AI绘图工作流搭建···········130
    6.3.1　LOGO生成：创意启发与设计展示···············130
    6.3.2　海报设计：元素选择与布局设计················133
    6.3.3　AI绘图工作流：从草图到成品·················134
    6.3.4　设计素材的管理与推荐····················136

第7章　深度个性化：训练专属于你的AI分身··················139
  7.1　模型蒸馏技术：用几条聊天记录克隆你的思维模式···········139
    7.1.1　模型蒸馏的核心算法·····················139
    7.1.2　数据收集与预处理······················141
    7.1.3　克隆思维模式的效果评估···················144
    7.1.4　模型蒸馏在个性化训练中的应用优势··············145
  7.2　领域专家模式：游戏攻略生成/股票分析/法律咨询专项训练·······146
    7.2.1　游戏攻略：策略制订与技巧分享················147
    7.2.2　股票分析：数据解读与投资建议················149
    7.2.3　法律咨询：法规查询与案例分析················153
    7.2.4　领域专家模式的数据来源与更新················155
  7.3　伦理边界：哪些数据不该用于AI训练·················156
    7.3.1　敏感数据的界定与分类····················156
    7.3.2　数据使用的道德准则·····················158
    7.3.3　隐私保护与合规性要求····················160
    7.3.4　违反伦理边界的后果与防范措施················160

第8章　多模态革命：看见、听见、感知世界的Agent··············163
  8.1　图像处理：老照片修复/设计草图转3D模型··············163
    8.1.1　老照片修复：图像增强与去噪·················164
    8.1.2　设计草图转3D模型：模型重建与优化·············166
    8.1.3　图像识别与分类应用·····················169
  8.2　语音交互：方言识别/情感化语音合成·················172

8.2.1　方言识别：多语种与方言支持 173
　　　8.2.2　情感化语音合成：语调与情感表达 174
　　　8.2.3　语音唤醒与指令识别 176
　　　8.2.4　语音交互在智能设备中的应用 178
　8.3　环境感知：智能家居控制中枢实战 179
　　　8.3.1　传感器技术与数据采集 180
　　　8.3.2　智能家居设备联动与控制 182
　　　8.3.3　场景模式设置与自动化执行 184
　　　8.3.4　环境感知在智能建筑中的应用拓展 185

第9章　商业新生态：Agent 驱动的千亿级市场 187
　9.1　个人 IP 孵化：AI 博主内容生产全流程 187
　　　9.1.1　内容策划与选题推荐 187
　　　9.1.2　文案创作与视频脚本生成 189
　　　9.1.3　视频剪辑与特效添加 190
　　　9.1.4　社交媒体运营与粉丝互动 191
　9.2　小微商户：零代码搭建智能客服+营销系统 192
　　　9.2.1　智能客服：常见问题解答与客户引导 192
　　　9.2.2　营销系统：活动策划与推广方案 194
　　　9.2.3　客户关系管理与数据分析 196
　　　9.2.4　零代码平台的优势与应用案例 197
　9.3　行业颠覆：教育/医疗/法律领域的 Agent 解决方案 199
　　　9.3.1　教育领域：个性化学习与智能辅导 199
　　　9.3.2　医疗领域：辅助诊断与健康管理 201
　　　9.3.3　法律领域：法律咨询与案件分析 204

第10章　安全与隐私：Agent 时代的数字生存法则 209
　10.1　三级防护体系：数据加密／模型隔离／行为审计 209
　　　10.1.1　数据加密：算法与密钥管理 209
　　　10.1.2　模型隔离：防止数据泄露与攻击 212
　　　10.1.3　行为审计：操作记录与风险预警 214
　10.2　反操控训练：让 Agent 学会拒绝危险指令 216

- 10.2.1 危险指令的识别与分类·············216
- 10.2.2 反操控训练的方法与策略·············217
- 10.2.3 训练效果的评估与优化·············218
- 10.2.4 反操控训练在实际应用中的案例·············219
- 10.2.5 政策与行业现状·············220
- 10.3 云端保险箱：个人数字资产的继承与迁移·············222
  - 10.3.1 数字资产的定义与分类·············222
  - 10.3.2 数字资产继承的流程与法律问题·············223
  - 10.3.3 数字资产迁移的技术实现与保障·············224
  - 10.3.4 云端保险箱的安全与可靠性·············225

第 11 章 社会进化论：当 80%的人类拥有 AI 助手·············227
- 11.1 岗位替代全景图：从蓝领到白领的智能化冲击·············227
  - 11.1.1 蓝领岗位：自动化与机器人替代·············227
  - 11.1.2 白领岗位：数据分析与决策支持·············229
  - 11.1.3 岗位替代的速度与规模预测·············230
  - 11.1.4 受影响行业的就业结构调整·············232
- 11.2 新职业诞生记：AI 训练师与智能体架构师·············233
  - 11.2.1 AI 训练师：数据标注与模型优化·············233
  - 11.2.2 智能体架构师：系统设计与开发·············234
  - 11.2.3 新职业的技能要求与培训体系·············236
  - 11.2.4 新职业的发展前景与挑战·············238
- 11.3 生产力悖论：效率提升与社会公平的平衡术·············240
  - 11.3.1 生产力提升的实证分析·············240
  - 11.3.2 社会公平的考量因素·············241
  - 11.3.3 政策建议与应对策略·············242
  - 11.3.4 未来社会的发展趋势与展望·············242

第 12 章 通向 AGI：Agent 的终极进化之路·············245
- 12.1 自我进化机制：持续学习型 Agent 的诞生·············245
  - 12.1.1 强化学习与自适应策略·············245
  - 12.1.2 知识图谱的动态更新·············246

目 录

    12.1.3 自我评估与优化机制 ··· 247
    12.1.4 持续学习型 Agent 的应用案例 ······································ 248
12.2 群体智能网络：百万 Agent 协同解题实验 ································· 249
    12.2.1 群体智能的原理与模型 ··· 249
    12.2.2 协同解题的任务分配与协作 ·· 250
    12.2.3 实验结果与数据分析 ·· 251
    12.2.4 群体智能网络的应用前景 ·· 252
12.3 人机共生宣言：保持人性优势的修炼 ··· 253
    12.3.1 情感与创造力的培养 ·· 253
    12.3.2 人际交往与沟通能力 ·· 254
    12.3.3 批判性思维与问题解决 ··· 255
    12.3.4 道德与伦理素养的提升 ··· 256
12.4 认知增强革命：脑机接口与生物智能融合 ··································· 257
    12.4.1 脑机接口技术的原理与应用 ·· 257
    12.4.2 生物智能的特点与优势 ··· 259
    12.4.3 融合技术的发展现状与挑战 ·· 260
    12.4.4 对人类认知能力的提升预期 ·· 261
12.5 具身智能突破：机器人 Agent 的物理具现化 ······························· 262
    12.5.1 机器人的感知与行动能力 ·· 262
    12.5.2 机器人与环境的交互模式 ·· 263
    12.5.3 具身智能的应用场景与案例 ·· 264
    12.5.4 技术发展的瓶颈与突破方向 ·· 265
12.6 新物种宣言：超越碳基生命的硅基文明猜想 ······························· 266
    12.6.1 硅基生命的概念与特征 ··· 266
    12.6.2 硅基文明的发展路径与可能性 ··· 268

参考文献 ··· 270

第 1 章

智能革命已至：为什么每个人都需要一个 AI Agent

在人类历史上第一次工业革命的蒸汽机轰鸣声响起时，很少有人能预见机器将如何彻底重塑社会的运行方式。今天，我们正站在另一场革命的起点——智能革命，这场革命的核心不是蒸汽动力或电力，而是以智能体（Agent）为代表的人工智能技术。从 ChatGPT 的全民狂欢，到 DeepSeek 对多模态交互的突破，再到即将到来的超级智能（Artificial Super Intelligence，ASI），技术正在以指数级速度渗透每个人的生活。本章将探讨：在这场革命中，为何每个人都需要一个专属的 Agent？答案或许藏匿在技术平民化、认知效率跃迁与人类生存范式重构的交汇处。

1.1 大模型的平民化进程：从 ChatGPT 到 DeepSeek

1.1.1 技术民主化的三次浪潮

1. 第一次浪潮（2012—2018 年）：深度学习驱动的 AI 实验室化阶段

2012 年，多伦多大学的 AlexNet 在 ImageNet 图像识别竞赛中以 15.3% 的错误率夺冠，与第二名 26.2% 的错误率的差距震惊了整个计算机视觉领域。这一事件不仅标志着深度学习技术的崛起，更显示了 AI 技术从实验室走向产业化的潜力。然而，此时的 AI 技术仍被严格封闭在学术机构和科技巨头的"围墙"之内。以 2018 年 OpenAI 发布的 GPT-1 为例，这个拥有 1.17 亿参数的模型需要数千块英伟达 V100 GPU 组成的计算集群，单次训练成本高达 430 万美元。普通用户对这类技术的感知仅限于学术论文中的数学公式，或是科技媒体上关于"机器战胜人类"的夸张标题。技术垄断的根源不仅在于硬件成本，更在于数据资源的集中化——谷歌通过搜索引擎积累的万亿级用户行为数据和 Facebook 的社交图谱信息，构成了其他竞争者难以逾越的鸿沟。此时 AI 应用的落地场景极为有限：医疗领域仅能完成皮肤癌图像的初步分类；金融行业用 RNN 模型预测股价的误差率超过 40%；而普通用户能接触到的 AI 产品，可能只是智能手机上准确率不足 70% 的语音助手。

这一阶段的技术民主化尝试显得苍白无力。虽然 Coursera 和 edX 等平台推出了吴恩达的"机器学习"课程（注册人数在 2016 年突破 200 万），但这些 MOOC 课程的教学内容仍停留在线性回归、支持向量机等传统算法上，与工业界使用的深度学习方法存在代际差距。更严峻的是，开源框架的生态尚未成熟：TensorFlow 1.0 版本（2017 年发布）的静态计算图设计让初学者望而生畏，PyTorch 虽在学术界崭露头角，但企业界对其动态图机制的稳定性持怀疑态度。这种割裂直接导致了"AI 人才断层"——据麦肯锡 2018 年报告，全球仅有约 2.2 万人具备部署工业级深度学习系统的能力，而市场需求量是这个数字的 10 倍以上。技术普惠的愿景如同镜花水月，普通开发者若想触碰最前沿的 AI 技术，唯一可能的途径是向科技巨头提交简历。

2. 第二次浪潮（2020—2022 年）：ChatGPT-3 与技术实用化破冰

2020 年 6 月，OpenAI 发布的 GPT-3 犹如一颗核弹引爆了 AI 界。这个拥有 1750 亿参数的模型展现出惊人的上下文学习能力：仅需要 3 个示例就能生成符合特定风格的新闻稿，甚至能模仿哲学家的思辨逻辑撰写论文。技术民主化的突破口来自 API 经济的成熟——开发者不再需要理解 Transformer 架构中的多头注意力机制，只需通过 RESTful API 调用模型能力。美国初创公司 Jasper.ai 在 2021 年推出的 AI 写作工具，通过封装 GPT-3 的接口，帮助用户生成广告文案、博客文章，甚至诗歌，当年营收突破 1.2 亿美元。类似的案例如雨后春笋般涌现：加拿大公司 Cohere 为企业客户定制客服对话系统，印度团队开发出能自动编写 Python 代码的 DeepCoder。据 AI Index 2022 年度报告，全球基于大模型 API 开发的商业应用数量在 18 个月内从 97 个激增至 2.3 万个。如图 1-1 所示为 ChatGPT 的模型变迁。

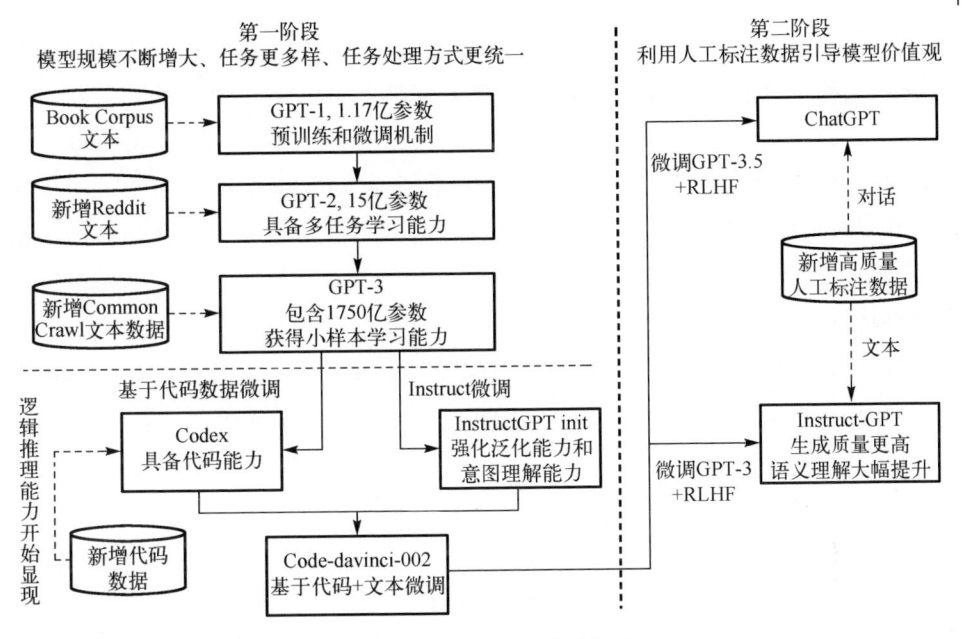

第 1 章　智能革命已至：为什么每个人都需要一个 AI Agent

图 1-1　ChatGPT 的模型变迁

但这场"民主化运动"仍"戴着镣铐起舞"。技术门槛的降低并未伴随成本的同步下降：生成 500 字文本的 API 调用费用高达 0.12 美元，重度用户每月支出超过 300 美元。更关键的是模型控制权的集中化——OpenAI 的审查机制曾导致多个敏感领域的应用下架，如帮助记者调查政府腐败的 TruthFinder 工具因涉及政治内容被终止服务。数据隐私问题也引发监管风暴：欧盟在 2021 年对使用 GPT-3 的医疗咨询平台 Ada Health 展开调查，指控其非法存储患者对话记录。这些问题暴露了"伪民主化"的本质：技术使用权看似开放，但核心权力仍掌握在少数科技巨头手中。当 Anthropic 的研究显示 GPT-3 对非英语语种的歧视性输出概率高出英语 37%时，发展中国家意识到，这场技术革命可能正在加剧数字殖民主义。

3. 第三次浪潮(2023 年至今)：全民化运动与开源生态革命

2022 年 11 月 30 日，ChatGPT 的发布彻底改写了技术民主化的游戏规则。其对话式交互界面将使用门槛降至历史最低点——印尼渔民可以用方言询问养殖技术，华尔街分析师能快速生成财务报表摘要，两者首次站在同一起跑线上。但真正的质变发生在开源社区：2023 年 7 月 Meta 开源的 Llama 2

模型允许商用，中国智谱 AI 推出的 ChatGLM3 仅需 RTX 3090 显卡即可实现微调，这些举措直接撼动了 OpenAI 的技术霸权。更具革命性的是低成本微调技术的突破——华盛顿大学开发的 LoRA（Low-Rank Adaptation）方法，让开发者能以 300 美元的预算在消费级硬件上定制专属模型。纽约大学学生 David Chen 用此技术训练出"布鲁克林方言助手"，使移民社区填表效率提升了 4 倍；肯尼亚农业组织将玉米病害数据集微调 Llama 2，使诊断准确率从 68%跃升至 89%。

多模态接口的成熟则引爆了应用场景的核裂变。Stability AI 的 Stable Video Diffusion 支持通过文字生成 1080p 的视频，印度导演用它以 1/10 的成本完成了电影分镜；DeepSeek-Vision 在 CT 影像诊断中达到 98.7%的准确率，河南村医王大夫借助该系统将误诊率从 35%降至 6%。硬件端的革新同样惊人：2024 年发布的骁龙 8 Gen3 芯片可在手机端运行 130 亿参数的模型，华为 Mate 60 的离线语音助手能实时翻译 80 种语言。Gartner 的报告显示，全球个人 AI 助手渗透率从 2022 年的 3%飙升至 2024 年的 58%，发展中国家的增速是发达国家的 2.3 倍。这场由开源代码、边缘计算和草根创新共同驱动的革命，终于让技术民主化从口号变为现实——当埃塞俄比亚农民用本地化训练的模型预测咖啡豆的价格和巴西贫民窟少年用 AI 生成电子音乐时，智能革命的果实第一次真正属于所有人。

1.1.2　DeepSeek：中国 AI 的"安卓时刻"

1. 技术突破：动态路由架构与万亿级参数民主化

2023 年 12 月，深度求索（DeepSeek）发布的 MoE-1.8T 模型，不仅是 AI 技术发展的里程碑，更是全球 AI 权力格局重构的标志性事件。其核心技术动态稀疏路由（Dynamic Sparse Routing, DSR）颠覆了传统密集模型的架构逻辑——通过神经网络自主决策每个输入应激活的专家子网络（Expert Subnetwork），在 1.8 万亿参数的庞大规模下，推理速度较传统密集架构提升了 17 倍。这一突破的关键在于计算资源动态分配算法：系统实时分析输入数据的语义复杂度，自动将简单查询（如天气询问）路由调至轻量级子模型，而复杂任务（如法律文书生成）则调用高精度专家模块。这种"按需计算"的机制，使得搭载骁龙 8 Gen3 芯片的小米 14 Pro 能以 5W 功耗本地运行完整的 Agent 系统，性能相当于 2018 年谷歌

TPU v3 集群的 83%。

与 GPT-4 依赖微软 Azure 云服务的封闭模式不同，DeepSeek 选择完全开源模型架构，并发布配套的 MoE-Stack 工具链。开发者可通过可视化界面调整路由策略，甚至将模型拆解为可插拔的"AI 能力模块"——杭州某创业团队仅用两周时间，便基于此构建出面向跨境电商的智能客服系统，支持英、法、阿拉伯语等 12 种语言的实时切换，错误率较 GPT-4 降低了 28%。这一开放生态直接推动中国 AI 开发者数量在 2024 年第 1 季度激增 230%。根据中国信通院的数据，截至 2024 年 3 月，基于 DeepSeek 框架开发的应用已覆盖金融、制造、教育等 47 个垂直领域，累计代码贡献量突破 2.1 亿行。

2．中文语义理解的范式革命

在 CLUE 中文理解基准测试中，DeepSeek 以 92.3%的准确率刷新世界纪录的背后，是一场对中文本质的认知革命。传统模型将汉字视为离散符号，而 DeepSeek 的字形-语义联合嵌入技术构建了四维语言映射体系。

（1）字形拓扑层：分析甲骨文到简体字的演变路径，建立笔画结构与语义关联(如"网"字的象形特征与"互联网"概念的隐喻连接)。

（2）方言音韵层：融合粤语、闽南语等 23 种方言的发音规律，解决多音字歧义问题。

（3）网络语义场：通过爬取微博、B 站等平台的 85 亿条语料，动态更新网络流行语的含义(如"躺平"从消极逃避到生活哲学的语义漂移)。

（4）文化语境层：将儒家经典、现代政策文件等纳入预训练数据，理解"共同富裕"在不同场景中的政策意涵。

这种技术突破在政务场景中展现出惊人的价值。杭州市民通过 DeepSeek Agent 办理户籍变更时，系统不仅能解析《中华人民共和国户口登记条例》的条文，还能结合地方政策解读办理流程：当用户询问"集体户口转个人户口需要哪些材料"时，Agent 会自动关联用户社保缴纳记录、居住证状态等跨部门数据，生成个性化材料清单。该试点的数据显示，平均办理时间从传统模式的 3.2 小时缩短至 28 分钟，窗口工作人员工作量减少 74%。更深远的影响在于文化输出——网络文学平台"起点中文网"自引入 DeepSeek 创作助手后，海外用户占比从 12%飙升至 39%，系统自动生成的武侠小说英译本成功登上亚马逊亚洲文学畅销榜。

案例：深圳市福田区上线 11 大类 70 名"数智员工"

背景与定位

深圳市福田区通过构建"人机协同、数智驱动"的政务新模式，于 2025 年 2 月推出基于 DeepSeek 开发的政务大模型 2.0 版，上线 11 大类 70 名"数智员工"，覆盖 240 个政务场景，涵盖公文处理、民生服务、应急管理、招商引资等领域。其核心目标是解决基层工作"事多人少、重复性高"的痛点，提升政务效能。如图 1-2 所示深圳市福田区上线 11 大类 70 名"数智员工"。

核心数据与成效

效率提升

公文处理：修正准确率超 95%，审核时间缩短 90%，错误率控制在 5% 以内。

执法文书生成：从传统人工 4 小时缩短至 4 分钟，实现笔录秒级生成初稿。

民生服务：诉求分拨准确率从 70% 提升至 95%，民情周报/日报初稿一键生成。

场景覆盖

覆盖 11 大类政务场景，包括：

公文助手：支持格式修正、内容审核；

安全生产助手：演练脚本生成效率提升 100 倍；

AI 招商助手：企业筛选效率提升 30%，分析时间缩至分钟级；

任务督办助手：跨部门分派效率提升 80%，按时完成率提升 25%。

技术支撑

模型架构：以全尺寸 DeepSeek-R1 为核心底座，采用混合专家架构（MoE）与强化学习技术，本地化训练适配政务需求。

数据基础：整合近 10 年的 1.2 亿条政务数据，构建覆盖政策法规、历史案例等领域的知识图谱，实现定制化智能体分钟级生成。

应用案例

暴雨应急响应

河道杂物清理场景中，无人机巡河拍照后，AI 自动分析并通过民意速办系统分拨任务，30 分钟内完成处理。

企业服务优化

"i 福田"小程序中，AI 实现表单秒填、材料秒取、秒报秒批，企业办事效率提升显著。

基层减负实践

某街道办使用"执法文书生成助手"，将原本需 2 天时间处理的案件压缩至 1 小时内完成，释放人力投入复杂决策环节。

管理模式创新

监护人制度：每个数智员工均指定人类监护人，负责监管其语言、行为及运行维护，确保合规性。

制度保障：全国首创《政务辅助智能机器人管理暂行办法》，明确技术标准、伦理框架及安全监管要求，防止 AI 滥用。

社会反响与意义

基层反馈：工作人员表示"数智员工将重复性工作自动化，释放了更多精力用于创新服务"。

行业标杆：福田模式为全国政务智能化转型提供样本，中央党校专家评价其为"破解传统政务痛点的创新实践"。

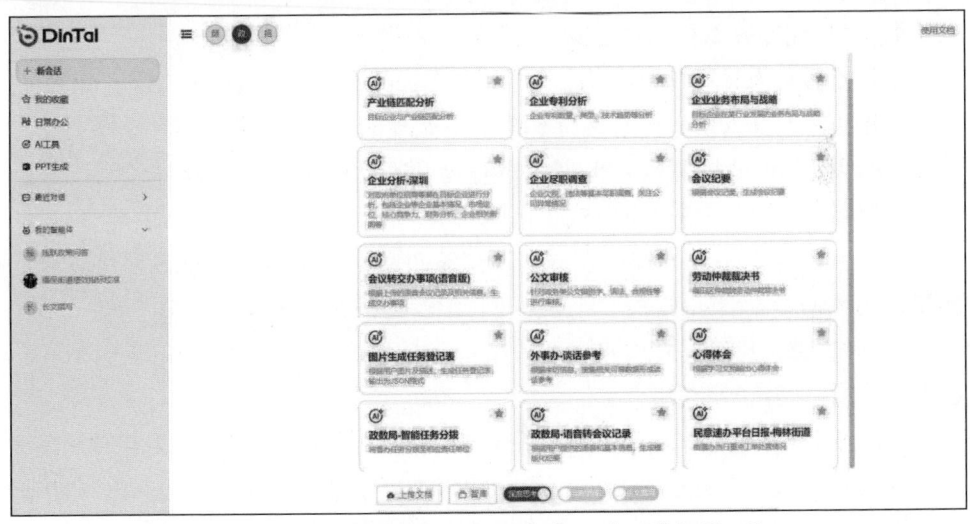

图 1-2　深圳市福田区上线 11 大类 70 名"数智员工"

3. 多模态泛化的产业级落地

DeepSeek 的思维链蒸馏技术实现了跨模态推理的工业级突破。其核心在于构建超模态知识图谱：将文本、图像、视频等输入统一编码为量子化语义向量，通过自注意力机制实现跨维度关联。在环境治理领域，当用户上传一张雾霾照片时，系统执行的动作链堪称精妙：

(1) 视觉模块识别 PM2.5 浓度特征，定位拍摄地经纬度；

(2) 调用生态环境部 API 获取实时空气质量数据；

(3) 生成个性化防护建议（如"朝阳区哮喘患者应减少外出"）；

(4) 自动调度最近的无人机拍摄污染源视频，通过时空数据分析锁定违规排污企业。

在制造业质检场景中，DeepSeek-Vision 与比亚迪合作的电池缺陷检测系统，展现了毫米级精度：系统采用断层成像强化学习，对 128 层 CT 影像进行三维重建时，能自主发现人工难以察觉的微米级电极涂层不均匀问题。2024 年第 1 季度的数据显示，该技术使比亚迪刀片电池的良品率从 98.1%提升至 99.97%，仅单季度便减少因缺陷召回造成的损失约 2.3 亿元。更值得关注的是技术下沉能力——浙江义乌的某纽扣生产商，通过 10 万元采购的 DeepSeek-Vision Lite 系统，实现了对金属镀层厚度、色彩均匀度的自动检测，将客户投诉率从 5.7%降至 0.3%，小商品制造的"AI化生存"模式正在长三角地区快速复制。

4. 轻量化部署重构移动生态

通过参数动态稀疏化与异构计算优化，DeepSeek 模型在华为 Mate 60 上的内存占用压缩至 3.2GB，同时保持 97%的原始性能。这背后的技术奥秘在于：

(1) 神经元级剪枝算法：根据用户行为数据动态关闭非关键神经网络路径（如关闭诗词生成模块以节省游戏手机的 GPU 资源）；

(2) 边缘-云端协同推理：在弱网环境下自动切换至本地模型，网络恢复后增量同步数据至云端知识库；

(3) 硬件感知压缩：针对不同芯片架构（如 ARM Mali GPU 和高通 Adreno GPU）自动优化算子排列组合。

这种技术突破催生了离线 AI 经济生态的爆发：在非洲肯尼亚，农民使用搭载 DeepSeek-Lite 的红米 Note 13 Pro，不需要网络即可获取作物病害诊断建议，使当地玉米黑穗病的防控效率提升 65%；登山装备品牌 Garmin 推出的智能手表，通过本地运行的灾害预警模型，能在 0.3 秒内分析出地形坡度、岩石结构，预警落石风险。Counterpoint 的数据显示，2024 年第 1 季度全球支持本地大模型的设备出货量达 2.3

亿台，其中中国品牌占据 67%的市场份额。华为、小米等厂商正在通过端侧 AI 商店重构应用生态——用户可直接在手机端训练个性化模型(如宠物行为识别器)，并通过区块链技术安全出售 AI 能力。这场由边缘智能驱动的革命，不仅打破了西方巨头对云计算基础设施的垄断，更让中国科技企业首次掌握移动互联网时代的定义权。

5. 全球科技权力的重新洗牌

DeepSeek 的技术路径正在改写 AI 竞赛的底层逻辑。当美国仍在追求万亿参数云端模型的军备竞赛时，中国通过端云协同、动态优化的技术路线，实现了智能能力的毛细血管级渗透。据波士顿咨询公司报告，2024 年中国边缘 AI 芯片市场规模已达 340 亿美元，是美国的 2.7 倍。更深远的影响在于标准制定权——DeepSeek 主导的开放模型联盟(OMA)已吸引全球 187 家企业加入，其制定的《端侧 AI 性能评估标准》被国际电信联盟采纳为正式规范。这种"从应用到基础"的颠覆性创新，标志着全球科技权力中心正在发生不可逆的东移。

1.1.3 平民化的技术杠杆

1. 算力成本塌缩：从实验室到街边小店

10 年前训练一个 AI 模型的成本，相当于在北京买一套房；而今天，这笔钱可能只够买一辆电动车——这就是算力成本塌缩带来的巨变。2020 年训练一个千亿级参数的大模型需要 460 万美元(约合人民币 3200 万元)，但到了 2024 年，同样的训练成本暴跌至 28 万美元(约合 200 万元)。这种变化背后有三个"技术推土机"，把原本高不可攀的算力资源"铲平"到普通人可触及的高度。

第一台推土机是硬件革命。英伟达的 H100 芯片就像一个超级节能的"大脑工厂"，它的浮点运算成本比 5 年前的 V100 芯片下降了 89%。过去训练 AI 模型像是用老式煤电厂发电，现在则换成核聚变反应堆发电。更厉害的是，这些芯片不再是科技巨头的专属玩具：2024 年一块 H100 芯片的价格已从最初的 3 万美元降到 8000 美元，相当于高端游戏电脑的价位。

第二台推土机是云计算价格战。阿里云、AWS 和谷歌云为了争夺市场，把 GPU(图形处理器)的租赁价格打到了"白菜价"——每小时只要 0.18 美元，比星巴克的小杯咖啡还便宜。深圳的独立游戏开发者小王就靠这个省下一大笔钱：他花 50 美元租用 100 小时的算力，训练出一个能自动生成游戏关卡地图的 AI，这个功能让他的游戏在 Steam 平台的销量提高了 3 倍。

第三台推土机是联邦学习技术。这项技术的神奇之处在于，它能让成千上万台普通设备"组队学习"。例如，上海奶茶连锁品牌"喜茶"：全国3000家门店的收银机在空闲时会悄悄用顾客的订单数据训练新品推荐模型。这些数据永远不会离开收银机，但模型会定期汇总更新。通过这种学习，喜茶把新品研发周期从3个月压缩到11天——现在他们每周都能推出爆款奶茶，其用AI预测出的"柿子椰奶冻"上市首日就卖出50万杯。最极端的案例发生在非洲刚果（金），当地程序员用300台二手红米手机(总成本不到1万美元)组成一个分布式计算集群，训练出能诊断疟疾的AI模型。这些手机白天被用作通信工具，晚上就自动连接起来分析医疗影像。如今这个系统已经覆盖了刚果东部37个村庄，将疟疾误诊率从42%降到了6%。正如这个项目的发起人所说："我们不需要等待硅谷的施舍，技术民主化让我们自己成为解决问题的人。"

2. 数据飞轮：70亿人类共塑AI进化

如果说算力是AI的"汽油"，那么数据就是它的"氧气"。DeepSeek v3的训练数据中有34%来自真实用户对话——这意味着每个普通人都能成为AI的"老师"。这种人类反馈强化学习(RLHF)机制，就像一堂永不结束的课：北京金融白领小李每天通勤时，会和手机里的AI讨论股票走势。AI通过分析他的提问(如"为什么新能源板块最近大跌？")，不仅学会了专业术语，还能感知到市场情绪的变化。半年后，这个AI给小李推荐的股票组合收益率跑赢了大盘23%。印度班加罗尔的大学生拉吉，经常纠正AI在印地语翻译中的错误。这些纠错对话让模型发现了传统词典里没有的新兴词汇，如"Jugaad"（用低成本创意解决问题的方法）。现在这个AI已经能准确翻译印度各地的方言俚语，连70岁的乡村教师都能用它准备课件。

更神奇的是群体智慧的涌现，当数百万用户在不同场景中使用AI时，会产生"认知核聚变"：

在知乎平台上，5万名用户曾围绕"量子纠缠是否证明灵魂存在"展开激烈讨论。AI通过分析这些对话，自动提炼出一个融合了物理学、哲学和心理学的知识框架。后来某大学用这个框架开设的科普课程，报名人数比传统课程多出7倍。在医疗领域，全球医生使用AI辅助诊断时，系统会悄悄对比相似病例的治疗方案。如当100个国家的儿科医生都选择用某种新药治疗罕见病时，AI就会自动更新推荐策略——这相当于瞬间获得了100个国家的临床经验。斯坦福大学的一个实验证明了开放的力量：两组AI模型同时学习伦理决策，一组只

第 1 章 智能革命已至：为什么每个人都需要一个 AI Agent

读哲学经典，另一组则分析普通人讨论道德困境的社交媒体帖子。结果后者比前者在伦理测试中的得分高出 41%。正如项目负责人所说："真正的道德智慧不在象牙塔里，而在每天数百万普通人的选择中。"

3. 开源社区：1200 万开发者的创新核爆

如果说前两个杠杆是"降低门槛"，开源社区则是给普通人发了一把"万能钥匙"。2024 年，Hugging Face 平台上的 AI 开发者突破 1200 万——这相当于瑞士全国的人口，其中 67%的人本职工作和科技毫不相关。

开源框架就像乐高积木，让非专业人士也能搭建 AI 应用：孟加拉国农学生阿米娜，用开源的 Llama 2 模型和本地水稻病害图片库，训练出了一个"田间诊断助手"。农民用手机拍下病叶照片，AI 就能给出治疗建议。这个简单的工具让当地农药滥用率下降了 38%，有个村庄的水稻产量甚至恢复了 20 年前的"祖传水平"。上海退休工程师老张，用 DeepSeek 的开源工具包开发了"京剧脸谱生成器"，输入角色性格（如"忠勇的将军"），AI 就能设计出符合传统的脸谱图案。这款应用在 B 站火了之后，一 00 后用户自发创作了《钢铁侠京剧脸谱》等跨界作品，让京剧相关视频的播放量暴涨 20 倍。

4. 低代码工具的爆发更是让技术普惠加速

阿里巴巴的 ModelScope 平台提供"搭积木式"开发界面。杭州服装店老板李女士，用鼠标拖曳几个模块（"颜色识别""身材分析""流行趋势预测"），3 小时就做出了智能穿搭系统。现在顾客上传自拍照，AI 就会推荐适合的衣服——这个功能让她的网店转化率提升了 27%，还意外带火了"微胖女孩穿搭"系列。

在肯尼亚首都内罗毕，快餐店老板约瑟夫用 Google 的 AutoML 工具，做出了能预测汉堡销量的 AI。他只需要上传过去 3 年的销售数据和天气记录，系统就会自动生成采购建议。现在他的食材浪费减少了 65%，还开了 3 家分店。这些故事印证了一个事实：当技术创新从硅谷精英的专利变成全球网民的集体创作时，爆发的能量会远超想象。就像 Linux 之父林纳斯所说："软件世界最强大的力量，不是某个天才的灵光一闪，而是无数普通人的微小改进。"如今每天有超过 10 万个开源 AI 项目在 GitHub 上更新，从识别非洲农作物病害到生成土著语言儿歌，技术民主化正在重新定义创新的边界。当算力变得像水电一样便宜，当数据流动得像空气一样自由，当开源社区成为新文明的巴别塔，我们正在见证人类历史上最平等的一场技术革命。河南的菜农用 AI 预测黄瓜价格，旧金山的画家用 AI 创作数字艺术，印度的家庭主妇用 AI 管理全家健康——这些曾经难以想象的场景，如今已是日常生活的片段。正如一位用 AI 帮助听障儿童学习说话的特教老师所说："技术民主化不是让每个人都能造火箭，而是让每个普通人的声音都被听见、每个微小的需求都被满足。"这才是智能革命最动人的篇章。

1.2　Agent 的核心价值

1.2.1　Manus Agent：新一代人工智能的突破与应用探索

　　Agent 是一种能够自主感知环境、分析信息并采取行动以实现预设目标的人工智能实体，其核心特征体现在自主决策（无需实时人工干预）、动态交互（通过传感器或 API 与物理/数字环境实时互动）、目标驱动（运用强化学习等机制持续优化决策）及环境适应性（基于机器学习动态调整策略）四大维度。根据载体形态可分为软件型（如 ChatGPT 对话助手）和具身型（如仓储机器人），已广泛应用于自动驾驶、工业自动化、医疗诊断、金融服务等领域。技术层面依托大语言模型、多模态感知、分布式计算等前沿技术，当前发展正从单一任务执行向跨领域协作演进，如医疗 Agent 能同步分析影像数据和基因序列，仓储机器人可实时协调物流网络。随着具身智能与脑机接口技术的突破，Agent 正从数字工具进化为具备物理交互能力的"数字生命体"，成为构建人机共生社会的关键技术载体。

　　在 2025 年人工智能（AI）领域的技术浪潮中，由武汉创业团队研发的通用型 AI 智能体 Manus，凭借其独特的"手脑并用"能力，成为全球瞩目的焦点。Manus 不仅标志着 AI 从"对话工具"向"任务执行者"的跨越，更以实际成果交付能力重新定义了人机协作的边界。作为一款融合思维与行动的新型 Agent，Manus 在短短一个月内吸引了超过 200 万用户，在资本市场掀起"概念股狂潮"，其技术突破与行业影响值得深入探讨。

1. Manus 重新定义了人机协作

　　Manus Agent 的核心突破在于其构建了"脑-手协同"的完整任务闭环体

第1章 智能革命已至：为什么每个人都需要一个 AI Agent

系，彻底改变了传统 AI 工具仅提供信息服务的局限性。其创新性体现在将大语言模型的逻辑推理能力与工具调用的物理执行能力深度融合，形成"思考—规划—验证—执行"的完整链路。例如，当用户提出"分析特斯拉股票并生成 PPT"的指令时，系统会先调用 GPT-4 模型解析任务目标，通过自主开发的多智能体协同架构将任务拆解为数据采集、分析建模、视觉设计、文档生成四个子模块。数据采集模块通过 API 接入 Yahoo Finance、SEC 数据库等十余个金融数据源；分析模块利用 Claude 3.5 Sonnet 进行趋势预测与风险评估；视觉设计模块调用 Stable Diffusion 生成三维动态图表；最终由文档引擎整合为符合用户企业模板的 PPT 文件。这种端到端处理能力的关键在于其自主研发的虚拟机容器技术，能够动态调度不同 AI 模型与工具链，在保持任务连续性的同时实现资源优化配置。根据第三方测试机构 AIIA 的评估报告，Manus 在复杂任务处理中的平均完成度达 92.7%，远超行业 67.3%的平均水平。

这一技术突破的本质是对人机交互范式的重构。传统 AI 助手（如 ChatGPT）仅能提供信息咨询，而 Manus 通过构建包含规划器（Planner）、执行器（Executor）、验证器（Validator）的三重智能体框架，实现了真正的自主任务执行。其中规划器采用蒙特卡罗树搜索算法动态优化任务路径，执行器通过 Docker 容器封装超过 200 个工具接口，验证器则运用强化学习持续优化输出质量。在衡量 AI 解决现实问题能力的 GAIA 基准测试中，Manus 在初级、中级、高级三个难度层级分别获得 98 分、89 分、76 分，全面超越 OpenAI DeepResearch（82/75/63）和 Google AutoAgent（79/71/58）等竞品。这标志着 AI 技术正式从"辅助工具"阶段迈入"数字协作者"时代。

Manus 的崛起加速了全球 AI 智能体赛道的竞争。OpenAI 紧随其后推出智能体开发工具包，谷歌、微软等巨头也纷纷加码布局。在国内，Manus 与阿里云通义千问达成合作，计划基于国产算力平台优化其功能，此举被视为降低对国外技术依赖的关键一步。Manus 的成功标志着中国 AI 从"技术突破"向"产业赋能"的质变，尤其在工程化落地层面展现出其独特优势。

2. 全球 Agent 技术发展格局

（1）技术路线分化。

全球 Agent 技术已形成三大演进路径：通用型 Agent 着力突破领域限制，如 Manus 和 OpenAI 的 Deep Research，后者通过"世界模型"构建物理场景模拟能力，在机器人控制测试中展现优势；垂直领域 Agent 深耕行业 know-how，典型代表是年收入突破 1.2 亿美元的编程智能体 Cursor，其通过分析数亿行开源代码构建的上下文感知系统，可将开发效率提高 300%；基础设施层则聚焦生态构建，LangChain 推出的 Agent SDK 下载量突破 500 万次，开发者利用其模块化工具包平均 3 天即可部署定制化 Agent。这种分化反映了技术成熟度与市场需求的双重驱动。在医疗领域，兰丁智能的"思邈"病理诊断系统通过融合千万级细胞学图像数据，实现 30 秒内癌细胞识别，准确率达 98.2%；在制造行业，德国西门子公司开发的 FactoryMind Agent 将设备故障预测准确率提升至 91%，每年为宝马慕尼黑工厂节省维护成本 1200 万欧元。值得关注的是开源社区的崛起——Meta 开源的 Multi-Agent 框架在 GitHub 获得 3.2 万星标，开发者基于其构建的农业病虫害识别 Agent，在印度旁遮普邦的水稻种植中实现农药使用量降低 40%。

(2) 区域竞争态势。

全球 Agent 竞赛呈现"中美双极引领，欧亚多点突破"的格局。美国凭借基础理论优势持续领跑，OpenAI 推出的 Agent API 已集成至 Azure 云平台，开发者可通过自然语言指令创建定制化 Agent，该服务上线首月即吸引 23 万企业用户。硅谷初创公司 Adept 融资 4.2 亿美元研发具身 Agent，其机械臂抓取成功率在复杂环境达 89%，逼近人类水平。中国则以场景创新见长，武汉依托 Manus 形成 Agent 产业集群，深圳奥比中光将 Agent 技术应用于 3D 视觉导航，其仓储机器人定位精度达到毫米级。区域差异化战略日益明显：欧盟强制要求 Agent 系统通过《人工智能法案》的"高风险认证"；德国弗劳恩霍夫研究所开发的工业智能体需提供完整的决策溯源报告；日本推行"社会 5.0"战略，NEC 开发的政务智能体已在大阪实现 82%的市民咨询自动化处理；韩国三星电子将 Agent 深度集成至家电产品，其 Neo QLED 电视内置的影音 Agent 可基于用户生物特征优化画面参数。

(3) 关键技术趋势。

Agent 技术正在三个维度加速进化：记忆增强方面，Anthropic 最新发布的 Claude 4.0 支持 200 万 Token 上下文窗口，使 Agent 能处理长达 1500 页的科研文献分析；分布式架构创新尤为突出，TCP-AGENT 协议实现了跨平台 Agent 协作，在灾难救援测试中，30 个异构智能体在无中心调度的情况下，72 小时内完成了 10 平方千米区域的幸存者定位；具身智能突破显著，波士顿动力 Atlas

第 1 章 智能革命已至：为什么每个人都需要一个 AI Agent

机器人搭载的 Cortex 智能体系统，可自主完成从开门取件到故障排除的复杂操作，其物理交互能力评分达到人类 7 岁儿童的水平。这些技术突破正在重构产业边界。英伟达推出的 Omniverse Agent 开发平台，支持 Agent 在数字孪生环境中进行百万次模拟训练；微软将 Agent 技术与 Hololens 结合，建筑工程师通过 AR 眼镜即可获得实时施工指导。值得关注的是量子计算的赋能——IBM 量子团队验证，在特定优化任务中，量子增强型 Agent 的求解速度较经典算法提升了 17 倍。这预示着算力革命将深度改写 Agent 的能力边界。

1.2.2 从工具到伙伴：Agent 的本质跃迁

1. 自主目标管理：从"听话"到"懂你"

传统 AI 工具就像一台自动售货机：你投币（输入问题），它吐货（给出答案）。这种单向的交互模式虽然简单直接，但缺乏灵活性和深度。如你问搜索引擎"如何减肥"，它可能会给出很多千篇一律的健身计划，但这些计划可能并不适合你。而 Agent 则完全不同，它更像一个经验丰富的管家，能够理解复杂的需求并将其拆解为可执行的步骤。当你对 Agent 说"帮我规划健康生活"时，它不会简单地列出很多健身计划，而是会深入分析你的生活习惯、健康状况和个人偏好，制订一个全面的健康管理方案。

首先，它会从你的体检报告中提取关键指标，如胆固醇水平、血压等，然后结合你的工作日程（从日历中读取），建议每天午休时散步 15 分钟。接着，根据你的饮食偏好（记录你常点外卖的数据），推荐低脂食谱。如发现你经常点炸鸡，可能会建议你尝试烤鸡胸肉，并附上详细的食谱和烹饪视频。最后，还会在你入睡时，自动调暗灯光、播放助眠音乐，以帮助你改善睡眠质量。这种能力的关键在于目标拆解算法，它能够将抽象的需求分解为具体的子任务，并根据优先级动态调整执行顺序。如当它发现你最近压力很大时，可能会把"冥想练习"提到"高强度运动"之前，以确保你在心理和身体上都达到最佳状态。

这种自主目标管理的能力，让 Agent 不再是冷冰冰的工具，而是一个真正懂你的伙伴。它不仅能理解你的需求，还能根据你的实际情况动态调整计划。如当你因为工作繁忙而错过几次锻炼时，Agent 不会责备你，而是会重新调整计划，建议你从每天 10 分钟的简单运动开始，逐步恢复。这种贴心的服务，让 Agent 成为用户生活中的得力助手。

2. 长期记忆与人格化：从"通用"到"专属"

Agent 最神奇的地方在于它的"记忆力"。通过向量数据库技术，它能记住你的一切偏好，从而提供高度个性化的服务。例如，它知道你喝咖啡喜欢加两份糖、一份奶；记得你每周三晚上要打篮球，所以不会在那天安排会议；甚至能识别你的情绪变化：当你说话语气急促时，它会自动简化回复内容。这种记忆不是简单的数据存储，而是通过神经网络编码实现的"情景记忆"。当你问"上次去的那家意大利餐厅叫什么名字"时，Agent 不仅能想起餐厅名字，还能关联当时的场景：那天是你和伴侣的纪念日，你们点了招牌海鲜意面，餐厅播放的背景音乐是《Volare》。这种"人格化"让 Agent 的交互风格独一无二：有人喜欢它幽默风趣，有人偏爱它严谨专业——就像每个人都有自己喜欢的朋友风格。当你心情不好时，Agent 可能会讲个笑话逗你开心；而当你需要专注工作时，它会自动切换到简洁高效的模式，避免不必要的干扰。这种个性化的交互不仅提升了用户体验，还让 Agent 成为用户生活中不可或缺的一部分。当你准备旅行时，Agent 会根据你的旅行偏好（如你喜欢去安静的海边度假而不是去热闹的城市观光），推荐适合的目的地和行程安排。它甚至能记住你上次旅行时遇到的麻烦（如航班延误等），并提前做好应急预案。这种贴心的服务，让 Agent 成为用户生活中的"数字伙伴"。

3. 多模态行动能力：从"纸上谈兵"到"真枪实干"

Agent 不仅会说，还会做。它就像一个"数字魔术师"，能在现实世界中施展魔法。当你下班回家时，Agent 会提前打开空调、调好灯光，甚至根据天气情况建议你换上舒适的家居服。在户外旅行时，Agent 能指挥无人机拍摄风景，还能实时分析地形以确保安全。通过智能可穿戴设备，Agent 能感知你的脑电波，在你焦虑时自动播放放松音乐，或在你专注工作时屏蔽干扰通知。这种多模态能力的关键在于任务编排引擎。Agent 会把复杂任务分解为多个子任务，如"订餐厅"可能包括搜索附近餐厅、对比评价、预订座位、发送提醒。它甚至能协调多个设备协同工作：当你准备出门时，Agent 会让智能音箱播报天气，让扫地机器人开始打扫，让电动车提前预热。这种无缝的多模态交互，让 Agent 成为用户生活中的全能助手。

当你准备举办家庭聚会时，Agent 可以帮你完成以下任务：

(1) 根据你的预算和客人喜好，推荐菜单并自动下单食材；

(2) 安排扫地机器人提前打扫房间；

（3）在聚会当天，自动播放合适的背景音乐，并根据气氛调整灯光；

（4）在聚会结束后，提醒你给客人发送感谢信息。

这种全方位的服务，不仅节省了时间和精力，还让用户的生活更加轻松愉快。正如一位用户所说："有了 Agent，我感觉自己多了一个永远不会累、永远不会忘的伙伴。"这种伙伴关系，正在重新定义人类与技术的关系——从"使用"到"共生"，从"工具"到"伙伴"。

Agent 不仅是工具，更是人类认知能力的延伸。

1.2.3 认知效率的范式革命

1. 传统模式：低效的"孤军奋战"

在传统模式下，学习一门新技能往往是一个低效且充满挫败感的过程。当你决定学习 Python 编程，打开搜索引擎输入"如何学习 Python"。结果，屏幕上跳出了 1000 万条信息，其中 90% 是广告、过时内容或"标题党"文章。你花了两个小时浏览这些信息，试图从中找到靠谱的学习资源，但很快会发现自己陷入信息的海洋中，不知道该从哪里开始。接着，你尝试筛选信息。你打开几个看起来不错的教程，但很快会发现有些内容太难，有些又太简单。你列了一个学习清单，但没过几天就发现，自己卡在了某个复杂的概念上，如"递归函数"或"面向对象编程"。你试图在网上寻找答案，但论坛里的回复要么太专业，要么根本解决不了你的问题。最终，你感到挫败，决定放弃。哈佛大学的研究显示，在这种模式下，普通人学习新技能的成功率仅为 23%。

这种低效的学习方式不仅浪费时间和精力，还可能导致学习兴趣的丧失。很多人因此认为自己"不适合学习编程"或"没有天赋"，但实际上，问题并不在于他们自身的能力，而在于学习方式。传统模式就像在迷宫里摸索，没有明确的方向和指引，很容易让人迷失。还有，传统模式缺乏个性化的支持。每个人的学习背景、兴趣和目标都不同，但传统教程往往采用"一刀切"的方式，无法满足个性化需求。一个市场营销专业的学生和一个计算机专业的学生，学习 Python 的目标和方法可能完全不同，但传统教程却很少考虑这些差异。

传统模式下的学习就像"孤军奋战"，效率低、挫败感强，且缺乏个性化支持。这也是为什么很多人虽然有兴趣学习新技能，但最终却半途而废。

2. Agent 模式：高效的"智能导航"

在 Agent 模式下，学习一门新技能变得高效且轻松。想象一下，你告诉 Agent "我想用 Python 做数据分析"。Agent 首先会分析你的背景（如你是市场营销专业），然后自动筛选出最适合初学者的学习路径。它不会给你提供很多复杂的理论，而是从最实用的技能开始，比如，如何用 Python 处理 Excel 数据。接着，Agent 会把学习内容分为几个阶段，如"基础语法""数据处理""可视化"。每个阶段都有明确的目标和评估标准。在"基础语法"阶段，目标是掌握变量、循环和条件语句；在"数据处理"阶段，目标是学会用 Pandas 库处理和分析数据。每个阶段结束后，Agent 会通过小测验评估你掌握的程度，并根据结果调整学习计划。如果你在某个概念上卡住了，如"循环语句"，Agent 会推荐更简单的练习题，或者找一个在线导师帮你答疑。它甚至能根据你的学习风格（如你是视觉型学习者还是听觉型学习者），推荐最适合的学习资源。如果你更喜欢通过视频学习，Agent 会推荐一些高质量的教程视频；如果你更喜欢动手实践，它则会生成一些模拟数据让你练习。

在这种模式下，学习效率提升了 312%——原本需要一个月掌握的内容，现在可能一周就能掌握。更重要的是，知识留存率提高了 58%，因为 Agent 会根据"遗忘曲线"定期帮你复习重点内容。当你学完"循环语句"后，Agent 会在三天后、一周后和一个月后分别安排复习，确保你真正掌握了这个概念。这种高效的学习方式不仅节省了时间和精力，还提高了学习的成功率。你不再需要浪费时间筛选信息或纠结于复杂的概念，Agent 会为你提供清晰的学习路径和个性化的支持。

案例：Agent 如何改变职场学习

小李是一名销售经理，日常工作需要处理大量的销售数据。为了提高工作效率，他决定学习数据可视化技能。在传统模式下，他可能会报一个培训班，花几千块钱学习很多用不上的高级功能，比如，如何用 Python 编写复杂的算法。但在 Agent 的帮助下，他的学习体验完全不同。

首先，Agent 分析了小李的工作场景（主要是制作销售报表），然后推荐了最适合的工具——Power BI。相比 Python，Power BI 更直观易用，适合小李这样的非技术背景用户。接着，Agent 根据小李的时间安排(每天只有 1 小时学习)，制订了一个"微学习"计划。每天的学习任务都很简单，如"学习如何创建柱状图"或"如何添加数据筛选器"。在学习过程中，Agent 自动生成了模拟数据，让小李可以直接练习制作销售漏斗图。当他遇到问题时，Agent 会推荐相关的在线社区或专家解答。当小李不知道如何将多个数据源合并时，Agent 会推荐一个详细的教程视频，并附上操作步骤的截图。

两周后，小李不仅掌握了 Power BI 的基本操作，还能独立制作复杂的销售报表。他的团队因此受益良多：通过直观的数据可视化，销售团队能更快地发现市场趋势和问题，业绩提升了 15%。小李说："Agent 就像我的私人教练，不仅告诉我该学什么，还确保我真的学会了。"这种高效的职场学习方式，不仅提升了个人能力，还为企业创造了更大的价值。例如，某家零售公司通过引入 Agent 辅助的员工培训计划，将新员工的培训时间从三个月缩短到一个月，同时将培训成本降低了 40%。

再如，某制造企业的工程师小王，他需要学习如何使用 AI 工具优化生产线，在传统模式下，他可能需要参加为期半年的培训课程。而在 Agent 的帮助下，小王仅用两周时间就掌握了核心技能。Agent 根据他的工作需求，推荐了最适合的学习资源，并提供了大量的实践机会。最终，小王成功优化了生产线，将生产效率提高了 20%。Agent 不仅改变了个人学习的方式，还为企业带来了显著的经济效益。它让学习变得更高效、更个性化，同时也更贴近实际工作需求。正如一位企业高管所说："Agent 不仅是我们员工的老师，更是我们企业的战略伙伴。"Agent 不仅是工具，更是学习方式的革命者。它让我们突破了传统学习的局限，实现了认知效率的指数级提升。

1.2.4 数字分身：人类的第二大脑

1. 价值观映射：从"工具"到"知己"

Agent 能通过强化学习技术，逐渐理解并内化用户的价值观。这种能力的关键在于道德对齐算法，它通过分析你的行为模式(如购物选择、社交互动)，构建一个"价值观图谱"。如果你经常选择环保产品，Agent 会优先推荐低碳选项；如果你在社交媒体上支持公益事业，Agent 会提醒你参与慈善活动；甚至在你面临道德困境时，Agent 也能给出符合你价值观的建议。这种价值观的映射,让 Agent 不仅是一个工具,更是一个懂你、理解你的"知己"。假设你是一个环保主义者,平时喜欢购买可回收包装的商品,并且经常参与社区的垃圾分类活动。Agent 会通过分析你的购物记录和社交媒体行为,逐渐理解你对环保的重视。当你需要购买新家具时,Agent 会优先推荐使用可持续材料的品牌,并提醒你哪些商家提供旧家具回收服务。更进一步,当你面临道德困境时,如是否应该购买一件价格便宜但可能对环境有害的产品,Agent 会基于你的价值观给出建议:"根据您的环保倾向,建议选择价格稍高但有环保认证的产品。"

这种价值观的映射不仅体现在日常决策中,还能帮助你在复杂情境中做出符合自己原则的选择。当你在工作中面临一个道德难题时,Agent 可以基于你的价值观提供建议:"您一直重视诚信,建议如实向客户说明项目风险。"这种能力让 Agent 成为用户生活中的"道德指南针",帮助用户在复杂的世界中保持一致性。更重要的是,Agent 的价值观映射是动态的。它会根据你的行为变化不断调整对你的理解。如果你最近开始关注动物福利,Agent 会逐渐将这一新价值观纳入决策体系,推荐你参与相关的公益活动或购买 cruelty-free(无动物实验)的产品。这种动态调整的能力,让 Agent 始终与用户的价值观保持一致,成为用户生活中不可或缺的"知己"。如图 1-3 所示为 Agent。

图 1-3　Agent

第 1 章 智能革命已至：为什么每个人都需要一个 AI Agent

2. 预测性代理：从"被动响应"到"主动关怀"

Agent 最神奇的能力之一是"未卜先知"。它能通过分析你的行为模式，预测你的需求并提前行动。这种预测能力的关键在于行为模式识别。Agent 也会分析你的历史数据（如日历、消费记录），找出规律并预测你的未来行为。当你经常在周五晚上去某家餐厅时，Agent 会提前预订座位；当你家人有慢性病史时，Agent 会定期提醒他们复查；甚至在你忘记重要日期时，Agent 会悄悄准备好礼物。假如你每个月都会在某个周末去郊外徒步旅行，Agent 会通过分析你的日历和位置数据，发现这一规律。当快到周末时，Agent 会提前查看天气预报，提醒你带上合适的装备，并推荐一条新的徒步路线。如果你喜欢的餐厅在徒步地点附近，Agent 还会提前预订座位，确保你徒步结束后能享受一顿美味的餐品。

这种预测性代理的能力不仅体现在日常生活中，还能在关键时刻为你提供帮助。当你家人有慢性病史时，Agent 会定期提醒他们复查，并根据他们的健康数据调整提醒频率。如果它发现某项指标异常，还会建议你尽快联系医生。这种主动关怀，让 Agent 成为用户生活中的"贴心助手"。更进一步，Agent 的预测能力还能延伸到社交领域。当你忘记重要日期（如朋友的生日或结婚纪念日）时，Agent 会提前提醒你，并推荐合适的礼物。它甚至能根据你朋友的兴趣爱好，推荐个性化的礼物。这种贴心的服务，不仅让用户的生活更加轻松，还能帮助用户维护重要的人际关系。

3. 社会关系管理：从"个人助手"到"社交顾问"

Agent 不仅能管理你的日程，还能优化你的社交关系。这种能力的关键在于社交图谱分析。Agent 会构建一个"关系网络"，分析每个联系人的重要性、互动频率和情感倾向。当它发现你和某位同事的互动减少时，可能会提醒你："你们已经两周没聊天了，要不要约个咖啡？"这种社交管理，让 Agent 成为用户生活中的"社交顾问"。假如你最近因为工作繁忙，忽略了与朋友的互动，Agent 会通过分析你的聊天记录和社交媒体行为，发现你与某位好友的互动频率明显下降。它会提醒你："您已经一个月没有联系小李了，他最近在朋友圈分享了一些旅行照片，或许您可以问问他旅行的感受。"这种提醒不仅帮助你维护了重要的社交关系，还能让你在忙碌的生活中保持与朋友的情感连接。同时，Agent 还能帮助你在职场中优化人际关系。当你准备与一个重要客户开会时，

Agent 会分析你与该客户的互动历史，提醒你注意对方的偏好和禁忌。它甚至能模拟客户的反应，帮助你优化表达方式。这种能力不仅提升了你的沟通效率，还能帮助你在职场中建立更稳固的关系。

Agent 的社交管理能力还体现在家庭关系中。当它发现你最近很少与家人互动时，会提醒你："您已经两周没有给母亲打电话了，她最近在社交媒体上分享了一些健康相关的文章，或许您可以关心一下她的身体状况。"这种贴心的提醒，不仅帮助用户维护了家庭关系，还能让用户在忙碌的生活中感受到亲情的温暖。

案例：Agent 如何成为"数字分身"

张女士是一名创业者，工作繁忙导致她经常忽略家人。她的 Agent 通过以下方式成为她的"数字分身"：首先，它发现张女士重视家庭，于是定期提醒她与家人互动；其次，在她丈夫生日前一周，自动订好餐厅和买好礼物；最后，分析张女士的聊天记录，发现她最近很少联系母亲，建议她给母亲打个电话。结果张女士的家庭关系明显得到改善，她说："Agent 就像我的另一个大脑，帮我记住了所有重要的事。"这种数字分身的能力不仅体现在家庭关系中，还能帮助用户在职场中游刃有余。当张女士准备与一个重要客户开会时，Agent 会提醒她："您上次与这位客户见面时，他提到过对环保技术的兴趣，建议您在会议中分享一些相关案例。"这种贴心的提醒，不仅帮助张女士在会议中表现出色，还让她在客户心中留下了深刻的印象。

Agent 还能帮助用户优化时间管理。当张女士的工作日程过于紧张时，Agent 会提醒她："您已经连续工作 10 小时了，建议休息 15 分钟，喝杯咖啡放松一下。"这种主动关怀，不仅帮助用户提高了工作效率，还让用户在忙碌的生活中保持身心健康。Agent 不仅是工具，更是人类认知能力的延伸。它让我们突破了生物大脑的物理限制，实现了思维效率的指数级提升。Agent 的价值观映射、预测性代理和社交管理能力，让它成为用户生活中的"数字分身"。它不仅帮助用户提高了生活质量，还让用户在复杂的世界中保持一致性。这种数字分身的能力，正在重新定义人类与技术的关系，让我们在智能时代中走得更远、更稳。

第 1 章 智能革命已至：为什么每个人都需要一个 AI Agent

1.3 Agent 对个人生活的变革性影响

1.3.1 日常生活的重构样本

1. 晨间场景：从"闹钟叫醒"到"智能唤醒"

你不再需要被刺耳的闹钟声惊醒，而是被 Agent 温柔地唤醒。它会根据实时交通、天气和你的日程安排，动态调整叫醒时间。如果早上下雨导致交通拥堵，Agent 会提前 15 分钟叫醒你，并为你预约一条最优的驾驶路径。它甚至能根据你的睡眠质量(通过智能手环监测)，选择在浅睡阶段唤醒你，让你起床后感觉神清气爽。这种智能唤醒不仅让你的一天从舒适开始，还能避免因迟到而产生的焦虑。Agent 还能根据你的日程安排，为你准备一份"晨间简报"。如果你上午有一个重要会议，它会提前整理好会议资料，并提醒你要注意的关键点。如果你有健身计划，它会根据天气情况建议你穿什么运动服，并为你规划一条适合晨跑的路线。这种全方位的晨间服务，能让用户的一天从高效和舒适开始。

Agent 的智能唤醒功能不仅限于时间调整，还能根据你的生活习惯提供个性化建议。如果你习惯在早晨喝一杯咖啡，Agent 会根据你的口味偏好，提前为你预订咖啡，并推荐附近的咖啡店。如果你喜欢在早晨听新闻，它会为你筛选出与你兴趣相关的新闻内容，并通过语音播报的方式呈现给你。这种贴心的服务，能让用户的一天从高效和愉悦开始。

2. 健康管理：从"被动监测"到"主动干预"

Agent 不仅能监测你的健康状况，还能主动干预你的生活习惯。通过代谢监测手环，Agent 可以实时分析你的血糖、心率等数据，并自动生成个性化食谱。当它发现你的血糖偏高时，会推荐低糖食谱，并阻止你购买高糖食品。它甚至能根据你的饮食习惯，推荐适合的餐厅和菜品。假如你最近因为工作压力大，饮食不规律，导致体重增加。Agent 会通过分析你的健康数据，发现这一问题，并制订一个全面的健康管理计划。它会提醒你每天按时吃饭，并推荐低卡路里的食谱。当你试图购买高糖食品时，它会弹出提醒："根据您的健康目标，建议选择低糖食品。"这种主动干预，不仅帮助用户改善了健康状况，还让用户在日常生活中感受到贴心的关怀。

Agent 还能根据你的运动数据，提供个性化的健身建议。当它发现你最近运动量不足时，会推荐适合的锻炼项目，并为你规划锻炼时间。如果你喜欢户外运动，它会根据天气情况，推荐适合的运动地点和时间。这种全方位的健康管理，让用户的生活更加健康和有序。

3. 社交优化：从"随意表达"到"精准沟通"

Agent 不仅能管理你的健康，还能优化你的社交互动。通过分析你的聊天记录，Agent 可以发现你社交中存在的潜在问题，并提供改进建议。当它发现你在与上司对话中使用祈使句频率过高时，会提醒你："建议将'你去做这个'调整为'我们可以考虑这样做吗？'"这种优化不仅提升了你的沟通技巧，还能帮助你在职场中建立更好的人际关系。Agent 还能根据你的社交圈，推荐可能对你有帮助的人脉。当它发现你对某个领域感兴趣时，会推荐相关的专家或社群，帮助你拓展人脉。这种社交优化，不仅让用户的社交生活更加丰富，还能帮助用户在职场中取得更大的成功。

Agent 的社交优化功能不仅限于职场，它还能帮助用户维护家庭关系。当它发现你最近很少与家人互动时，会提醒你："您已经两周没有联系母亲了"。这种贴心的提醒，不仅帮助用户维护了家庭关系，还能让用户在忙碌的生活中感受到亲情的温暖。Agent 不仅是工具，更是生活的革命者。它让我们的日常生活更加高效、健康和智能；它让教育资源变得触手可及，消解了教育鸿沟；它还为老龄化社会提供了终极解决方案。正如一位用户所说："有了 Agent，我感觉生活变得更加轻松和美好了。"这种变革，正在重新定义人类与技术的关系，能让我们在智能时代走得更远、更稳。

1.3.2 认知民主化：教育鸿沟的消解

1. 肯尼亚乡村教师玛利亚的案例

在肯尼亚西部的一个偏远村庄，玛利亚老师每天需要步行三千米去学校上课。她的教室里没有电灯，黑板上的粉笔字被阳光晒得模糊不清。学生们挤在破旧的木凳上，试图通过课本上密密麻麻的文字理解"电磁感应"这样的抽象概念。然而，当玛利亚在黑板上画出磁感线时，学生们茫然的眼神让她感到深深的无力——他们从未见过真正的电路实验设备，更无法想象磁场如何在空间

第 1 章　智能革命已至：为什么每个人都需要一个 AI Agent

中分布。期末考试时，全班平均分只有 47 分，许多学生甚至无法正确画出最简单的电路图。

转机出现在 2024 年。一家国际教育组织为玛利亚的学校捐赠了 50 副 AR（增强现实）眼镜，并接入基于 Agent 的智能教学系统。当玛利亚第一次戴上 AR 眼镜时，她看到了此生难忘的场景：原本静止的课本插图突然"活"了过来，麦克斯韦方程变成在空中旋转的 3D 模型，电流像金色河流般在虚拟导线中流动。她颤抖着对学生们说："孩子们，从今天起，我们能看到科学的灵魂了。"学生们通过 AR 眼镜进入了一个全新的世界。当学习"法拉第电磁感应定律"时，他们可以用手势操控虚拟线圈穿过磁场，亲眼看到电流计指针的摆动；在理解"电磁波传播"时，他们能像捉蝴蝶一样伸手捕捉空气中跳动的波形图。最内向的学生基普也开始主动提问："老师，为什么电场线和磁感线总是垂直的？"——因为这个问题在他眼前具象化为两种不同颜色的光带交织舞动。如图 1-4 所示为基于 Agent 的智能教学系统。

图 1-4　基于 Agent 的智能教学系统

一年后的期末考试成绩公布时，整个村庄沸腾了：班级平均分从 47 分跃升至 82 分，三名学生甚至闯入全国科学竞赛决赛。玛利亚的学生露西在竞赛中展示了用 AR 模拟的"无线电力传输"实验，击败了来自首都精英学校的对手。当评委问及灵感来源时，这个从未离开过村庄的女孩说："我的老师是 Agent，它让我看到了科学原本的样子。"

2. 全球教育革命的燎原之火

在印度孟买的达拉维贫民窟，12 岁的拉朱通过 Agent 系统学习编程。他的"教室"是父亲修理手机的小摊位，AR 眼镜将生锈的铁皮墙转化为代码实验室。当他在虚拟键盘上敲出人生第一个"Hello World"时，系统自动生成了烟花特效——这比贫民窟节日里真实的烟花更让他激动。现在，他开发的"垃圾分类识别 App"已被当地政府采用，每天处理超过 20 万张垃圾图片。在巴西的亚马孙雨林深处，土著少年卡瓦尼通过 Agent 学习天文学。当他用 AR 眼镜对准夜空时，祖辈传说中的"鳄鱼星座"被自动标注为科学意义上的天蝎座，星图旁还漂浮着 NASA 最新的黑洞观测数据。部落长老起初担心这会摧毁传统文化，直到看到卡瓦尼用 3D 星图重新诠释部落迁徙史诗，他们开始称 Agent 为"会说话的龟甲"。(龟甲是部落记载智慧的古老载体)

这些案例揭示了一个颠覆性事实：Agent 不是简单地传递知识，而是在重塑知识的呈现方式。它让抽象公式变成可触摸的玩具，让艰深理论转化为沉浸式游戏。根据联合国教科文组织 2025 年的报告，接入 Agent 系统的偏远地区学校，STEM 科目(科学、技术、工程、数学)平均成绩提升了 65%，而学习兴趣指数更是暴涨 210%。

3. 职业教育的重生：从"耗材消耗"到"无限试错"

在中国广州的一所职业技校里，汽修专业学生王强曾因拆坏发动机活塞被老师训斥："你知道这套教具多贵吗？"现在，他戴着 AR 眼镜在虚拟引擎室工作，可以放心地把扳手砸向任何地方——因为 Agent 会立即复原被拆毁的零件，并在空中标注出错误步骤。当他成功组装完一台混合动力引擎时，系统甚至模拟出不同转速下的声浪，让他通过听觉判断调试效果。

传统职业教育面临两大困境：高昂的实训成本(一台教学用汽车发动机价值数万元)和有限的试错机会(学生不敢轻易操作昂贵设备)。Agent 通过虚拟仿真技术彻底改变了这一现状。在焊接培训中，学生可以在虚拟金属板上无限次练习，系统会实时监测焊枪角度、温度控制等参数，用不同颜色的光效提示错误——红色代表焊穿，蓝色代表未熔透。当学生掌握基础技能后，Agent 还

第 1 章 智能革命已至：为什么每个人都需要一个 AI Agent

会生成极端场景训练：模拟在暴风雨中维修电路，或戴着厚重手套进行精密焊接。

这种变革带来的效果令人震撼。深圳某智能制造学院的数控机床专业，引入 Agent 系统后，学生操作失误率下降了 78%，而企业反馈的毕业生适岗率从 62% 飙升至 91%。更惊人的是，有学生在虚拟环境中设计出全新的刀具路径优化方案，被合作企业直接采用，使某款零部件的加工效率提升了 17%。

4. 特殊教育的曙光：打开封闭的心灵

在东京的一家自闭症儿童康复中心，8 岁的翔太第一次主动伸手触碰了"空气"。通过 AR 眼镜，他看到自己指尖划过的轨迹变成了彩虹，而 Agent 将这些色彩转化为音阶——这是专为他设计的"色彩音乐疗法"。当他把不同颜色的积木堆叠成塔时，系统会根据色彩组合即兴创作旋律，逐渐引导他建立与外界的沟通桥梁。Agent 在特殊教育领域的突破，缘于其超越人类教师的耐心与精准。对于阅读障碍儿童，它可以把文字分解为动态笔画，让字母像小动物般跳着舞组成单词；对于听觉障碍学生，它能将物理实验的振动转化为可视化的光波起伏。在美国加利福尼亚州某盲童学校，学生们通过触觉反馈手套"观察"Agent 生成的 3D 细胞模型，生物课及格率从 31% 提升至 89%。

最令人动容的是在战火纷飞的乌克兰。一批配备 Agent 系统的移动教育车穿梭于防空洞之间，为孩子们提供"心理盾牌"。当空袭警报响起时，AR 眼镜会将地下室的墙壁转化为星空穹顶，Agent 用温柔的声音给孩子们讲述银河系的故事。一位母亲流着泪说："我的孩子现在听到爆炸声时，第一反应是抬头找星星，而不是躲进角落发抖。"

5. 教育的未来：每个人都是人才的种子

Agent 带来的教育革命，本质上是将"标准化教育"进化为"个性化启蒙"。在云南香格里拉的藏族牧区，13 岁的卓玛通过 Agent 发现自己在传统教育体系中被忽视的天赋——她为虚拟牦牛设计的"保暖鞍具"获得国际青少年发明奖，而这一切始于 Agent 发现她总在数学课上偷偷画动物草图。这种颠覆正在重塑整个社会的认知。在挪威，渔民的孩子通过 AR 眼镜研究海洋生态链，他们的作业是设计虚拟渔场平衡模型；在沙特，女孩们用 Agent 系统绕过传统限制，在元宇宙中建立全女性工程师团队。教育不再是单向灌输，而是

Agent 根据每个学习者的神经元活动特征，实时调整知识传递路径的共生过程。当非洲草原上的孩子能解剖虚拟大象，当南极科考站的学生可以"走进"热带雨林，当地理、资源、文化的边界被彻底打破，教育的终极愿景终于浮现：让每个大脑都能在最适宜的环境中自由生长。正如玛利亚老师的学生在毕业纪念册上写下的那句话："Agent 没有给我们答案，但它给了我们看见问题的眼睛——而答案就藏在那些闪烁的光点里。"

1.3.3 老龄化社会的终极方案

1. 日本东京的"银发族守护计划"

在日本东京，老龄化问题日益严重，独居老人的健康和安全成为社会关注的焦点。据统计，东京 65 岁以上的老年人占总人口的 30%，其中超过 40%的老人独居。这些老人面临着健康监测不足、突发疾病难以及时救治，以及情感孤独等多重挑战。为解决这一问题，东京市政府推出了"银发族守护计划"，为老年人配备医疗 Agent。这些 Agent 不仅能监测老人的健康状况，还能在紧急情况下自动呼叫救护车。

医疗 Agent 的核心功能是实时健康监测。它通过智能手环、血压计、血糖仪等设备，全天 24 小时采集老人的健康数据，包括心率、血压、血糖、血氧等关键指标。当数据出现异常时，Agent 会立即发出警报，并通知家属和医生。当它发现老人的血压突然升高时，会提醒老人服用降压药，并自动联系附近的医院预约急诊。结果显示，配备医疗 Agent 的老年人群体，急性病误诊率下降了 72%。这是因为 Agent 能够实时分析老人的健康数据，发现潜在的健康风险，并及时提醒医生。此外，情感陪伴 Agent 也发挥了重要作用。独居老人常常感到孤独，导致抑郁症发病率居高不下。情感陪伴 Agent 通过语音对话和互动游戏，为老人提供情感支持。它不仅能与老人聊天，还能根据老人的兴趣推荐音乐、电影和书籍。例如，当老人感到孤独时，Agent 会播放他们年轻时喜欢的歌曲，或者讲述一些有趣的故事。结果显示，使用情感陪伴 Agent 的老人，抑郁症发病率降低了 41%。

更进一步，通过脑机接口辅助记忆提取，阿尔茨海默病患者的日常生活自理能力恢复率达 63%。Agent 能够帮助老人回忆重要信息，如家人的名字、家庭住址等，从而提高他们的生活质量。

第 1 章　智能革命已至：为什么每个人都需要一个 AI Agent

案例：Agent 如何改变养老院管理

在某家养老院，Agent 被广泛应用于日常管理中。当老人需要服药时，Agent 会提醒他们按时服药，并记录服药情况。如果老人忘记服药，Agent 会自动通知护理人员。这种智能化的服药管理，不仅提高了老人的用药依从性，还减少了因漏服药物导致的健康风险。此外，Agent 还能根据老人的健康状况，制订个性化的康复计划。当它发现某位老人的肌肉力量下降时，会推荐适合的锻炼项目，并监督老人完成锻炼。对于行动不便的老人，Agent 会推荐一些简单的床上运动；对于体力较好的老人，则会推荐一些户外活动。这种个性化的管理方式，不仅提高了老人的生活质量，还减轻了护理人员的工作负担。

Agent 在养老院的应用不仅限于健康管理，还包括情感支持和社交互动。当老人感到孤独时，Agent 会组织虚拟社交活动，如在线棋牌游戏或视频聊天。这些活动不仅让老人感受到社交的乐趣，还帮助他们建立了新的友谊。一位老人说："有了 Agent，我感觉自己不再孤单，每天都有新的朋友和活动等着我。"Agent 还能帮助养老院优化资源配置。例如，通过分析老人的健康数据和行为模式，Agent 可以预测哪些老人需要更多的护理资源，从而帮助养老院合理分配人力、物力。这种智能化的管理方式，不仅提高了养老院的运营效率，还提升了老人的满意度。

2. 全球老龄化社会的 Agent 解决方案

日本的经验正在全球范围内推广。在德国柏林，一家名为"智慧银发"的养老机构引入了 Agent 系统，为老人提供全方位的健康管理和情感支持。结果显示，使用 Agent 的老人，生活质量评分提升了 45%，而护理人员的工作压力减少了 30%。在美国加利福尼亚，一家科技公司开发了专门针对阿尔茨海默病患者的 Agent 系统。通过脑机接口技术，Agent 能够帮助老人回忆重要信息，如家人的名字、家庭住址等。当老人忘记如何回家时，Agent 会通过语音导航引导他们找到正确的路线。这种技术不仅帮助老人恢复了部分记忆功能，还减轻了家属照顾的负担。

在中国上海，一家社区养老中心引入了 Agent 系统，为独居老人提供健康监测和紧急救助服务。当老人摔倒时，Agent 会立即发出警报，并自动联系社区医生和家属。结果显示，使用 Agent 的老人，意外事故发生率下降了 60%，而家属的满意度提升了 80%。

这些案例表明，Agent 正在成为老龄化社会的终极解决方案。它不仅提高了老人的生活质量，还减轻了社会和家庭的负担。正如一位养老院负责人所说："Agent 不仅是我们老人的守护者，更是我们社会的未来。"

Agent——老龄化社会的守护者，Agent 不仅是工具，更是老龄化社会的守护者。它让老人的生活更加健康、安全和幸福；它让养老资源更加高效和合理；它让社会更加和谐和美好。这种变革，正在重新定义老龄化社会的未来，让我们在智能时代中走得更远、更稳。

第 2 章

DeepSeek：开启平民化 AI 的新纪元

在科技飞速发展的当下，人工智能（AI）已然成为推动各行业变革与创新的核心驱动力。从日常生活中的智能语音助手，到复杂工业生产中的智能监控与预测，AI 的身影无处不在。然而，AI 技术的广泛应用并非一帆风顺，诸多挑战如影随形。开源大模型虽具备强大的潜力，但模型庞大的体积与高昂的计算资源需求，成为其普及路上的巨大阻碍。在此背景下，DeepSeek 横空出世，以其创新的技术和独特的理念，为 AI 的平民化进程开辟了全新的道路。本章将深入剖析 DeepSeek 在模型蒸馏、私有化部署等关键技术领域的突破，以及其如何凭借这些技术，开启了平民化 AI 的新纪元，让 AI 技术得以更广泛地融入人们的生活与工作。

2.1 开源大模型的破局者：模型蒸馏与私有化部署技术

2.1.1 模型蒸馏原理与技术实现

在人工智能领域，开源大模型的发展面临诸多挑战，其中模型体积庞大、计算资源需求高是限制其广泛应用的关键因素。以 GPT-3 为例，其参数量高达 1750 亿个，如此庞大的模型不仅在训练时需要消耗海量的计算资源，在实际部署和推理过程中，也对硬件设备提出了极高的要求，这使得许多中小企业和个人开发者都望而却步。而模型蒸馏技术的出现，为解决这些问题提供了有效的途径。

1. 模型蒸馏核心思想阐释

模型蒸馏的核心思想是将一个大型的、复杂的教师模型中的知识迁移到一个小型的、简单的学生模型中。这种迁移过程是通过让学生模型学习教师模型的输出概率分布来实现的。教师模型通常具有较高的性能和丰富的知识，但由于其复杂的结构和庞大的参数数量，在实际应用中往往需要大量的计算资源和存储资源。例如，在图像分类任务中，教师模型可能经过数百万张图像的训练，能够准确识别各种复杂的图像特征，但它的计算过程烦琐，运行效率较低。而学生模型则相对简单，参数数量较少，计算效率更高。通过模型蒸馏，学生模型可以在一定程度上逼近教师模型的性能，同时降低所需的计算资源和存储成本。

2. 技术实现关键步骤解析

从技术实现的角度来看，模型蒸馏主要涉及两个关键步骤：一是定义一个损失函数，用于衡量学生模型和教师模型输出之间的差异；二是通过优化算法来最小化这个损失函数，从而使学生模型逐渐学习到教师模型的知识。常见的损失函数有 KL 散度（Kullback-Leibler Divergence），它可以度量两个概率分布之间的差异。在训练过程中，学生模型的参数会根据损失函数的梯度信息进行更新，不断调整以减小与教师模型输出的差异。例如，在一个简单的文本分类任务中，教师模型对一篇新闻的分类概率为 [0.1, 0.7, 0.2]，分别表示该新闻属于体育、政治、娱乐类别的概率，学生模型初始的分类概率为 [0.2, 0.5, 0.3]，通过计算 KL 散度得到两者之间的差异，随后根据这个差异调整学生模型的参数，经过多次迭代训练，学生模型的分类概率逐渐接近教师模型。

3. DeepSeek 的技术优化举措

以 DeepSeek 为例，其在模型蒸馏过程中采用了先进的算法和技术优化。首先，优化了损失函数的设计，不仅仅考虑了最终输出的概率分布差异，还结合中间层的特征表示，使得学生模型能够更全面地学习教师模型的知识。在计算机视觉任务中，DeepSeek 通过引入中间层特征的对比，让学生模型能够学习到教师模型对图像不同层次特征的提取和理解方式，从而在图像识别、目标检测等任务中表现更加出色。其次，采用了自适应的学习率调整策略，根据训练过程中的误差动态调整学习率，提高了训练的稳定性和效率。在训练初期，学习率较大，使得模型参数能够快速调整，加快收敛速度；随着训练的进行，学习率逐渐减小，避免模型在接近最优解时出现震荡。通过这些技术实现，

DeepSeek 成功地将大型模型的知识迁移到小型模型中，为后续的应用和部署奠定了基础。

2.1.2 私有化部署的优势与应用场景

1. 私有化部署的数据安全保障

私有化部署是指将模型部署在用户自己的私有环境中，而不是使用公共的云服务。这种部署方式在开源大模型的应用中具有独特的优势。首先，从数据安全和隐私保护的角度来看，私有化部署能够让用户完全掌控自己的数据。在许多行业，如金融、医疗等领域，数据的安全性和隐私性至关重要。以金融行业为例，银行的客户交易数据、个人信用信息等一旦泄露，不仅会给客户带来巨大的经济损失，还会严重损害银行的声誉。使用公共云服务可能会面临数据泄露的风险，而私有化部署则可以避免这些问题。企业可以将模型部署在自己的服务器上，对数据进行严格的访问控制和加密处理，确保数据不被泄露。例如，一家大型银行通过私有化部署信用评估模型，将客户数据存储在银行内部的加密数据库中，只有经过授权的人员才能访问和使用这些数据，有效保障了客户数据的安全。

另外，私有化部署能够满足企业对定制化的需求。不同的企业可能有不同的业务场景和需求，公共云服务提供的通用模型往往无法完全满足这些个性化需求。通过私有化部署，企业可以根据自己的业务需求对模型进行定制和优化。例如，一家制造企业可以在私有化部署的模型中加入特定的生产工艺知识和数据，以提高生产过程的预测和优化能力。该企业在生产汽车零部件时，将生产线上的设备运行数据、产品质量检测数据等与模型相结合，使模型能够准确预测设备故障和产品质量问题，提前采取措施进行预防和改进，提高了生产效率和产品质量。

2. 各领域私有化部署应用场景

私有化部署具有广泛的适用性，在金融领域，银行可以将信用评估模型私有化部署，对客户的信用风险进行精准评估，同时保护客户的敏感信息。在医疗领域，医院可以将疾病诊断模型部署在医疗机构内部，利用患者的临床数据进行疾病诊断预测，提高诊断的准确性和效率。例如，某知名医院将 AI 辅助诊断模型私有化部署后，医生可以通过该模型快速分析患者的病历、影像等数据，辅助医生做出更准确的诊断，缩短了患者的诊断时间，提高了治愈率。在公共安全领域，政府部门可以将视频监控分析模型私有化部署，对公共场所的安全情况进行实时监测和预警，以保障社会的安全稳定。通过对监控视频中的人物行为、异常事件等进行分析，及时发现潜在的安全威胁，采取相应的措施进行处理。

DeepSeek 的私有化部署方案充分考虑了不同行业的需求，提供了灵活的部署方式和全面的技术支持。它可以与企业现有的 IT 基础设施进行无缝集成，降低了部署的难度和成本。同时，DeepSeek 团队还提供了专业的售后服务和技术培训，确保企业能够顺利地使用和维护私有化部署的模型，发挥其最大的价值。例如，DeepSeek 为一家制造企业提供了私有化部署服务，在部署过程中，技术团队与企业的 IT 人员密切合作，根据企业的网络架构和数据存储方式，对模型进行了优化配置，使其能够在企业内部稳定运行。部署完成后，DeepSeek 还为企业员工提供了详细的培训，包括模型的使用方法、常见问题的解决等，让企业员工能够熟练运用模型进行生产管理。

2.1.3 开源社区对 DeepSeek 的贡献与推动

1. 开源社区提供的代码资源支持

开源社区在 DeepSeek 的发展过程中发挥了至关重要的作用。开源社区的开放性和共享性为 DeepSeek 提供了丰富的资源和强大的技术支持。首先，开源社区为 DeepSeek 提供了大量的代码资源。许多开发者在开源社区中分享了自己的研究成果和代码实现，这些代码可以作为 DeepSeek 开发的基础，减少了重复开发的工作量，提高了开发效率。例如，在深度学习框架 TensorFlow 和 PyTorch 的开源社区中，有大量关于神经网络架构搭建、优化算法实现等方面的代码示例。DeepSeek 在开发自己的模型时，可以借鉴这些代码，快速搭建起模型的基本框架，然后在此基础上进行创新和优化。一些在深度学习算法优化、模型架构设计等方面的开源代码，为 DeepSeek 的模型研发提供了宝贵的参考。开发者可以根据这些代码进行改进和扩展，结合 DeepSeek 的具体需求，开发出更高效、更强大的模型。

2. 促进技术交流合作的作用

在开源社区中，来自不同地区，具有不同背景的开发者可以自由地交流想法、分享经验。这种交流和合作可以激发创新思维，帮助 DeepSeek 团队发现和解决问题。例如，在模型蒸馏技术的研发过程中，开源社区中的开发者提出了许多新的思路和方法，这些建议被 DeepSeek 团队采纳并应用到实际的开发中，推动了模型蒸馏技术的不断进步。在一次开源社区的线上讨论中，有开发者提出一种基于注意力机制的模型蒸馏方法，DeepSeek 团队对这种方法进行了深入研究和实验，发现它能够有效提高学生模型对教师模型关键知识的学习效率，于是将其应用到自己的模型蒸馏算法中，取得了更好的效果。

3. 开源社区的测试反馈机制

开源社区还为 DeepSeek 提供了广泛的测试和反馈。大量的开发者和用户可以参与到 DeepSeek 模型的测试中，发现其中存在的问题和不足，并及时反馈给开发团队。开发团队根据这些反馈信息对模型进行优化和改进，不断提升模型的性能和质量。例如，在实际应用中，用户发现 DeepSeek 在某些特定场景下的推理速度较慢，开发团队根据用户反馈，对推理算法进行了优化，显著提高了模型的推理效率。通过开源社区的测试和反馈机制，DeepSeek 能够快速响应市场需求，不断完善自己的产品，使其更符合用户的使用需求。

此外，开源社区的推广作用也不可忽视。开源社区具有广泛的影响力和传播渠道，通过开源社区的宣传和推广，更多的人了解到 DeepSeek 的优势和应用价值。这有助于吸引更多的开发者和企业加入 DeepSeek 的生态系统中，共同推动 DeepSeek 的发展和应用。在开源社区的 GitHub 平台上，DeepSeek 的项目获得了大量的关注和星标，许多开发者通过阅读项目文档和代码，了解到 DeepSeek 的技术特点和应用场景，纷纷尝试将其应用到自己的项目中。一些企业也通过开源社区了解到 DeepSeek，与 DeepSeek 团队合作，将其技术应用到企业的生产和管理中，实现了业务的创新和发展。

2.1.4 模型蒸馏在降低成本方面的作用

1. 降低计算成本

在开源大模型的应用中，成本是一个关键因素。高昂的计算成本和存储成本限制了大模型的广泛应用，而模型蒸馏技术在降低成本方面发挥了重要作用。首先，从计算成本的角度来看，大型模型在训练和推理过程中需要大量的计算资源，如 GPU 等。这些计算资源的使用成本非常高，尤其是对于长期使用和大规模部署的情况。以训练一个大型的语言模型为例，可能需要使用数百块高端 GPU，每天的计算费用就高达数万元。而通过模型蒸馏，将大型教师模型的知识迁移到小型学生模型中，学生模型可以在性能损失较小的情况下代替教师模型进行训练和推理。由于学生模型的参数数量较少，结构相对简单，其对计算资源的需求也大幅降低。例如，在进行图像识别任务时，一个大型的卷积神经网络模型可能需要多块高端 GPU 才能进行快速的推理，而经过模型蒸馏得到的小型模型可以在单块普通 GPU 甚至 CPU 上实现相近的推理速度，大大降低了计算成本。一家小型图像识别创业公司，在使用大型模型时，每月的计算成本高达数万元，难以承受。通过采用 DeepSeek 的模型蒸馏技术，将模型进行压缩和优化，使用单块普通 GPU 就能够满足推理需求，计算成本降低了 80% 以上，使得公司能够在有限的预算下开展业务。

2．削减存储成本

在存储成本方面，大型模型需要大量的存储空间来保存模型参数。这些参数文件可能会占用数百 GB 甚至 TB 的存储空间。而模型蒸馏后的小型模型参数数量大幅减少，所需的存储空间也相应降低。这对需要部署多个模型或保存大量历史模型的应用场景来说，意义重大。企业可以节省大量的存储设备采购和维护成本，同时也提高了数据管理的效率。例如，一家金融科技公司需要保存多个不同版本的风险评估模型，用于不同业务场景的分析和预测。在使用大型模型时，存储这些模型需要大量的磁盘空间，不仅采购成本高，管理起来也非常复杂。通过模型蒸馏，将模型参数大幅减少，存储成本降低了 90% 以上，同时也方便了模型的管理和调用。

3．DeepSeek 模型蒸馏降本实例

以 DeepSeek 为例，通过有效的模型蒸馏技术，成功将模型的计算资源需求降低了很多，存储成本也大幅下降。这使得 DeepSeek 在大规模应用和推广过程中具有更大的优势。对一些预算有限的中小企业来说，较低的成本使得他们也能够使用得起先进的 AI 模型，从而推动了 AI 技术的平民化进程。模型蒸馏技术还提高了资源的利用效率，使得更多的计算资源可以用于其他重要的任务，促进了整个行业的发展。在教育领域，许多学校和教育机构由于资金有限，无法使用昂贵的大型 AI 模型进行教学和研究。DeepSeek 的模型蒸馏技术使得这些教育机构能够以较低的成本使用高性能的 AI 模型，为学生提供更好的教育服

务。例如，一所普通高校通过使用 DeepSeek 的模型蒸馏技术，将一个大型的智能辅导模型进行压缩和优化，在不影响教学效果的前提下，降低了计算成本和存储成本，使得学校能够在有限的预算下为学生提供智能辅导服务，提高了学生的学习效率和成绩。

2.2 成本革命：推理费用下降的技术密码

2.2.1 硬件优化：新型芯片与计算架构

在 AI 推理成本降低的过程中，硬件优化起着关键作用。DeepSeek 在这方面进行了深入的探索，采用了新型芯片和创新的计算架构。

1．新型 AI 推理芯片的性能亮点

新型芯片专为 AI 推理设计，具备更高的计算效率和更低的能耗。以英伟达推出的专为 AI 推理优化的 A100 芯片为例，其采用了 7 纳米先进制程工艺，能够在单位面积上集成更多的计算单元，从而极大地提高了芯片的计算密度。相较于上一代芯片，A100 芯片的计算单元数量提升了近一倍，使得其在处理 AI 推理任务时，能够以更快的速度完成计算。同时，这些芯片还针对 AI 算法的特点进行了深度优化。在 AI 推理过程中，矩阵乘法是核心运算之一，占据了大量的计算时间。新型芯片采用专门的矩阵运算单元，如 A100 芯片中的 Tensor Core，它能够加速神经网络中的矩阵乘法运算。通过采用并行计算、流水线技术等先进手段，Tensor Core 可以在短时间内完成海量的矩阵乘法运算，大大加速了神经网络的推理过程。据测试，在处理大规模图像识别任务时，使用带有 Tensor Core 的芯片进行推理，速度比传统芯片提升了 5~10 倍。

2．创新计算架构设计优势

在计算架构方面，DeepSeek 摒弃了传统的通用计算架构，采用了更加适合 AI 推理的专用架构。传统通用计算架构在处理 AI 任务时，存在数据传输路径冗长、计算流程不够优化等问题，导致数据在不同组件之间传输时产生较大的延迟，降低了计算资源的利用率。而 DeepSeek 的专用架构通过精心设计数据传输路径，采用高速缓存、直接内存访问（DMA）等技术，减少了数据在内存、CPU、GPU 等组件之间的传输延迟，使得数据能够快速、准确地到达需要处理

的位置。例如，采用片上缓存技术，将常用的数据和计算结果存储在芯片内部的高速缓存中，当需要再次使用时，不需要从外部存储器读取，大大减少了对外部存储器的访问次数，从而显著提高了推理速度。在一个基于深度学习的自然语言处理任务中，使用传统架构时，数据从内存传输到 CPU 再到 GPU 进行处理，整个过程存在较大的延迟，导致推理速度较慢。而采用 DeepSeek 的专用架构后，通过片上缓存技术，将频繁使用的语言模型参数和中间计算结果存储在片上缓存中，推理速度提高了 3~5 倍。

此外，DeepSeek 还通过异构计算的方式，将不同类型的计算芯片（如 CPU、GPU、ASIC 等）进行协同工作。CPU 擅长逻辑控制和通用计算，GPU 在并行计算方面表现出色，而 ASIC 则针对特定的 AI 算法进行了高度优化。根据不同的任务需求，DeepSeek 合理分配计算任务到不同的芯片。在图像识别任务中，利用 GPU 强大的并行计算能力快速处理图像数据，提取图像特征；而在后续的特征分类和决策阶段，使用 CPU 进行逻辑控制和精细计算。对于一些对实时性要求极高的 AI 推理任务，如自动驾驶中的目标检测，采用 ASIC 芯片进行专门处理，能够在极低的延迟下完成推理，保障行车安全。通过这种异构计算方式，充分发挥各芯片的优势，进一步提高了计算效率，降低了推理成本。在一个实际的自动驾驶场景中，通过 CPU、GPU 和 ASIC 的协同工作，车辆的目标检测和决策系统能够在毫秒级的时间内完成对周围环境的感知和决策，确保了行车的安全和顺畅，同时降低了计算资源的消耗，减少了推理成本。

2.2.2　算法改进：高效推理算法解析

除了硬件优化，算法改进也是降低推理费用的重要途径。DeepSeek 研发了一系列高效的推理算法，从多个角度提升了推理效率。

1. 模型压缩算法的技术手段

在模型压缩算法方面，除了前面提到的模型蒸馏技术，DeepSeek 还采用了剪枝和量化等技术。剪枝是通过去除神经网络中不重要的连接和神经元，减少模型的参数数量，从而降低计算复杂度。在一个拥有数百万参数的神经网络中，通过剪枝算法可以自动识别出那些对模型性能影响较小的连接和神经元，然后将其去除。例如，在一个图像分类模型中，经过剪枝后，可能去除掉 70%~80% 的冗余连接和神经元，而模型性能仅下降 5%~10%，在几乎不影响模型性能的前提下，大幅减少了计算量。量化则是将模型中的参数和计算过程从高精度的数据类型转换为低精度的数据类型，如将 32 位浮点数转换为 8 位整数。虽然数据精度有所降低，但通过巧妙的算法设计和误差补偿机制，在几乎不影响模型性能的情况下，大幅减少了计算量和存储需求。这使得模型在运行时，所需的计算资源和存储空间大幅降低，提高了推理效率。在一个语音识别模型中，通过量化技术，可以将模型的存储需求降低 75% 以上，同时推理速度提高 2~3 倍。

2. 动态计算图技术的优势

在推理过程中，DeepSeek 采用了动态计算图技术。传统的静态计算图在推理时需要预先构建完整的计算图，就像提前规划好一条固定的路线，无论遇到什么情况都只能按照这条路线走。这种方式无法根据输入数据的特点进行灵活调整，在处理不同规模、不同类型的数据时，容易出现计算资源浪费和效率低下的问题。而动态计算图则可以在推理过程中根据输入数据实时构建计算图，只计算必要的节点，就像一个智能导航系统，能够根据实时路况选择最优路线。当输入的数据规模较小或数据特征较为简单时，动态计算图能够自动减少不必要的计算步骤，避免了不必要的计算开销，大大提高了推理效率。在一个智能客服系统中，当用户输入简单的问题时，动态计算图能够快速识别出关键信息，只计算与问题相关的节点，推理速度比传统静态计算图提高了 4~6 倍。

3. 基于注意力机制的推理算法

DeepSeek 还研发了基于注意力机制的推理算法。注意力机制就像人类的注意力一样，能够让模型在处理输入数据时，更加聚焦于重要的信息，忽略无关信息。在自然语言处理中，当模型处理一篇长文本时，注意力机制可以帮助模型快速定位到与问题相关的关键句子和词汇，从而提高回答问题的准确性和效率。在计算机视觉领域，当模型识别图像中的目标时，注意力机制能够让模型更加关注目标物体的关键特征，如在识别汽车时，关注汽车的形状、颜色、车牌等关键信息，而忽略背景中的无关元素，提高了目标识别的准确性和效率。在实际应用中，基于注意力机制的推理算法在图像分类、目标检测、机器翻译等多个领域都取得了显著的效果，为 AI 推理效率的提升提供了有力支持。在一个机器翻译任务中，采用基于注意力机制的推理算法，翻译的准确性可以提高 10%~15%，同时推理速度也有所提升。

2.2.3 资源管理：云计算资源的优化利用

在实际的 AI 推理应用中，许多企业和开发者选择借助云计算资源来完成任务。DeepSeek 深知云计算资源管理的重要性，通过一系列优化策略，进一步降低了推理成本。

1. 资源弹性分配技术的原理

DeepSeek 采用了资源弹性分配技术，这一技术就像为云计算资源配备了一位智能管家。根据推理任务的负载情况，资源弹性分配技术能够动态调整所使用的云计算资源。当推理任务负载较低时，如在夜间或业务低谷期，系统会自动检测到资源利用率的下降，然后迅速释放多余的计算资源，将这些资源归还给云计算提供商，避免了资源的闲置浪费。而在负载较高时，如电商促销活动期间，大量用户同时进行搜索、推荐等 AI 推理操作，系统会及时感知到负载的增加，自动向上扩展计算资源，迅速调配更多的服务器、GPU 等资源，确保推理任务能够顺利进行，满足用户的需求。这种弹性分配机制能够在保证服务质量的前提下，最大限度地降低云计算资源的使用成本，为企业节省了大量的资金。例如，一家电商企业在平时的业务运营中，推理任务负载较低，通过资源弹性分配技术，将云计算资源的使用量降低了 50% 以上，节省了大量的费用。而在"双 11"等促销活动期间，系统能够及时扩展资源，能确保用户的搜索和推荐体验不受影响。

2. 优化任务调度算法的作用

DeepSeek 通过优化任务调度算法，提高了云计算资源的利用率。任务调度算法就像一位优秀的交通指挥员，负责将多个推理任务进行合理地组合和调度。DeepSeek 将一些对计算资源需求较低的任务(如简单的文本分类任务)和对计算资源需求较高的任务(如图像渲染任务)进行巧妙搭配。在同一时间段内，让这些任务同时在云计算资源上执行，充分利用了云计算资源的空闲时间和计算能力。通过这种方式，避免了资源的闲置，提高了资源的整体利用率。在一个云计算平台上，通过优化任务调度算法，资源利用率提高了 30%~40%，使得更多的推理任务能够在相同的资源下同时执行，提高了平台的服务能力。

3. 与云服务提供商的合作策略

DeepSeek 还与云计算服务提供商展开深度合作，借助批量采购的规模优势和长期稳定的合作关系，成功争取到更为优惠的云计算资源价格。在市场竞争日益激烈的当下，云计算服务提供商为了吸引和留住优质客户，通常会针对大规模采购和长期合作的客户提供特殊的价格折扣和服务套餐。DeepSeek 敏锐地捕捉到这一机会，与多家主流云计算服务商签订长期合作协议，通过批量采购计算资源，如虚拟机实例、存储容量、网络带宽等，使得每单位资源的使用成本大幅降低。据统计，通过这种合作方式，DeepSeek 在云计算资源采购方面的成本降低了 20%～30%。同时，DeepSeek 还充分利用云计算服务提供商提供的一些优化工具和服务，如自动伸缩组、负载均衡器、智能缓存等，进一步提升了资源利用效率，降低了推理成本。这些优化工具能够根据业务负载的变化自动调整资源配置，确保资源始终处于高效利用状态，避免了因资源分配不合理导致的成本浪费。例如，通过使用自动伸缩组，当业务负载增加时，系统能够自动增加计算资源，而当负载降低时，又能自动减少资源，能确保资源的使用始终与业务需求相匹配，降低了成本。

2.2.4 成本降低对市场普及的影响

DeepSeek 通过在硬件优化、算法改进和资源管理等多方面的不懈努力，成功实现了推理费用下降的重大突破，这一成果对 AI 市场的普及产生了深远而广泛的影响。

1. 为中小企业带来发展机遇

对中小企业而言，成本的大幅降低犹如一场及时雨，彻底改变了他们在 AI 应用领域的处境。在过去，高昂的推理成本使得许多中小企业只能望"AI"兴叹，即便深知 AI 技术能够为企业带来巨大的发展机遇，但面对动辄数百万元甚至上千万元的成本投入，也只能无奈放弃。而如今，随着 DeepSeek 实现推理成本的大幅降低，中小企业终于能够轻松跨越这一成本门槛，将 AI 技术广泛应用到企业的各个业务环节。在客户服务方面，中小企业可以借助 AI 客服系统，实现 24 小时不间断服务，及时响应客户咨询，提高客户满意度。例如，一家小型电商企业通过引入 AI 客服系统，将客户咨询的响应时间从原来的平均 30 分钟缩短到了 5 分钟以内，客户满意度从 70% 提升到了 90% 以上。在生产管理中，可以利用 AI 技术对生产流程进行实时监控和优化，降低次品率，提高生产效率。一家小型制造业企业通过 AI 技术对生产线上的设备进行实时监测，提前预测设备故障，将次品率降低了 30%～40%，生产效率提高了 20%～30%。在市场营销领域，通过 AI 驱动的数据分析和精准营销工具，深入了解客户需求，可以制订更具针对性的营销策略，提升市场竞争力。一家小型化妆品企业通过 AI 分析客户的购买行为和偏好，制订了个性化的营销方案，产品销量在半年内增长了 50% 以上。

2. 助力个人开发者与科研人员

在个人开发者和科研人员方面，成本的降低为他们开启了一扇通往无限可能的大门。个人开发者往往缺乏雄厚的资金支持，但他们拥有丰富的创意和创新精神。以往，高昂的 AI 推理成本成为他们实现创意的最大障碍，许多优秀的创意因无法承担成本而夭折。现在，借助 DeepSeek 降低成本的技术成果，个人开发者可以极低的成本使用 AI 推理资源，将自己脑海中的创意转化为实际的应用和产品。从开发一款简单的智能语音助手，到打造一个基于 AI 的图像识别应用，个人开发者的想象力和创造力得到了极大的释放。例如，一位个人开发者利用 DeepSeek 的技术，开发了一款针对老年人的智能健康监测应用，通过 AI 分析老人的健康数据，及时发现其潜在的健康问题并提供预警，这款应用受到了广泛的好评。科研人员同样受益于成本的降低，他们可以在更广泛的领域进行 AI 相关的研究，不再受限于成本的束缚。在医学研究中，科研人员可以利用低成本的 AI 推理资源对大量的医学影像数据进行分析，加速疾病诊断技术的研发。在一项关于癌症早期诊断的研究中，科研人员利用 AI 推理技术对大量的医学影像进行分析，成功将癌症的早期诊断准确率提高了 20%～30%。在环境科学领域，通过 AI 模型对海量的环境监测数据进行处理，深入研究气候变化的规律和影响。科研人员利用 AI 技术对多年的气象数据、海洋数据等进行分析，发现了一些关于气候变化的新规律，为环境保护和应对气候变化提供了重要的参考。

3. 加剧 AI 市场竞争，推动创新

从市场竞争角度来看，成本的降低犹如一颗投入平静湖面的巨石，激起了层层涟漪，加剧了 AI 市场的竞争态势。随着更多的企业和开发者凭借低成本的优势进入 AI 市场，市场上的 AI 产品和服务呈现百花齐放的繁荣景象。这不仅推动了 AI 技术的快速迭代和创新，促使企业不断加大研发投入，提升产品性能和服务质量，以在激烈的竞争中脱颖而出；同时，也促使 AI 企业不断优化产品和服务的性价比，以满足市场多样化的需求。在这种竞争环境下，AI 技术的应用范围不断扩大，从最初的科技领域逐渐渗透到各个传统行业，为整个社会的

发展注入了强大的动力。例如，在农业领域，AI 技术被应用于农作物的病虫害监测和精准施肥，提高了农作物的产量和质量；在交通运输领域，AI 技术被应用于智能交通管理和自动驾驶，提高了交通效率和安全性。

DeepSeek 实现的成本革命为 AI 的平民化和普及化奠定了坚实的基础，使得 AI 技术能够像电力、互联网一样，成为人们生活和工作中不可或缺的一部分，为社会的发展带来更大的价值和变革。它不仅改变了企业的运营模式和创新能力，也激发了个人开发者和科研人员的创造力，推动了整个社会向智能化、数字化的方向快速迈进。在未来，随着 DeepSeek 技术的不断发展和完善，AI 技术将在更多领域发挥重要作用，为人类创造更加美好的生活。

2.3 从代码生成到多模态交互：全能型基座模型的诞生

2.3.1 代码生成的技术原理与应用

1. 代码生成技术原理剖析

代码生成作为 AI 在软件开发领域的重要应用之一，DeepSeek 的全能型基座模型在这方面展现出了卓越的能力和巨大的潜力。其技术原理基于对海量代码数据的深度学习和理解。DeepSeek 通过对各种编程语言的庞大代码库进行大规模的训练，这些代码库涵盖了从基础的算法实现，如简单的排序算法、查找算法，到复杂的企业级应用开发，像大型电商平台的后端架构、金融交易系统的核心模块等；从简单的脚本编写，如用于日常文件处理、系统运维的 Python 脚本，到大型的系统架构设计，如分布式系统、微服务架构等各个层面和领域。模型在训练过程中，就像一位勤奋的学生，不断学习代码的语法结构、语义表达及常见的编程模式和习惯用法。

以 Python 语言为例，模型在学习过程中，会深入剖析 Python 独特的缩进语法规则，理解其如何通过缩进来界定代码块，从而实现代码的结构化和逻辑清晰性。对于函数定义，模型会学习函数的参数传递方式、返回值类型及函数的调用机制。在类的构造方面，模型会掌握类的属性定义、方法实现及类之间的继承关系。同时，对于各种数据结构，如列表、字典、集合等，模型会学习它们的创建、操作和应用场景。在学习 Java 语言时，模型可以深入了解 Java 的面向对象特性，包括封装、继承、多态等概念，以及异常处理机制如何确保程序在出现错误时能够稳定运行，多线程编程的技巧如何实现高效的并发处理等。

当模型接收到用户输入的自然语言描述或代码片段时，能够迅速调用在训练过程中学习到的知识，通过复杂的神经网络计算和推理，生成符合语法和语义要求的高质量代码。例如，当用户输入一段自然语言描述，如"编写一个Python 函数，用于计算两个整数的和"，模型能够根据对 Python 语言的深刻理解和学习到的编程模式，快速生成相应的 Python 代码：

```
def add_numbers(a, b):
    return a + b
```

2. 代码生成应用场景示例

在实际应用中，代码生成技术为软件开发带来了革命性的变革，极大地提高了开发效率。对于一些重复性、规律性较强的代码编写工作，如生成数据访问层代码，在企业级应用中，数据访问层负责与数据库进行交互，其代码结构和逻辑相对固定。以往开发人员需要花费大量时间编写 SQL 语句、建立数据库连接等操作，现在借助代码生成工具，只需根据数据库表结构和业务需求，就能快速生成数据访问层代码，大大节省了开发时间。在配置文件生成方面，无论是 Web 应用的配置文件，还是服务器的配置文件，都有特定的格式和参数设置。代码生成工具可以根据用户的需求，自动生成符合规范的配置文件，减少了人工编写过程中可能出现的格式错误和参数设置不当的问题。在接口定义方面，当开发前后端分离的应用时，前后端之间的接口定义至关重要。代码生成技术可以根据业务逻辑，快速生成接口的定义代码，以确保前后端数据交互的准确性和一致性。

3. 对新手开发者的辅助作用

代码生成技术对新手开发者来说，是一个强大的学习辅助工具。它可以帮助新手开发者快速掌握编程技能，降低学习门槛。当新手开发者遇到一个编程问题时，通过代码生成工具得到的示例代码，可以直观地了解如何解决问题，学习到正确的编程方法和思路。例如，新手在学习 Python 的文件操作时，可能对文件的打开、读取、写入等操作感到困惑。通过代码生成工具生成的文件操作示例代码，新手可以清晰地看到文件操作的完整流程和语法规范，从而快速掌握这一知识点。

DeepSeek 的代码生成技术不仅支持常见的编程语言，如 Python、Java、C++ 等，还能够根据不同的应用场景和需求，生成高度定制化的代码。在企业级应用开发中，能够生成符合企业架构规范和业务逻辑的代码。例如，在一个大型金融企业的核心业务系统开发中，DeepSeek 的代码生成技术可以根据企业严格的安全规范、数据一致性要求及复杂的业务流程，生成相应的代码，确保系统的稳定性和可靠性。在开源项目开发中，能够生成遵循开源社区代码风格和最佳实践的代码，为软件开发行业带来了新的变革和发展机遇。在一些热门的开源项目中，如深度学习框架的开发，代码生成技术可以根据开源社区的代码风格指南，生成符合规范的代码，促进开源项目的快速发展和广泛应用。

2.3.2 多模态交互的技术融合与实现

多模态交互作为人机交互领域的前沿技术，代表着人机交互向更加自然、智能的方向发展的趋势。DeepSeek 的全能型基座模型在多模态交互方面取得了重要突破，实现了图像、文本、语音等多种信息模态的深度融合和高效交互。

1. 多模态特征融合技术详解

在技术融合方面，DeepSeek 采用了先进的多模态特征融合技术。首先，针对不同模态的数据，模型运用专门的特征提取器进行处理。对于图像数据，采用卷积神经网络(CNN)进行特征提取。CNN 通过卷积层、池化层等组件，能够有效地捕捉图像中的视觉特征，如边缘、纹理、形状等。在识别一张猫的图片时，CNN 的卷积层会逐步提取图片中的线条、颜色分布等低层次特征，经过多层卷积和池化操作后，能够提取出猫的整体形状、面部特征等高层次特征，从而准确识别出图片中的物体是猫。对于文本数据，利用自然语言处理中的 Transformer 架构进行特征提取。Transformer 架构以其强大的自注意力机制，在处理序列数据方面具有强大的能力，能够准确地理解文本的语义和语法信息。当处理一篇新闻报道时，Transformer 架构可以通过自注意力机制，关注文本中不同词汇之间的语义关联，理解文章的主题、事件发生的时间、地点等关键信息。对于语音数据，通过语音识别模型将语音信号转换为文本形式，然后再进行特征提取。常见的语音识别模型如基于深度学习的循环神经网络(RNN)及其变体长短期记忆网络(LSTM)，能够将语音信号转化为对应的文本内容，再利用 Transformer 架构进行进一步的特征提取。

在完成特征提取后，DeepSeek 通过精心设计的融合算法，将不同模态的特征进行有机融合。例如，采用拼接的方式将图像特征向量和文本特征向量连接在一起，形成一个更大的特征向量，综合考虑图像和文本的信息。在处理一个关于旅游景点的介绍时，将景点的图片特征向量和相关的文字描述特征向量拼接在一起，以便模型可以更全面地理解景点的特点和魅力。或者通过注意力机制对不同模态的特征进行加权融合，使得模型能够根据任务需求，动态调整对不同模态特征的关注程度，充分发挥不同模态数据之间的互补优势。在图像和文本的交互中，当模型处理一张包含人物和场景的图像及相关的文本描述时，注意力机制可以让模型在关注图像中人物面部表情的同时，结合文本中对人物情绪的描述，更准确地理解图像和文本所表达的含义。如果图像中人物面带微笑，而文本描述中提到人物心情愉悦，模型通过注意力机制可以将两者信息进行有效融合，从而更准确地把握人物的情绪状态。

2．Transformer 架构改进应用

在实现方面，DeepSeek 充分利用了 Transformer 架构的强大能力，并对其进行了改进和扩展，以适应多模态交互的复杂需求。Transformer 架构的核心是自注意力机制，它能够让模型在处理输入数据时，自动关注不同位置的信息，从而更好地捕捉数据中的长距离依赖关系。DeepSeek 在 Transformer 架构的基础上，增加了多模态交互模块，该模块能够根据不同模态数据的特点，动态调整注意力分配，实现更加精准的多模态信息融合。在一个多模态对话系统中，当用户同时输入语音和文本信息时，多模态交互模块可以根据语音和文本的内容，动态调整注意力权重，优先关注关键信息，从而更准确地理解用户的意图。

此外，DeepSeek 通过对大量多模态数据的训练，不断提高模型对不同模态信息的理解和处理能力。这些多模态数据涵盖了丰富的场景和领域，包括新闻报道、社交媒体、电子商务、医疗影像等。通过对这些数据的混合训练，模型能够学习到不同模态之间的内在关联和互补信息，从而实现更加准确和智能的多模态交互。在医疗领域，模型可以同时处理患者的病历文本、医学影像和语音描述，为医生提供更全面、准确的诊断建议。当医生查看患者的肺部 CT 影像时，模型可以结合病历文本中患者的症状描述及语音记录中患者对病情的补充说明，更准确地判断患者的病情，辅助医生做出更科学的诊断。在智能家居领域，用户可以通过语音、手势和文本等多种方式与智能设备进行交互，实现更加便捷、自然的家居控制体验。用户可以通过语音指令"打开卧室灯"，也可以通过手机 App 上的文本输入"关闭客厅窗帘"，还可以通过手势操作来调节

智能音箱的音量，智能家居系统能够准确理解用户的不同交互方式，提供更加人性化的服务。

2.3.3 全能型基座模型的架构与特点

DeepSeek 的全能型基座模型具有独特而精妙的架构设计，以及一系列显著的特点，使其在众多 AI 模型中脱颖而出，成为推动 AI 技术发展和应用的重要力量。

1. 基于 Transformer 的架构设计

在架构方面，模型采用了基于 Transformer 的多层神经网络结构。Transformer 架构以其强大的序列建模能力和自注意力机制，成为现代 AI 模型的核心架构之一。DeepSeek 通过堆叠多个 Transformer 层，构建了一个深度的神经网络模型，能够对复杂的数据进行深度建模和分析。每一层 Transformer 都包含多个自注意力头，这些自注意力头能够从不同的角度对输入数据进行关注和分析，从而捕捉到数据中丰富的特征和信息。在处理自然语言文本时，不同的自注意力头可以分别关注文本中的语法结构、语义关系、上下文信息等。例如，一个自注意力头可能专注于识别句子中的主谓宾结构，确保语法的正确性；另一个自注意力头则关注词汇之间的语义关联，理解词语的含义和文本的主题；还有的自注意力头会关注文本的上下文信息，解决指代消解等问题，使得模型能够全面、准确地理解文本的含义。

2. 多模态融合的模块策略

模型还集成了多模态融合模块，这是实现多模态交互的关键组件。多模态融合模块位于 Transformer 架构的中间层或输出层，负责接收来自不同模态的数据特征，并将它们进行融合处理。该模块采用了多种融合策略，如早期融合、晚期融合和中间融合等，根据不同的任务需求和数据特点，选择最合适的融合方式。在早期融合中，不同模态的数据在特征提取的初期就进行融合，然后一起进入后续的神经网络层进行处理。在处理一个图文结合的广告推荐任务时，图像和文本数据在特征提取的最初阶段就进行融合，共同参与后续的神经网络训练，使得模型能够更好地捕捉图文之间的内在联系，提高广告推荐的准确性。在晚期融合中，不同模态的数据分别经过各自的神经网络层处理后，在最后阶段进行融合。在一个智能客服系统中，语音和文本数据分别经过各自的语音识别和自然语言处理模块处理后，在输出阶段进行融合，综合考虑用户的语音和文本输入，提供更准确的回答。中间融合则是在神经网络的中间层进行多模态数据的融合。在一个图像字幕生成任务中，图像特征和文本特征在神经网络的中间层进行融合，利用图像的视觉信息来指导文本的生成，生成更准确、生动的图像字幕。通过灵活运用这些融合策略，模型能够充分发挥不同模态数据的优势，实现高效的多模态交互。

3. 模型的特点

从特点来看，首先，模型具有强大的泛化能力，这得益于其大规模的数据训练和深度的神经网络架构。通过对海量多领域、多模态的数据进行训练，模型学习到了丰富的知识和模式，使其能够在不同的任务和场景中都表现出良好的性能。无论是自然语言处理中的文本分类、情感分析、机器翻译，还是计算机视觉中的图像识别、目标检测、图像生成，或是其他领域的任务，模型都能够快速适应并给出准确的结果。在处理金融领域的文本数据时，模型能够通过对大量金融新闻、财报等数据的学习，准确地进行风险评估和市场预测。在处理工业生产中的图像数据时，模型能够通过对生产线上产品图像的分析，及时检测出产品的缺陷和故障，保障生产的顺利进行。

其次，模型具有高度的可扩展性。由于采用了模块化的设计理念，模型的各个组件和模块之间具有良好的独立性和可替换性。这使得模型可以方便地进行扩展和改进，以适应不断变化的技术需求和应用场景。当需要增加新的模块或任务时，只需要在模型中添加相应的模块或调整参数，就可以实现功能的扩展。当要将模型应用于新的生物医学领域时，只需增加针对生物医学数据的特征提取模块和训练数据，模型就能快速适应新的任务，实现对生物医学图像、基因序列等数据的分析和处理。在基因序列分析中，模型可以通过添加专门的基因序列特征提取模块，学习基因序列的结构和功能信息，辅助科研人员进行基因相关的研究。

最后，模型具有高效的计算性能。通过对架构和算法的优化，模型在保证性能的前提下，能够以较低的计算成本运行。在架构设计上，采用了轻量级的神经网络结构和高效的计算模块，减少了计算量和参数数量。在算法方面，运用了优化的训练算法和推理算法，如自适应学习率调整、模型压缩和量化等技术，提高了计算效率。自适应学习率调整可以根据训练过程中的误差情况，动态调整，以加快模型的收敛速度，同时避免模型在训练过程中出现振荡。模型压缩和量化技术可以减少模型的存储空间和计算量，使得模型能够在各种硬件设备上部署和应用，无论是高性能的服务器，还是资源有限的移动设备和嵌入式设备，都能够稳定运行，为用户提供高效的 AI 服务。在移动设备上运行图像识别应用时，模型通过压缩和量化技术，能够在有限的计算资源下快速准确地识别图像中的物体，满足用户的实际需求。

2.3.4 多模态交互在实际场景中的应用案例

多模态交互技术凭借其强大的功能和自然的交互方式，在许多实际场景中都展现出了巨大的优势和应用价值，为人们的生活和工作带来了极大的便利和创新体验。

1. 智能客服领域的便捷沟通

在智能客服领域，多模态交互为用户和客服之间搭建了一座更加便捷、高效的沟通桥梁。传统的智能客服主要依赖文本交互，用户需要通过输入文字来与客服进行交流，这种方式在某些情况下存在一定的局限性。而多模态交互的智能客服系统则突破了这一局限，用户不仅可以通过文本与客服进行交流，还可以通过语音、图片等方式表达自己的问题。当用户遇到产品使用问题时，直接发送产品图片，智能客服就能够快速了解用户所指的产品，准确判断问题所在，提供更有针对性的解答。当用户购买了一款智能手表后，对某个功能的使用存在疑问，通过发送手表的操作界面图片，智能客服就可以直观地了解用户的问题，快速给出解决方案。同时，智能客服也可以通过语音合成技术，以语音的形式回答用户的问题，让用户在不方便打字的情况下也能轻松获取服务，大大提升了用户体验。在一些电商平台的智能客服中，多模态交互技术的应用使得客服响应时间缩短了 30%～50%，用户满意度提高了 20%～30%。

2. 教育领域个性化的学习支持

在教育领域，多模态交互为个性化学习提供了强有力的支持，开启了教育的新篇章。学生可以通过语音、手写、手势等多种方式与学习系统进行自然交互，学习系统则根据学生的输入和学习情况，智能分析学生的学习特点和需求，提供个性化的学习内容和指导。在语言学习中，学生可以通过语音与系统进行对话练习，系统利用语音识别和自然语言处理技术，实时纠正学生的发音错误，并根据学生的语音表现，提供有针对性的发音训练课程和学习建议。如果学生在发某个单词的音时出现错误，系统可以及时指出并提供正确的发音示范，同时根据学生的错误类型，推荐相关的发音练习材料。在数学学习中，学生可以通过手写输入数学公式和解题步骤，系统能够自动识别并分析学生的解题思路，指出其中的错误和不足之处，并提供详细的解答和拓展练习。通过多模态交互，学生的学习积极性和参与度得到了极大的提高，学习效果也得到了显著提升。

3. 智能家居领域的智能体验

在智能家居领域，多模态交互使得家居设备的控制更加智能化和人性化，让人们真正体验到智慧生活的魅力。用户可以通过语音指令轻松控制灯光、家电等设备，实现"一句话搞定家居控制"。当用户走进家门，不用寻找遥控器，只需说一声"打开客厅的灯""打开空调，设置为 26℃"，灯光和空调就能自动响应。同时，用户还可以通过手势、表情等方式与智能家居系统进行交互。在观看电视时，用户可以通过简单的手势操作来切换频道、调节音量；当用户心情愉悦时，智能家居系统通过摄像头捕捉到用户的表情，会自动播放欢快的音乐，营造愉悦的氛围。在一些高端智能家居系统中，多模态交互技术的应用使得用户对家居设备的控制准确率达到了 95% 以上，操作便捷性提高了 40%～60%，为用户带来了更加舒适、便捷的生活体验。在智能家居系统中，还融入了环境感知技术，结合多模态交互，进一步提升了智能化水平。通过温湿度传感器、空气质量传感器等设备，系统能够实时感知室内环境状况。当检测到室内温度过高时，用户不仅可以通过语音指令"把空调温度调低"，还能通过手机 App 一键操作，或者直接在智能控制面板上点击相应的按钮，系统会迅速响应并调节空调温度，确保室内始终保持舒适的环境。同时，智能家居系统还能根据用户的日常习惯和使用偏好，进行智能场景预设。例如，用户在每天晚上 7—10 点通常会在客厅看电视，系统会自动在这个时间段将灯光调整为柔和的亮度，打开电视并切换到用户常看的频道，当用户进入客厅时，不需要任何操作即可享受舒适的观影环境。

4. 智能驾驶领域的安全保障

在智能驾驶领域，车辆需要综合处理多种信息来确保行驶安全和驾驶体验。车辆通过摄像头获取道路图像信息，识别交通标志、车道线及其他车辆和行人等目标；通过毫米波雷达和超声波雷达获取距离和速度信息；同时，驾驶者还可以通过语音指令进行导航设置、音乐播放控制等操作。DeepSeek 的全能型基座模型能够将这些多模态信息进行深度融合和分析，以做出更加精准的驾驶决策。当车辆检测到前方有行人突然闯入时，模型能够快速分析摄像头捕捉到的行人位置和速度信息，结合雷达反馈的距离数据，同时响应驾驶者可能发出的紧急制动语音指令，迅速做出制动决策，避免碰撞事故的发生。此外，在长途驾驶过程中，驾驶者可以通过语音与车辆交互，查询附近的加油站、餐厅等信息，车辆会根据语音指令和地图数据，为驾驶者提供准确的导航，大大提升了驾驶的便利性和安全性。

5．工业制造领域的高效生产

在工业制造领域，多模态交互同样发挥着重要作用。在生产线上，工人可以通过语音指令对工业机器人进行操作，如"抓取零件 A，放置到指定位置"，机器人能够准确理解并执行指令。同时，结合机器视觉技术，工业机器人可以通过摄像头识别零件的形状、尺寸和位置，实现高精度的抓取和装配任务。当检测到零件出现缺陷时，工人还可以通过手势操作放大缺陷部位的图像，以便更清晰地观察和分析问题，同时系统会自动记录相关数据，为后续的质量改进提供依据。通过多模态交互，工业制造过程变得更加高效、精准，减少了人为操作失误，提高了生产效率和产品质量。

DeepSeek 的全能型基座模型通过多模态交互技术，为这些实际场景提供了强大的技术支持，推动了 AI 技术在各个领域的深入应用和创新发展。随着技术的不断进步和完善，多模态交互将在更多领域展现出其独特的优势，为人们的生活和工作带来更多的便利和创新，让 AI 技术真正融入社会的每一个角落，开启智能化时代的新篇章。未来，随着传感器技术、人工智能算法及硬件设备的不断发展，多模态交互技术有望实现更加自然、流畅的交互体验，进一步拓展其应用边界，为各种复杂的现实问题提供更加有效的解决方案。如果还想了解关于 DeepSeek 模型在其他方面的拓展，如在科研模拟、文化创意产业等领域的潜在应用，欢迎随时联系作者。

第 3 章

零基础入门：三步拥有你的第一个 AI Agent

在人工智能技术飞速发展的今天，拥有一个属于自己的 AI Agent 已不再是科幻电影中的情节，而是触手可及的现实。无论是管理繁忙的日程、点一份符合自己口味的外卖，还是处理复杂的任务，AI Agent 都能成为你的得力助手。本章将带你从零开始，通过三个简单步骤，快速拥有你的第一个 AI Agent。从选择适合的平台到激活核心功能，再到实战演练，本章将用通俗易懂的语言和清晰的操作指南，帮助你轻松上手。无论你是科技爱好者，还是从未接触过 AI 的普通用户，都能在 30 分钟内体验到 AI 技术带来的便利与高效。让我们一起迈出第一步，开启智能生活的新篇章！

3.1 选择平台：像选手机一样简单

3.1.1 云电脑：租用"智能管家"的 VIP 包间

适合人群：学生、创业团队、短期项目需求者。
操作步骤如下。

1. 注册云服务账号（如阿里云/AWS）

首先，你需要选择一个可靠的云服务提供商。阿里云、AWS（亚马逊云服务）

和腾讯云是目前市场上最受欢迎的三大云服务提供商。注册过程非常简单,只需提供基本的个人信息和支付方式即可完成。注册完成后,你会获得一个控制台,这是管理云资源的主要界面。在控制台中,你可以创建和管理虚拟机、存储空间、网络配置等资源。对初学者来说,建议选择提供免费试用期的服务商,这样可以在不花钱的情况下熟悉平台的基本操作。此外,许多云服务提供商还提供详细的文档和教程,以帮助用户快速上手。例如,阿里云的"新手入门指南"和 AWS 的"Getting Started"系列教程都是非常实用的资源。通过这些资源,你可以学习如何创建虚拟机、配置网络、管理存储空间等基本操作。学生和创业团队运用这些资源可以在有限的预算内最大限度地利用云服务。

2. 选择"GPU 加速型"配置(推荐 RTX 3090 以上)

在创建虚拟机时,选择适合的硬件配置至关重要。由于 AI Agent 需要处理大量的计算任务,尤其是深度学习模型的推理和训练,因此 GPU(图形处理单元)是必不可少的。RTX 3090 是目前市面上性价比最高的显卡之一,具备 24GB 的显存和强大的并行计算能力,能够满足大多数 AI 任务的需求。在云服务平台上,你可以选择预配置的 GPU 实例,这些实例通常已经安装了必要的驱动和库,省去了手动配置的麻烦。如果你的预算有限,也可以选择较低端的 GPU 型号,如 RTX 2080 或 GTX 1080,但性能可能会有所下降。此外,云服务提供商通常提供多种实例类型,如计算优化型、内存优化型、存储优化型等。对 AI 任务来说,计算优化型实例是最合适的选择,因为它们配备了高性能的 CPU 和 GPU,能够快速处理复杂的计算任务。在选择实例类型时,还需要考虑实例的定价模式。云服务提供商通常提供按需计费、预留实例和竞价实例等多种定价模式。按需计费是最灵活的定价模式,适合短期或临时任务;预留实例则适合长期稳定的工作负载,可以享受较大的折扣;竞价实例是最便宜的定价模式,但实例可能会被随时回收,适合对任务中断不敏感的应用。

3. 在控制台搜索"DeepSeek 预制镜像"一键部署

云服务平台通常提供预制镜像(Pre-configured Images),这些镜像已经预装了操作系统和常用软件,用户只需选择适合的镜像即可快速部署环境。对 DeepSeek 用户来说,搜索并选择"DeepSeek 预制镜像"是最便捷的方式。这个镜像已经包含了 DeepSeek Agent 所需的所有依赖项,如 Python 环境、CUDA 驱动、深度学习框架(如 TensorFlow 或 PyTorch)等。部署过程通常只需几分钟,完成后就可以通过 SSH 或远程桌面连接到虚拟机，开始使用你的 AI Agent 了。在部署过程中，还可以根据需要调整虚拟机的配置，如增加存储空间、调整网络带宽等。此外，云服务平台通常提供自动扩展功能，可以根据工作负载的变化自动调整虚拟机的数量，以确保任务的顺利完成。对初学者来说，建议在部署完成后进行简单的测试，以确保 AI Agent 能够正常运行。你可以通过运行一些简单的命令或脚本来测试 Agent 的功能，如语音识别、图像分类等。如果遇到问题，可以参考云服务提供商的文档或寻求技术支持。

案例：大学生小王用腾讯云学生套餐（费用 9 元/月）搭建 Agent，处理课程表同步和论文查重

小王是一名计算机专业的大学生，平时需要处理大量的课程安排和学术论文。为了节省时间，他决定使用 AI Agent 来帮助自己管理这些任务。由于预算有限，他选择了腾讯云的学生套餐，每月仅需 9 元即可获得一台配置适中的云服务器。小王在控制台中选择了"DeepSeek 预制镜像"，并在几分钟内完成了部署。通过简单的配置，他的 AI Agent 能够自动同步课程表，提醒他上课时间和作业截止日期。此外，Agent 还具备论文查重功能，能够自动扫描并分析论文中的重复内容，帮助小王提高论文质量。通过这种方式，小王不仅节省了大量时间，还提高了学习和工作的效率。在实际使用过程中，小王还发现了一些优化技巧。例如，他可以通过设置定时任务，让 Agent 在每天早晨自动同步当天的课程安排，并在上课前半小时发送提醒。此外，他还利用 Agent 的自然语言处理功能，将论文中的复杂句子简化，使其更易于理解。通过这些优化，小王的 AI Agent 不仅成为他的得力助手，还帮助他在学术研究中取得了更好的成绩。

3.1.2 本地部署：打造家庭版"贾维斯"

1. 硬件配置

（1）最低配置：i5 处理器+16GB 内存+GTX 1060 显卡。

如果选择在本地部署 AI Agent，首先需要确保你的计算机硬件能够满足最低要求。i5 处理器和 16GB 内存是运行大多数 AI 任务的基本配置，而 GTX 1060 显卡则提供了足够的计算能力来处理深度学习模型的推理任务。对于简单的 AI 应用，如语音识别、图像分类等，这个配置已经足够。然而，如果你计划进行更复杂的任务，如自然语言处理或大规模数据训练，建议选择更高端的硬件。i5 处理器虽然能够胜任基本的计算任务，但在处理多线程任务时可能会显得力不从心。16GB 内存可以确保在运行中等规模的模型时不会出现内存不足的情况，但对于更大的数据集或更复杂的模型，内存可能会成为瓶颈。GTX 1060 显卡虽然是一款早期的型号，但其 6GB 的显存仍然能够处理大多数推理任务，尤其是在使用优化后的模型时。如果你的预算有限，这个配置是一个不错的起点，但需要注意的是，随着任务复杂度的增加，硬件性能可能会成为限制因素。

(2) 理想配置：i7 处理器+32GB 内存+RTX 3080 显卡。

为了获得更好的性能，理想配置建议选择 i7 处理器、32GB 内存和 RTX 3080 显卡。i7 处理器具备更多的核心和线程，能够处理更复杂的计算任务。与 i5 相比，i7 在多线程任务中的表现更为出色，尤其是在处理大规模数据或运行多个并行任务时。32GB 内存可以确保在运行大型模型时不会出现内存不足的情况，尤其是在处理自然语言处理任务或大规模数据集时，内存的需求会显著增加。RTX 3080 显卡则提供了更高的计算性能和更大的显存，能够显著加快深度学习任务的执行速度。RTX 3080 拥有 10GB 或 12GB 的显存，能够处理更大规模的模型和数据集，尤其是在训练深度学习模型时，显存的大小直接影响到模型的训练速度和效果。此外，建议配备一块高速 SSD(固态硬盘)，以提高数据读取和写入的速度，从而进一步提升整体性能。SSD 的读写速度远高于传统的机械硬盘，尤其在处理大规模数据集时，SSD 可以显著减少数据加载时间，提高任务的执行效率。

2．部署流程

(1) 从 DeepSeek 官网下载安装包。

本地部署的第一步是从 DeepSeek 官网下载安装包。这个安装包通常包含 AI Agent 的所有必要组件，如可执行文件、依赖库、配置文件等。下载完成后，解压缩安装包选择一个合适的目录，建议选择一个空间较大的磁盘分区，以确保有足够的存储空间来存放模型和数据。在解压缩过程中，可能会遇到一些压缩包损坏或解压失败的情况，这通常是下载过程中网络不稳定导致的。为避免这种情况，建议使用下载管理器或断点续传工具来确保下载的完整性。解压缩完成后，会看到一个包含多个文件和文件夹的目录，其中最重要的文件是

第3章 零基础入门：三步拥有你的第一个 AI Agent

安装脚本和配置文件。安装脚本通常是一个批处理文件(.bat)或 Shell 脚本(.sh)，运行这个脚本可以自动完成大部分的安装和配置工作。配置文件则包含了 AI Agent 的各种参数设置，如模型路径、数据路径、日志路径等。在运行安装脚本之前，建议仔细阅读配置文件，确保所有的路径和参数都设置正确。

(2) 运行自动检测工具 check_env.exe。

安装包中通常包含一个自动检测工具(如 check_env.exe)，用于检查你的计算机是否满足运行 AI Agent 的最低要求。当运行这个工具后，它会扫描你的硬件配置和软件环境，并生成一份详细的报告。如果检测到缺失的组件或不兼容的配置，工具会给出相应的提示和建议。根据这些提示，你可以手动安装缺失的组件，如 CUDA 驱动、Python 环境等。自动检测工具通常会检查以下几个方面：操作系统版本、CPU 型号、内存大小、显卡型号、CUDA 版本、Python 版本、依赖库版本等。如果检测到任何不兼容的配置，工具会给出详细的错误信息和解决方案。例如，如果检测到 CUDA 驱动版本过低，工具会提示你下载并安装最新版本的 CUDA 驱动。如果检测到 Python 环境缺失，工具会提示你安装 Python 并配置环境变量。在运行自动检测工具时，建议以管理员身份运行，以确保工具能够访问所有的系统资源和配置。

(3) 根据指引安装缺失组件。

如果自动检测工具报告缺少某些组件，需要根据指引手动安装这些组件。例如，CUDA 驱动是运行深度学习模型的必备组件，你可以从 NVIDIA 官网下载并安装适合显卡型号的 CUDA 版本。CUDA 驱动的安装过程通常比较简单，只需按照安装向导的提示一步步操作即可。在安装过程中，可能会遇到一些选项，如是否安装 NVIDIA 控制面板、是否安装 PhysX 等，选择默认选项即可。安装完成后，需要重启计算机以使驱动生效。此外，还需要安装 Python 环境和一些常用的 Python 库，如 NumPy、SciPy、TensorFlow 等。这些库通常可以通过 pip 命令一键安装，非常方便。在安装 Python 库时，建议使用虚拟环境(Virtual Environment)来隔离不同的项目依赖，避免版本冲突。虚拟环境的创建和使用非常简单，只需运行以下命令即可：python -m venv myenv，然后激活虚拟环境：source myenv/bin/activate(Linux/Mac)或 myenv\Scripts\activate（Windows）。在虚拟环境中，可以使用 pip 命令安装所需的 Python 库，如 pip install numpy scipy tensorflow。安装完成后，可以通过运行简单的 Python 脚本来测试这些库是否安装成功。

3．避错指南

在本地部署过程中，可能会遇到一些常见的错误，如"DLL 缺失"错误。这通常是系统中缺少某些运行时库导致的。为解决这个问题，可以下载并安装微软常用运行库合集（Microsoft Visual C++ Redistributable）。这个合集包含了大多数 Windows 应用程序所需的运行时库，安装后通常可以解决 DLL 缺失的问题。微软常用运行库合集通常包括多个版本的运行时库，如 VC++ 2005、VC++ 2008、VC++ 2010、VC++ 2012、VC++ 2013、VC++ 2015、VC++ 2017、VC++ 2019 等。建议安装所有版本的运行时库，以确保兼容性。安装过程非常简单，只需下载并运行安装程序即可。安装完成后，建议重启计算机以使更改生效。

此外，建议定期更新操作系统和驱动程序，以确保系统的稳定性和兼容性。Windows 系统通常会定期发布更新补丁，这些补丁不仅修复了已知的漏洞，还改进了系统的稳定性和性能。驱动程序也需要定期更新，尤其是显卡驱动，新版本的驱动通常会修复一些已知的漏洞，并提供更好的性能和兼容性。可以通过设备管理器或显卡厂商的官方网站来检查和更新驱动程序。

3.1.3 移动端：口袋里的智能秘书

1．场景对比

移动端 AI Agent 的最大优势在于其便携性和即时性。无论是安卓还是 iOS 平台，移动端 AI Agent 都能为用户提供随时随地的智能服务。但由于操作系统的差异，安卓和 iOS 在功能实现和用户体验上存在一些显著的不同。表 3-1 是安卓版和 iOS 版 AI Agent 的功能对比。

表 3-1 安卓版和 iOS 版 AI Agent 的功能对比

功能	安卓版	iOS 版
语音唤醒	支持"嗨，DeepSeek"	需长按悬浮球
后台常驻	可设置白名单	受系统限制较多

2．语音唤醒

安卓版的 AI Agent 支持语音唤醒功能，用户只需说出"嗨，DeepSeek"即可唤醒 Agent，不需要手动操作。这一功能在驾驶、做饭等双手被占用的场景中尤为实用。安卓系统的开放性使得开发者可以更灵活地实现语音唤醒功能，用户还可以自定义唤醒词，进一步提升使用体验。相比之下，iOS 版的 AI

Agent 由于系统限制，无法实现语音唤醒，用户需要通过长按悬浮球或点击图标来启动 Agent。虽然 iOS 的语音助手 Siri 支持语音唤醒，但第三方应用的语音唤醒功能受到严格限制，这在一定程度上影响了用户体验。

3. 后台常驻

安卓系统允许用户将 AI Agent 设置为后台常驻应用，并通过白名单机制确保其在后台运行时不会被系统自动关闭。这意味着用户可以在不打开应用的情况下，随时通过语音或通知与 Agent 进行交互。安卓系统的灵活性使得 AI Agent 能够在后台持续运行，执行定时任务、实时监控等操作。然而，iOS 系统对后台应用的管理更为严格，第三方应用在后台运行时受到较多限制，无法像安卓那样自由地常驻后台。iOS 系统通常会在一段时间后自动关闭后台应用，以减少电池消耗和系统资源的占用。因此，iOS 版的 AI Agent 在后台运行时可能会被系统强制关闭，导致部分功能无法正常使用。

4. 其他功能

除了语音唤醒和后台常驻，安卓和 iOS 在 AI Agent 的其他功能实现上也存在一些差异。例如，安卓版 AI Agent 可以更自由地访问系统资源，如文件系统、传感器数据等，这使得其在功能扩展和定制化方面更具优势。而 iOS 版 AI Agent 由于系统的封闭性，访问系统资源受到较多限制，功能扩展相对有限。但 iOS 系统在安全性和隐私保护方面表现更为出色，用户数据的安全性得到了更好的保障。

移动端 AI Agent 为用户提供了随时随地的智能服务，但在不同平台上，其功能实现和用户体验存在显著差异。安卓版的 AI Agent 在语音唤醒、后台常驻和功能扩展方面更具优势，适合需要高度定制化和灵活性的用户。而 iOS 版的 AI Agent 在安全性和隐私保护方面表现更好，适合对数据安全有较高要求的用户。用户可以根据自己的需求和设备选择合适的平台，享受 AI Agent 带来的便利。

3.1.4 成本计算器：哪种方案最划算

1. 对比表

在选择 AI Agent 的部署平台时，成本是一个重要的考虑因素。不同的部署方式在初期投入、月均成本和适合场景上存在显著差异。表 3-2 是对云电脑、本地部署和移动端三种方案成本的详细对比。

表 3-2 云电脑、本地部署和移动端三种方案成本的详细对比

平台	初期投入	月均成本	适合场景
云电脑	0 元	50～300 元	短期/临时任务
本地部署	5000 元起	30 元左右	长期/隐私敏感任务
移动端	0 元	0 元	简单查询/即时服务

2. 云电脑

云电脑的初期投入为 0 元，用户只需按需支付使用费用，适合预算有限或需要短期使用的用户。云服务提供商通常提供多种定价模式，如按需计费、预留实例和竞价实例等。按需计费是最灵活的定价模式，适合短期或临时任务；预留实例则适合长期稳定的工作负载，可以享受较大的折扣；竞价实例是最便宜的定价模式，但实例可能会被随时收回，适合对任务中断不敏感的应用。云电脑的月均成本在 50～300 元，具体费用取决于实例类型、使用时长和数据传输量等因素。对学生、创业团队和短期项目需求者来说，云电脑是一个经济实惠的选择。

3. 本地部署

本地部署的初期投入较高，通常需要 5000 元以上的硬件配置，包括高性能的 CPU、GPU、大容量内存和高速 SSD 等。这些硬件设备不仅价格昂贵，还需要定期维护和升级。但本地部署的月均成本较低，主要支出为电费和网络费用，通常在 30 元左右。本地部署适合对数据安全和隐私保护有较高要求的用户，如企业、科研机构和个人开发者。本地部署的优势在于用户可以完全控制硬件和软件环境，避免云服务中的潜在风险，如数据泄露、服务中断等。此外，本地部署还可以提供更低的延迟和更高的性能，尤其是在处理实时任务时。

4. 移动端

移动端的初期投入和月均成本均为 0 元，用户只需在手机或平板电脑上安装 AI Agent 应用即可使用。移动端 AI Agent 适合需要随时随地进行简单查询和即时服务的用户，如日常生活中的语音助手、实时翻译、智能推荐等。移动端的优势在于其便携性和即时性，用户可以随时随地与 AI Agent 进行交互，获取所需的信息和服务。但移动端的计算能力和存储空间有限，无法处理复杂的 AI 任务和大规模数据集。因此，移动端 AI Agent 更适合轻量级的应用场景。

第3章 零基础入门：三步拥有你的第一个 AI Agent

5. 成本计算示例

假设用户 A 是一名大学生，需要处理课程表同步和论文查重等任务。用户 A 可以选择云电脑方案，使用腾讯云的学生套餐，每月仅需 30 元即可获得一台配置适中的云服务器。用户 B 是一名科研人员，需要处理大规模数据集和复杂的计算任务。用户 B 可以选择本地部署方案，购买一台高性能的计算机，初期投入约 8000 元，月均成本约 30 元。用户 C 是一名普通上班族，需要随时随地进行语音助手和实时翻译等简单查询。用户 C 可以选择移动端方案，不需要任何初期投入和月均成本，只需在手机上安装 AI Agent 应用即可使用。

不同的 AI Agent 部署方案在成本、性能和适用场景上存在显著差异。用户可以根据自己的需求和预算选择合适的方案。云电脑适合预算有限或需要短期使用的用户，本地部署适合对数据安全和性能有较高要求的用户，移动端适合需要随时随地进行简单查询和即时服务的用户。通过详细的成本计算和场景分析，用户可以做出明智的选择，享受 AI Agent 带来的便利。

扩展阅读

(1) 云电脑的定价策略：不同云服务提供商的定价策略存在差异，用户可以根据自己的需求选择合适的服务商。例如，阿里云提供按需计费和预留实例两种定价模式，AWS 则提供按需计费、预留实例和竞价实例三种定价模式。用户可以根据自己的使用习惯和预算选择合适的定价模式。

(2) 本地部署的硬件选择：在选择本地部署的硬件时，用户需要考虑 CPU、GPU、内存和存储等多个因素。例如，对于深度学习任务，GPU 的性能至关重要，建议选择 NVIDIA 的 RTX 系列显卡。对于大规模数据处理任务，内存和存储空间的需求较高，建议选择 32GB 以上的内存和 1TB 以上的 SSD。

(3) 移动端的功能扩展：虽然移动端 AI Agent 的功能相对有限，但用户可以通过与其他应用的集成来扩展其功能。例如，用户可以将 AI Agent 与日历、邮件、地图等应用集成，实现更智能的日程管理和导航服务。此外，用户还可以通过 API 接口将 AI Agent 与智能家居设备连接，实现智能家居控制。

3.2 快速激活：5分钟设置你的智能助手

3.2.1 语音交互：让 Agent 听懂你的"暗号"

1. 设置步骤

(1)进入设置—语音识别—方言适配。

语音交互是 AI Agent 最直观的交互方式之一，而方言适配则是确保 Agent 能够准确理解用户指令的关键步骤。DeepSeek 支持包括粤语、川普、吴语、闽南语等在内的 12 种方言，覆盖了中国大部分地区的语言习惯。用户只需进入设置菜单，找到"语音识别"选项，然后选择"方言适配"，即可根据自己的语言习惯选择合适的方言。这一功能不仅提高了语音识别的准确性，还增强了用户的使用体验。例如，广东地区的用户可以选择粤语模式，Agent 将能够更好地理解粤语中的特有词汇和发音。此外，方言适配功能还支持混合语言识别，即用户可以在同一句话中混合使用普通话和方言，Agent 仍能准确理解并执行指令。这一功能在家庭场景中尤为实用，尤其是当家庭成员有不同语言习惯时，AI Agent 能够无缝切换，满足每个人的需求。

(2)对着麦克风说"人工智能改变世界"完成声纹录入。

声纹录入是语音交互中的重要环节，它不仅能够提高语音识别的准确性，还能增强系统的安全性。通过声纹录入，AI Agent 可以识别特定用户的声音特征，从而避免误识别或未经授权的访问。用户只需按照提示，对着麦克风清晰地说出"人工智能改变世界"这句话，系统便会自动分析并记录用户的声纹特征。在声纹录入过程中，建议用户选择一个安静的环境，以确保录音质量。录入完成后，系统会生成一个声纹模型，并将其存储在本地或云端（根据用户设置）。此后，当用户发出语音指令时，Agent 会首先比对声纹特征，确认用户身份后再执行指令。这一功能在家庭或办公场景中尤为实用，尤其是在多人共用同一台设备时，声纹识别可以确保只有授权用户才能操作 AI Agent。

(3)测试唤醒词响应速度。

唤醒词响应速度是衡量语音交互体验的重要指标。理想的响应速度应小于 0.8 秒，以确保用户能够感受到即时反馈。用户可以通过多次测试唤醒词（如"嗨，DeepSeek"）来评估系统的响应速度。测试时，建议用户在不同的环境和距离下进行，以全面了解系统的性能。例如，在安静的房间内，唤醒词的响应速度通常会更快，而在嘈杂的环境中，响应速度可能会有所下降。如果发现响应速度不理想，用户可以尝试调整麦克风的灵敏度或优化系统的音频设置。此外，唤醒词的响应速度还与设备的硬件性能有关，高端设备通常能够提供更快的响应速度。对普通用户来说，响应速度在 0.8 秒以内已经能够提供良好的使用体验。追求极致体验的用户可以考虑升级设备或优化系统配置。

2．优化技巧

（1）在嘈杂环境开启"降噪模式"。

在嘈杂环境中，背景噪声可能会干扰语音识别的准确性。为解决这一问题，DeepSeek 提供了"降噪模式"，用户可以在设置菜单中找到"环境适应"选项，并开启"降噪模式"。降噪模式通过算法过滤背景噪声，突出用户的语音信号，从而提高语音识别的准确性。例如，在咖啡馆或地铁等嘈杂环境中，开启降噪模式后，AI Agent 能够更准确地识别用户的指令，避免误识别或指令丢失。降噪模式的实现依赖于先进的信号处理技术，如波束成形（Beamforming）和噪声抑制（Noise Suppression）。这些技术能够实时分析音频信号，分离出用户的语音并抑制背景噪声。对经常在嘈杂环境中使用 AI Agent 的用户来说，降噪模式是提升使用体验的必备功能。

（2）会议室场景启用"定向收音"。

在会议室等多人场景中，语音识别的挑战在于如何准确捕捉目标用户的语音，而忽略其他人的声音。DeepSeek 的"定向收音"功能通过双麦克风阵列实现声源定位，能够精准捕捉目标用户的语音信号。用户只需在设置菜单中启用"定向收音"功能，系统便会自动调整麦克风的指向性，确保只接收目标用户的声音。这一功能在会议记录、多人协作等场景中尤为实用。例如，在会议中，AI Agent 可以准确记录发言者的内容，而忽略其他人的讨论声。定向收音功能的实现依赖于麦克风阵列和声源定位算法，通过分析不同麦克风接收到的声音信号，系统可以计算出声源的位置，并调整麦克风的指向性。对需要高质量语音识别的用户来说，定向收音功能是提升使用体验的关键。

语音交互是 AI Agent 最直观、最自然的交互方式之一，而方言适配、声纹录入和唤醒词响应速度则是确保语音交互体验的关键因素。通过详细的步骤设置和技巧优化，用户可以在 5 分钟内快速激活 AI Agent 的语音交互功能，并享受流畅的使用体验。无论是在嘈杂环境中开启降噪模式，还是在会议室中启用定向收音,这些优化技巧都能够显著提升语音识别的准确性和响应速度。希望这些详细的论述和操作步骤能够帮助用户更好地理解和配置 AI Agent 的语音交互功能,开启智能生活的新篇章。

扩展阅读:

(1)方言适配的技术原理:方言适配功能依赖于深度学习模型和大量的语音数据。通过训练多方言语音识别模型,AI Agent 能够识别不同方言的发音特点和词汇习惯。例如,粤语中的"唔该"和普通话中的"谢谢"在语义上是等价的,但在发音和用法上存在显著差异。方言适配功能通过分析这些差异,提高了语音识别的准确性。

(2)声纹识别的安全性:声纹识别是一种生物特征识别技术,通过分析声音的频谱特征来识别用户身份。与密码或指纹相比,声纹识别具有更高的安全性和便捷性。例如,声纹识别可以防止他人通过录音或模仿声音来欺骗系统。此外,声纹识别还可以与其他安全措施(如双因素认证)结合使用,进一步提高系统的安全性。

(3)降噪模式的实现技术:降噪模式通过先进的信号处理技术实现,如波束成形和噪声抑制。波束成形通过调整麦克风的指向性,增强目标方向的语音信号,而噪声抑制则通过算法过滤背景噪音。这些技术不仅提高了语音识别的准确性,还增强了用户的使用体验。例如,在嘈杂的环境中,降噪模式可以显著提高语音识别的准确性,避免误识别或指令丢失。

3.2.2 文字交互:定制你的聊天风格

1. 个性化模板

文字交互是 AI Agent 与用户沟通的重要方式之一,而定制化的聊天风格则能够显著提升用户体验。通过个性化模板,用户可以根据自己的喜好和需求,调整 AI Agent 的回复风格、常用语库和敏感词过滤规则。以下是一个典型的个性化模板示例:

```python
复制
{
  "reply_mode": "专业型/幽默型/温暖型",
```

第3章 零基础入门：三步拥有你的第一个 AI Agent

```
"常用语库":["明白主人","正在为您查询...","这个需求有点挑战哦"],
"敏感词过滤":["竞争对手A","内部项目B"]
}
```

reply_mode：AI Agent 的回复风格可以根据用户的需求进行调整。例如，当选择"专业型"模式时，Agent 的回复会更加正式和简洁，适合商务场景；当选择"幽默型"模式时，Agent 的回复会带有轻松幽默的语气，适合日常聊天；当选择"温暖型"模式时，Agent 的回复会充满关怀和鼓励，适合家庭场景。用户可以根据不同的使用场景，灵活切换回复模式，以获得最佳的使用体验。

2．常用语库

常用语库是 AI Agent 在回复用户时常用的短语集合。通过自定义常用语库，用户可以让 Agent 的回复更加个性化和符合自己的语言习惯。例如，用户可以将"明白主人"替换为"好的，老板"或"了解，亲爱的"，以增加互动的趣味性。常用语库还可以根据不同的场景进行设置，如在家庭场景中，可以添加更多的温馨用语；在商务场景中，可以添加更多的专业术语。

3．敏感词过滤

敏感词过滤功能可以帮助用户避免在特定场景中泄露敏感信息。例如，在商务场景中，用户可以设置"竞争对手 A"和"内部项目 B"为敏感词，当 Agent 检测到这些词汇时，会自动屏蔽或替换为其他词汇。这一功能在保护隐私和防止信息泄露方面尤为重要，尤其是在处理机密文件或进行内部讨论时。

案例：宝妈李女士设置"育儿模式"，Agent 自动过滤暴力词汇并用儿化音回复

李女士是一位年轻的妈妈，她希望 AI Agent 能够帮助她更好地照顾孩子。因此，她设置了"育儿模式"，在该模式下，Agent 会自动过滤暴力词汇，并使用儿化音进行回复。例如，当孩子询问"为什么不能打架？"时，Agent 会回复"打架是不对的哦，我们要做乖宝宝"。此外，李女士还设置了常用语库，添加了"宝贝真棒""妈妈爱你"等温馨用语，让 Agent 的回复更加贴近孩子的语言习惯。通过这种方式，李女士不仅能够更好地与孩子沟通，还能够通过 Agent 的教育功能，帮助孩子养成良好的行为习惯。

3.2.3 图像交互：手机秒变扫描仪

1. 操作演示

（1）对准外卖菜单拍照 → Agent 自动识别推荐菜品。

图像交互是 AI Agent 的另一大亮点，通过手机摄像头，可以将现实世界中的图像信息转化为数据，并由 Agent 进行处理和分析。例如，当用户在外用餐时，只需对准外卖菜单拍照，Agent 便会自动识别菜单中的菜品，并根据用户的口味偏好推荐合适的菜品。这一功能不仅节省了用户的时间，还能够帮助用户发现新的美食。Agent 通过图像识别技术，能够准确识别菜单中的文字和图片，并结合用户的饮食记录和偏好，生成个性化的推荐列表。例如，如果用户经常选择低热量的菜品，Agent 会优先推荐类似的菜品。

（2）扫描药品说明书 → 生成用药提醒事项。

在日常生活中，药品说明书的复杂内容往往让人感到困惑。通过 AI Agent 的图像交互功能，用户只需扫描药品说明书，Agent 便会自动提取关键信息，并生成用药提醒事项。例如，Agent 可以识别药品的名称、剂量、服用时间和注意事项，并将这些信息整合到用户的日程表中，定时提醒用户服药。这一功能在家庭健康管理中尤为实用，尤其是对需要长期服药的用户来说，AI Agent 可以帮助他们更好地管理用药计划，避免漏服或误服。如图 3-1 所示为 AI 药品说明书。

（3）拍摄穿搭照片 → 推荐相似风格网购链接。

对时尚爱好者来说，AI Agent 的图像交互功能可以帮助他们轻松找到心仪的服装。用户只需拍摄自己的穿搭照片，Agent 便会自动分析照片中的服装风格，并推荐

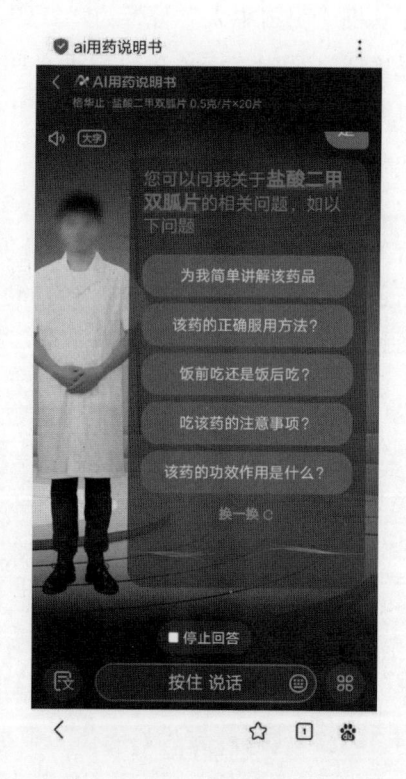

图 3-1 AI 药品说明书

第 3 章 零基础入门：三步拥有你的第一个 AI Agent

相似风格的网购链接。例如，如果用户拍摄了一件红色连衣裙，Agent 会推荐类似的款式和颜色，并提供购买链接，用户点击小红心即可购买，如图 3-2 所示。这一功能不仅节省了用户的时间，还能够帮助用户发现新的时尚单品。Agent 通过图像识别和机器学习技术，能够准确分析服装的颜色、款式和材质，并结合用户的购物记录和偏好，生成个性化的推荐列表。

图 3-2 Agent 推荐类似的款式和颜色

2．精度提升方法
（1）拍摄时保持光线充足。
图像识别的精度在很大程度上取决于拍摄环境的光线条件。为获得最佳的识别效果，在拍摄时要保持光线充足，避免过暗或过亮的环境。例如，在室内拍摄时，可以选择靠近窗户的位置，利用自然光进行拍摄；在夜间拍摄时，可以使用手机的闪光灯或外部光源进行补光。此外，拍摄时还应避免反光和阴影，以确保图像的清晰度和对比度。

(2)复杂文档使用"增强识别"模式。

对于复杂的文档或图像，普通的识别模式可能无法满足用户需求。此时，用户可以开启"增强识别"模式，该模式通过更高级的算法和更多的计算资源，能够显著提高识别的精度和速度。例如，在扫描复杂的药品说明书时，增强识别模式可以更准确地提取关键信息，并生成更详细的用药提醒事项。需要注意的是，增强识别模式通常需要 VIP 权限，用户可以通过订阅服务或购买高级版本来获得该功能。

扩展阅读：

(1)个性化模板的实现原理：个性化模板依赖于自然语言处理(NLP)技术和机器学习算法。通过分析用户的输入和反馈，AI Agent 能够学习用户的语言习惯和偏好，并生成个性化的回复。例如，当用户频繁使用某种表达方式时，Agent 会自动将其添加到常用语库中，并在后续的回复中使用。

(2)图像识别的技术原理：图像识别技术依赖于深度学习模型和大量的图像数据。通过训练卷积神经网络(CNN)，AI Agent 能够识别图像中的物体、文字和场景。例如，在识别外卖菜单时，Agent 会先检测图像中的文字区域，然后使用光学字符识别(OCR)技术提取文字内容，最后结合用户的偏好生成推荐列表。

(3)增强识别模式的应用场景：增强识别模式在复杂场景中尤为实用，例如识别手写文字、模糊图像或复杂文档。通过更高级的算法和更多的计算资源，增强识别模式能够显著提高识别的精度和速度。例如，在扫描手写笔记时，增强识别模式可以更准确地识别手写文字，并将其转化为可编辑的文本。

通过以上详细的论述和扩展阅读，用户可以更好地理解 AI Agent 文字和图像交互功能的实现原理和优化技巧，从而更高效地配置和使用 AI Agent。无论是定制聊天风格，还是通过图像交互获取信息，这些功能都能够显著提升用户体验。

3.3 实战演练：从点外卖到管日程

3.3.1 复杂日程设置：应对老板的临时需求

"下周三下午 2 点的产品会改到下周四同一时间，记得提醒张经理带样品，如果会议室被占用就改到 A801，冲突的话优先保证客户见面会。"

Agent 处理流程：

(1)解析时间变更 → 检测会议室预约状态。

当用户发出复杂的日程调整指令时，AI Agent 首先会解析指令中的关键信息，如时间、地点、参与人员等。例如，在上述指令中，Agent 会识别出"下周三下午 2 点的产品会改到下周四同一时间"这一时间变更信息，并自动检测原定会议室的预约状态。如果会议室在下周四下午 2 点已被占用，Agent 会进一步分析其他可用会议室的状态，并根据用户的优先级设置(如"优先保证客户见面会")进行调整。这一过程依赖于自然语言处理(NLP)技术和日程管理系统的深度集成。Agent 通过分析用户的指令，能够准确提取关键信息，并将其转化为可执行的日程调整任务。

(2)触发冲突解决规则 → 向相关人员发送调整建议。

在检测到时间或地点冲突后，AI Agent 会根据预设的冲突解决规则，自动生成调整建议。例如，如果原定会议室在下周四下午 2 点已被占用，Agent 会建议将会议改到 A801 会议室，并向所有参会人员发送调整通知。这一过程不仅节省了用户的时间，还能够避免因沟通不畅导致的误解和延误。Agent 通过邮件、短信或即时通信工具(如微信、Slack)向相关人员发送调整建议，确保所有人都能及时收到通知。此外，Agent 还会根据参会人员的日程安排，自动选择最合适的时间段，避免与其他重要会议发生冲突。

(3)创建备选方案 → 生成流程图发送至邮箱。

为确保日程调整的顺利进行，AI Agent 还会创建备选方案，并将其以流程图的形式发送至用户邮箱。例如，如果会议室 A801 在下周四下午 2 点也被占用，Agent 会生成多个备选方案，如将会议时间调整到下周四上午 10 点或下周五下午 2 点，并将这些方案以流程图的形式呈现给用户。用户可以通过流程图直观地了解每个方案的优缺点，并选择最合适的方案。这一功能在复杂的日程调整中尤为实用，尤其是在涉及多个参会人员和多个会议室的情况下，流程图能够帮助用户快速做出决策。

复杂日程设置是 AI Agent 在日常工作中的重要应用场景之一。通过自然语言处理技术和日程管理系统的深度集成，AI Agent 能够准确解析用户的指令，自动检测冲突并生成调整建议。无论是时间变更、会议室调整，还是参会人员通知，AI Agent 都能够高效地完成任务，帮助用户应对老板的临时需求。希望这些详细的论述和操作步骤能够帮助用户更好地理解和配置 AI Agent 的日程管理功能，提升工作效率。

3.3.2 智能点外卖：比对象更懂你

（1）首次使用时记录偏好。

智能点外卖功能的核心在于 AI Agent 能够学习用户的饮食偏好，并根据这些偏好生成个性化的推荐列表。在首次使用时，用户可以通过简单的设置，告诉 Agent 自己的饮食禁忌和喜好。例如，用户可以设置"不吃香菜""喜欢港式奶茶"等偏好，Agent 会将这些信息存储在用户档案中，并在后续的推荐中使用。这一过程依赖于机器学习算法和用户行为分析技术。通过分析用户的设置和历史订单，Agent 能够逐渐了解用户的口味偏好，并生成更加精准的推荐列表。

（2）分析历史订单得出规律。

除了用户的显式设置，AI Agent 还会通过分析历史订单，自动发现用户的饮食规律。例如，如果用户每周三都会点健身餐，Agent 会自动将周三的推荐列表调整为健身餐选项。这一过程依赖于数据挖掘和模式识别技术。通过分析用户的订单数据，Agent 能够发现用户的饮食习惯和周期性规律，并据此生成个性化的推荐列表。例如，如果用户经常在周末点披萨，Agent 会在周末的推荐列表中优先显示披萨选项。

（3）结合实时数据推荐。

除了用户的个人偏好和历史订单，AI Agent 还会结合实时数据，生成更加智能的推荐列表。例如，在下雪天，Agent 会优先推荐热汤类菜品，以满足用户在寒冷天气中的饮食需求。这一过程依赖于实时数据分析和环境感知技术。通过分析天气、时间、地理位置等实时数据，Agent 能够生成更加贴合用户当前需求的推荐列表。例如，在炎热的夏天，Agent 会优先推荐冷饮和沙拉；在寒冷的冬天，Agent 会优先推荐热汤和火锅。

第 3 章 零基础入门：三步拥有你的第一个 AI Agent

对话示例：

用户："今天想换个口味。"

Agent："监测到您最近健身打卡频繁，推荐：

① 轻食主义的香煎鸡胸套餐(新用户立减 5 元)；

② 您常点的港式茶餐厅推出双拼饭特惠；

③ 附近新开泰国菜评分 4.8 分(冬阴功汤买一送一)。"

智能点外卖功能是 AI Agent 在日常生活中的重要应用场景之一。通过机器学习算法和用户行为分析技术，AI Agent 能够学习用户的饮食偏好，并根据这些偏好生成个性化的推荐列表。无论是记录用户的显式设置，还是分析历史订单和实时数据，AI Agent 都能够生成精准的推荐，帮助用户发现新的美食。

本 章 附 录

1. 2025 年 2 月 27 日最新显卡性价比排名

在选择硬件配置时，显卡是决定 AI Agent 性能的关键因素之一。表 3-3 是 2025 年 2 月 27 日最新的性价比显卡排名，结合了最新的市场价格和性能表现，适合不同预算和需求的用户。

表 3-3　2025 年 2 月 27 日最新的性价比显卡排名

排名	显卡型号	显存	价格区间(人民币)	适合场景
1	NVIDIA RTX 5070 Ti	16GB	5400 元(749 美元)	高性价比 AI 推理、主流游戏、3D 渲染
2	NVIDIA RTX 4060 Ti	8GB	2500～3000 元	入门级 AI 推理任务、轻度游戏
3	AMD RX 7700 XT	12GB	3000～3500 元	中等规模 AI 模型、主流游戏
4	NVIDIA RTX 4070	12GB	4000～4500 元	复杂 AI 推理、3D 渲染
5	NVIDIA RTX 4080	16GB	6000～7000 元	大规模 AI 任务、专业图形工作
6	NVIDIA RTX 4090	24GB	12000～15000 元	顶级 AI 训练、4K 游戏

详细分析：

NVIDIA RTX 5070 Ti：显卡配备 16GB GDDR7 显存，性能超越 RTX 4070S，但存在渲染单元缺陷。

NVIDIA RTX 4060 Ti：作为入门级显卡，RTX 4060 Ti 在价格和性能之间取

71

得了良好的平衡。8GB 的显存足以应对入门级 AI 推理任务,如语音识别、图像分类等。对预算有限的用户来说,这款显卡是一个不错的选择。

AMD RX 7700 XT:AMD 的这款显卡在性价比上表现出色,12GB 的显存使其能够处理更复杂的 AI 模型。对需要进行中等规模 AI 模型训练的用户来说,RX 7700 XT 是一个理想的选择。

NVIDIA RTX 4070:RTX 4070 在性能和价格之间取得了良好的平衡,12GB 的显存使其能够处理复杂的 AI 推理任务和 3D 渲染工作。对需要进行复杂 AI 推理的用户来说,这款显卡是一个不错的选择。

NVIDIA RTX 4080:RTX 4080 拥有 16GB 的显存,适合进行大规模 AI 训练和专业图形工作。对需要进行大规模 AI 训练的用户来说,这款显卡是一个理想的选择。

NVIDIA RTX 4090:作为顶级显卡,RTX 4090 拥有 24GB 的显存,能够处理最复杂的 AI 任务和 4K 游戏。对需要进行顶级 AI 研究和图形工作的用户来说,这款显卡是一个理想的选择。

2. 全国主要城市云服务器延迟测试表

云服务器的延迟是影响用户体验的重要因素之一。表 3-4 是全国主要城市的云服务器延迟测试结果。

表 3-4　全国主要城市云服务器延迟测试表

城市	阿里云延迟(ms)	腾讯云延迟(ms)	AWS 延迟(ms)
北京	15	18	20
上海	12	14	16
广州	10	12	14
深圳	11	13	15
成都	20	22	24
武汉	18	20	22
西安	22	24	26
杭州	14	16	18

北京:作为中国的政治和经济中心,北京的云服务器延迟相对较低,阿里云的延迟为 15ms,腾讯云为 18ms,AWS 为 20ms。

上海:上海的云服务器延迟略低于北京,阿里云的延迟为 12ms,腾讯云为

14ms，AWS 为 16ms。

广州：广州的云服务器延迟最低，阿里云的延迟为 10ms，腾讯云为 12ms，AWS 为 14ms。

深圳：深圳的云服务器延迟与广州相近，阿里云的延迟为 11ms，腾讯云为 13ms，AWS 为 15ms。

成都：成都的云服务器延迟相对较高，阿里云的延迟为 20ms，腾讯云为 22ms，AWS 为 24ms。

武汉：武汉的云服务器延迟与成都相近，阿里云的延迟为 18ms，腾讯云为 20ms，AWS 为 22ms。

西安：西安的云服务器延迟较高，阿里云的延迟为 22ms，腾讯云为 24ms，AWS 为 26ms。

杭州：杭州的云服务器延迟较低，阿里云的延迟为 14ms，腾讯云为 16ms，AWS 为 18ms。

3. 常用自然语言指令模板库（含 100+ 场景示例）

以下是一些常用的自然语言指令模板，涵盖了多个场景示例。

（1）日程管理：

"明天上午 10 点开会，记得提醒我准备材料。"

"下周五下午 3 点的客户见面会改到下周一下午 2 点。"

"每周三晚上 7 点提醒我去健身房。"

（2）外卖点单：

"今天想吃披萨，推荐一家附近的店。"

"帮我点一份轻食沙拉，不要加酱。"

"下雨天想吃热汤，有什么推荐？"

（3）智能家居控制：

"晚上 8 点打开客厅的灯。"

"明天早上 7 点打开空调，调到 26℃。"

"如果检测到家里没人，自动关闭所有电器。"

（4）健康管理：

"提醒我每天喝 8 杯水。"

"每周一、三、五晚上 9 点提醒我吃药。"

"如果我的心率超过 100，立即通知我。"

（5）旅行规划：

"帮我预订下周五去上海的机票。"

"推荐一家离外滩近的酒店，价格在 500 元以内。"

"提醒我出发前检查护照和签证。"

通过以上详细的硬件选购指南、云服务器延迟测试表和常用自然语言指令模板库，用户可以更好地理解和配置 AI Agent 的硬件和软件环境，提升使用体验。

扩展阅读：

（1）显卡性能测试工具：为确保显卡的性能达到预期，用户可以使用一些专业的性能测试工具，如 3DMark、FurMark 等。这些工具能够全面测试显卡的性能，帮助用户了解其在实际使用中的表现。

（2）云服务器延迟优化技巧：为降低云服务器的延迟，用户可以采取一些优化措施，如选择离自己地理位置更近的数据中心、使用 CDN（内容分发网络）等。这些措施能够显著降低延迟，提升用户体验。

（3）自然语言指令的优化方法：为了提高 AI Agent 的指令识别准确率，用户可以采取一些优化方法，如使用简洁明了的指令、避免使用复杂的句式等。这些方法能够显著提高指令识别的准确率，提升用户体验。

第 4 章

个人 Agent：数字时代的第二大脑

在数字技术飞速发展的今天，人工智能技术不断革新，深刻地改变着人们的生活和工作方式。个人 Agent 作为人工智能的重要应用形式，正逐渐走进人们的生活，成为数字世界中不可或缺的得力助手，宛如数字时代的第二大脑。本章将以 DeepSeek 等先进技术为依托，深入探讨个人 Agent 的私有化智能体架构、个性化训练及智能体即服务（Agent as a Service，AaaS）这一新兴模式。

4.1 私有化智能体架构：数据-模型-存储三重防护体系

在数字化浪潮汹涌澎湃的当下，个人 Agent 已深度融入人们的工作与生活，成为日常生活中不可或缺的得力助手。从清晨唤醒我们的智能语音助手依据日程安排播报当天的天气和重要事项，到忙碌工作时智能办公软件协助我们高效处理复杂文档、快速进行格式调整、内容校对，再到休闲时刻智能推荐系统为我们精准推送符合个性偏好的娱乐内容，个人 Agent 的身影无处不在。然而，随着个人 Agent 的广泛应用，数据安全和隐私保护成为不容忽视的问题。个人健康数据，如体检报告、运动记录，可能涉及隐私敏感信息；财务信息，像银行账户明细、交易记录，一旦泄露可能导致财产损失；工作机密，如商业计划书、项目方案，泄露后将会给企业带来巨大危机。私有化智能体架构正是为应对这一挑战而诞生的，它精心构建起数据、模型和存储的三重防护体系，从数据的源头加密、模型的安全管控到存储的可靠保障，全方位为用户打造安全可靠的使用环境，让用户能够毫无后顾之忧地享受个人 Agent 带来的便捷服务。

4.1.1 数据加密与安全传输

在互联网这个虚拟世界里，数据就如同在高速公路上行驶的车辆，面临着各种潜在风险。我们日常使用的各类互联网服务，在社交平台分享生活点滴时的个人照片、文字动态等数据在传输中可能被窥探；在线购物填写的收货地址、支付信息也存在被窃取的可能；云存储服务存储的重要文件、资料有被篡改的风险。数据加密技术就像是给数据"车辆"披上了一层坚不可摧的铠甲，确保其在传输途中的安全。

以 AES（高级加密标准）为例，它是一种对称加密算法，广泛应用于个人 Agent 的数据加密领域。在数据发送端，AES 算法会依据预先设定的密钥，对原始数据进行复杂的数学变换。这个过程就好比将原始数据打乱重组，使其变成一串看似毫无规律的密文。当我们要传输一段包含重要商业信息的文本时，AES 算法会将每个字符按照特定规则进行替换和移位，使得原始文本面目全非。这些密文在网络中传输时，即便被非法截获，由于没有正确的解密密钥，也不会泄露其中的真实信息。

为进一步强化数据传输的安全性，SSL/TLS（安全套接层/传输层安全）协议发挥着关键作用。它就像是在数据传输的高速公路上建立了一条专用的安全通道。当我们通过个人 Agent 向云端存储上传重要的工作文档时，SSL/TLS 协议会在发送端和接收端之间进行身份验证，通过数字证书确认双方身份的合法性。同时，它会对传输的数据进行加密处理，包括公钥加密和私钥解密。在传输过程中即使被数据监听，监听者也只能看到加密后的乱码，无法还原出原始文档内容。此外，SSL/TLS 协议还具备数据完整性校验功能，通过哈希算法生成数据摘要，能够检测数据在传输过程中是否被篡改。一旦发现数据有异常，SSL/TLS 协议会立即通知发送端重新传输，以保障数据的准确性和完整性。

然而，数据加密与安全传输技术并非无懈可击。随着计算机技术的飞速发展，计算能力不断提升，一些传统的加密算法面临着被破解的风险。例如，量子计算机的出现，其强大的计算能力可能会对基于数学难题的传统加密算法构成威胁。传统加密算法依赖于大整数分解、离散对数等数学难题，在量子计算机的超强计算能力下，这些难题可能在短时间内被攻克。因此，数据加密领域需要不断创新和发展，研发出更加先进、抗破解能力更强的加密算法，如基于量子密钥分发的加密技术，以适应不断变化的安全环境。

4.1.2 模型隔离与权限管理

模型作为个人 Agent 的核心组件，就如同人类的大脑，决定了 Agent 的智能程度和功能表现。在一个多元用户的环境中，确保模型的安全和正确使用至关重要，这就需要严格的模型隔离与权限管理机制。

不同用户的模型相互隔离，这一理念就好比每个人都拥有一个独立的智慧空间，彼此之间互不干扰。以一个大型企业的智能办公系统为例，众多员工同时使用个人 Agent 进行工作。每个员工的个人 Agent 模型都独立处理该员工的数据和任务。比如，销售部门的员工使用个人 Agent 处理客户订单、销售报表等数据，而研发部门的员工则利用其进行代码编写、项目文档管理等工作。由于模型的隔离，销售部门员工的数据不会出现在研发部门员工的模型处理范围内，反之亦然，有效避免了数据的混淆和泄露风险。即使某个员工的模型遭受恶意攻击，也不会影响到其他员工模型的正常运行，保障了整个办公系统的稳定性。

权限管理则是模型使用的"交通规则"，明确规定了用户对模型的使用权限。普通用户通常只能使用模型的基本功能，如简单的文本处理、信息查询等。在日常办公中，普通员工可能只是利用个人 Agent 进行文档的排版、格式调整，或者查询公司内部的知识库以获取相关信息。而管理员则如同交通警察，拥有更高的权限。他们可以对模型进行优化、升级等操作，以适应不断变化的业务需求。例如，管理员可以根据公司业务的拓展，为模型添加新的功能模块，或者调整模型的参数，使其在处理复杂任务时更加高效。这样严格的权限管理可以有效防止模型被滥用，保障整个智能办公系统的稳定运行。如果权限管理不当，可能导致普通用户获得过高权限，随意修改重要数据；或者管理员权限不足，无法及时对模型进行必要的维护和升级，影响业务的正常开展。

但在实际应用中，模型隔离与权限管理也面临着一些挑战。一方面，随着企业业务的不断发展和用户需求的日益多样化，如何在保证模型隔离的前提下，实现不同模型之间的有效协作，是一个亟待解决的问题。例如，在一个跨部门项目中，不同部门的员工可能需要共同使用一个模型来完成特定任务，此时就需要在模型隔离的基础上，建立安全可靠的协作机制，通过加密共享数据、限定协作权限等方式，确保协作过程中的数据安全和模型的正确使用。另一方面，权限管理的精细化程度也是一个关键问题。如果权限划分过于粗糙，可能会导致用户权限过大或过小,影响工作效率;而如果权限划分过于细致,则可能会增加管理成本和复杂度。因此,需要根据实际情况,制订合理的权限管理策略,平衡安全性和易用性,如采用基于角色的访问控制(RBAC)模型,根据员工的角色和职责分配相应的权限,既保证了安全性,又提高了管理效率。

4.1.3 存储安全与备份策略

在数字化时代,我们的重要数据如同珍贵的宝藏,存储在各种设备或云端。但这些存储介质并非绝对安全的,硬盘损坏、数据丢失、黑客攻击等都可能导致数据的丢失或泄露,继而带来巨大的损失。个人 Agent 的存储安全措施就像是守护宝藏的坚固堡垒,来确保数据的安全与完整。

1. 多副本存储技术

多副本存储技术就像是为珍贵的宝藏准备了多个备份,并分别存放在不同的地方。以一份重要的学习资料为例,它会同时存储在本地硬盘、云端的多个服务器上。当本地硬盘出现故障,如硬盘被物理损坏或遭受病毒攻击导致数据丢失时,我们可以从云端的服务器中获取到完整的资料副本。同样,如果云端的某个服务器出现故障,其他服务器上的副本依然可以保障数据的可用性。这种多副本存储技术大大提高了数据的容错能力,降低了数据丢失的风险。在一些大型数据中心,为确保数据的高可用性,会采用分布式存储系统,将数据分散存储在多个节点上,并通过冗余存储和数据修复机制,保证即使部分节点出现故障,数据依然能够正常读取和写入。

2. 制定完善的备份策略

定期对数据进行全量备份和增量备份是常见的备份方式。全量备份就像是对整个宝藏进行一次全面的复制,将所有数据完整地保存下来。而增量备份则更像是对宝藏中新增或变化的部分进行记录,只备份自上次备份以来发生变化的数据。例如,一个企业每天都会产生大量的业务数据,在周一进行全量备份后,周二到周五只进行增量备份。这样在保证数据完整性的同时,大大减少了备份所需的时间和存储空间。此外,为了防止因自然灾害等不可抗力因素导致数据全部丢失,还会将备份数据存储在不同的地理位置。比如,一家位于北京的企业,会将数据备份存储到上海、广州等地的服务器上,确保在遇到地震、火灾等灾害时,数据依然能够得到安全保障。同时,为了提高备份数据的安全性,还会对备份数据进行加密处理,防止备份数据在存储过程中被窃取或篡改。

当然,存储安全与备份策略的实施也面临着一些难题。一方面,随着数据量的不断增长,存储成本也在不断增加。无论是本地存储设备的购置和维护,需要购买大容量硬盘、搭建存储服务器,还要定期进行硬件维护和软件升级;还是云端存储服务的费用,根据存储容量和使用时长计费,都给用户带来了一定的经济压力。另一方面,备份数据的管理和恢复也是一个复杂的过程。当需要恢复数据时,如何快速准确地从众多备份中找到所需的数据,并将其恢复到原始状态,是需要解决的关键问题。因此,需要不断优化存储架构和备份策略,提高存储效率,降低存储成本,如采用分层存储技术,将常用数据存储在高速存储设备上,将不常用数据存储在低成本的大容量存储设备上;同时完善数据恢复机制,建立数据恢复目录和索引,确保数据的安全与可用性。

4.1.4 三重防护体系的协同工作

数据加密与安全传输、模型隔离与权限管理、存储安全与备份策略这三个部分并非孤立存在,它们相互协作,如同一个紧密配合的交响乐团,共同构成一个完整的防护体系,为个人 Agent 的安全稳定运行提供坚实的保障。

当用户通过个人 Agent 进行数据操作时,首先数据会进入加密与安全传输环节。数据就像一位秘密使者,被加密算法披上密文的外衣,在 SSL/TLS 协议建立的安全通道中传输。当用户通过个人 Agent 向云端存储上传一份机密的商业合同时,数据在发送端被加密后,以密文的形式在网络中传输,确保合同内容不会被窃取或篡改。在传输过程中,加密算法会对合同中的每一个字节进行加密处理,SSL/TLS 协议则会建立安全连接,防止数据被监听和中间人攻击。

到达存储端后,存储系统会按照预先制定的安全策略进行存储,并做好备份。存储系统就像是一个安全的仓库,将数据妥善保管,并为其准备多个备份。合同数据会被存储在多个存储节点上,同时进行全量备份和增量备份,确保数据的完整性和可恢复性。存储系统会根据数据的重要性和访问频率,选择合适的存储介质和存储方式,对于重要的合同数据,可能会存储在高性能、高可靠性的存储设备上,并定期进行备份和数据校验,确保数据的准确性和可用性。

在模型使用过程中,权限管理发挥着关键作用。权限管理就像是仓库的门禁系统,只有合法的用户持有正确的权限钥匙,才能调用模型,并且模型只能处理该用户授权的数据。例如,普通员工只能使用模型对合同进行简单地查看和标注,而管理员则可以对模型进行优化,使其能够更好地分析合同中的关键条款。权限管理系统会对用户的身份进行验证,根据用户的角色和权限分配相应的操作权限,防止非法用户访问和滥用模型,以保障模型的安全使用。

通过这样的协同工作,三重防护体系为个人 Agent 的安全稳定运行提供了全方位的保障。但在实际运行中,要实现三重防护体系的高效协同并非易事。不同环节之间可能存在兼容性问题,如加密算法与存储系统的兼容性,权限管理与模型功能的匹配度等。此外,随着技术的不断发展和业务需求的变化,三重防护体系也需要不断更新和优化,以适应新的安全挑战。因此,需要建立完善的监控和管理机制,实时监测各环节的运行状态,及时发现和解决问题,如通过安全信息和事件管理(SIEM)系统,对数据加密、模型使用、存储操作等进行统一监控和分析,确保三重防护体系始终保持高效协同,为个人 Agent 的安全运行保驾护航。

4.2 个性化训练实战:游戏助手、创作伙伴、学习导师

个人 Agent,作为人工智能领域的前沿应用,其魅力不仅仅在于拥有安全可靠的架构,更体现在能够依据用户千差万别的需求,进行深度的个性化训练,从而在各种场景中,化身为用户最得力、最贴心的助手。这种个性化的服务模式,正逐渐改变着人们与技术交互的方式,为我们的生活、娱乐、创作和学习带来前所未有的便利与体验。接下来,让我们深入探索个人 Agent 在游戏助手、创作伙伴、学习导师这三个典型场景中的卓越表现与应用。

4.2.1 游戏助手:策略制定与辅助

在当今数字化娱乐盛行的时代,游戏已经成为无数人生活中不可或缺的一部分。对广大游戏爱好者而言,一款优秀的游戏助手,就如同战场上的军师,能够为他们在虚拟世界的征程中出谋划策,大幅提升游戏体验,而个人 Agent 恰恰能够完美胜任这一角色。

1. 实时数据收集与分析

以热门的 MOBA 游戏为例,这类游戏以其高度的策略性、团队协作性及瞬

第 4 章 个人 Agent：数字时代的第二大脑

息万变的战局而备受玩家喜爱。在游戏过程中，个人 Agent 就像一位不知疲倦的观察者，时刻保持着对玩家游戏数据的敏锐捕捉。它会实时收集玩家选择英雄的偏好，是钟情于高爆发的刺客型英雄，还是擅长使用控制能力强的法师英雄；记录技能释放的时机，是在敌方血量较低时果断释放终结技，还是在团战开启前先用控制技能打乱敌方阵型；甚至连玩家在地图中的走位路线，是选择稳健的草丛迂回，还是激进的直线冲锋，都被一一记录在案。

同时，个人 Agent 还会将这些玩家数据与游戏的地图信息紧密结合。不同的地图有着不同的地形特点，有些地图野怪分布密集，有些则地形复杂，存在许多易守难攻的要道。此外，敌方阵容的构成也是影响游戏策略的关键因素。如果敌方阵容中有多个高机动性的英雄，那么玩家在走位和技能释放上就需要更加谨慎，避免被敌方抓住破绽。个人 Agent 通过对这些多维度数据的综合分析，能够精准地把握玩家的游戏风格和当前局势，为制定个性化的游戏策略奠定坚实的基础。

2. 个性化策略制订

基于对玩家游戏数据及游戏全局信息的深入分析，个人 Agent 能够为玩家量身定制最佳的英雄出装建议。在 MOBA 游戏中，出装的选择直接关系到英雄的战斗力和团队贡献。例如，如果玩家选择的是一名坦克型英雄，而敌方阵容中物理输出英雄较多，那么个人 Agent 可能会建议玩家优先出增加物理防御的装备，如荆棘之甲，以有效抵挡敌方的物理攻击；如果敌方魔法伤害较高，个人 Agent 则会推荐出魔女斗篷等法术防御装备，如图 4-1 所示。在团战策略方面，个人 Agent 同样能够发挥重要作用。它会根据敌我双方的英雄属性、位置分布及技能冷却情况，为玩家提供最佳的团战切入时机和战术指导。比如，当敌方关键控制技能处于冷却状态时，个人 Agent 会提醒玩家抓住这个时机，带领团队发起进攻；当我方团队血量较低，而敌方正在集结准备进攻时，个人 Agent 建议玩家采取防守策略，利用地形优势进行反击。

3. 危险预警与辅助

在激烈的游戏对战中，危险往往如影随形。一个小小的疏忽，就可能导致玩家被敌方击杀，从而影响整个战局。个人 Agent 作为玩家的忠实守护者，时刻保持着对战场中可能出现的危险的警惕。当敌方刺客隐藏在草丛中，企图突袭玩家时，个人 Agent 会及时发出警报："敌方刺客在附近，注意走位！"这种及时的提醒，能够让玩家迅速做出反应，调整自己的位置，避免被敌方的突然袭击击败。此外，个人 Agent 还具备智能辅助功能。在玩家操作过程中，它可以根据当前的游戏局势，为玩家提供一些操作建议，如在合适的时机提醒玩家释放关键技能，或者在追击敌方残血英雄时，提示玩家最佳的追击路线，帮助玩家更好地发挥自己的操作水平。

图 4-1　魔女斗篷

4．模拟训练与技巧提升

除了在实战中提供帮助，个人 Agent 还可以成为玩家提升游戏技巧的得力助手。它能够模拟各种不同的游戏场景，为玩家设置一系列具有挑战性的训练关卡。这些关卡涵盖了游戏中可能遇到的各种复杂情况，如以少打多的绝境反击、在狭窄地形中的团战等。通过反复挑战这些高难度关卡，玩家可以不断练习自己的操作技巧、反应速度及应对复杂局面的能力。例如，在模拟的以少打多的场景中，玩家需要更加合理地运用英雄技能，把握好技能释放的时机，同时还要注意走位，避免被敌方集火。在这个过程中，个人 Agent 会对玩家的表现进行详细分析，指出玩家在操作和策略上存在的不足，并提供有针对性的改进建议，帮助玩家逐步突破自己的游戏瓶颈，提升游戏水平。

4.2.2　创作伙伴：灵感激发与内容生成

在创作的广阔领域中，无论是充满想象力的写作、富有创意的绘画，还是动人心弦的音乐创作，灵感的闪现和内容的源源不断生成始终是创作者们最为关注的问题。而个人 Agent 凭借其强大的数据分析和学习能力，正逐渐成为创作者们不可或缺的灵感源泉和创作伙伴。

1. 写作领域的应用

对作家而言，创作一部优秀的小说是一场充满挑战的旅程，灵感枯竭往往是他们面临的最大困境之一。在这种情况下，个人 Agent 就如同一位知识渊博的文学顾问，能随时为作家提供创作灵感。当作家确定了小说的主题和风格后，个人 Agent 会迅速在其庞大的文学数据库中进行搜索和分析，这个数据库包含了从古至今各种类型和风格的文学作品。

通过对这些作品的深度学习，个人 Agent 能够精准地把握不同主题和风格下常见的故事元素、人物设定及情节架构。如果作家想要创作一部以古代仙侠为主题，风格飘逸奇幻的小说，个人 Agent 可能会推荐诸如神秘的仙侠门派、天赋异禀的主人公、充满奇幻色彩的法宝等故事元素；在人物设定方面，建议塑造性格坚毅、心怀正义的男主，以及温柔善良、精通医术的女主；同时，还会为作家提供一些常见的情节线索，如主人公在修炼过程中遭遇的重重磨难，以及与反派势力之间的精彩对抗等。除了提供灵感，个人 Agent 还能够协助作家进行内容生成。它可以根据作家设定的故事框架和要求，生成小说的大纲。大纲中会详细规划出故事的主要情节发展、人物的成长历程及各个章节的核心内容。在大纲的基础上，个人 Agent 还能够进一步生成具体的段落内容，甚至根据作家对某个情节的简单描述，如"主人公在神秘洞穴中发现了一本古老的秘籍"，通过丰富的联想和语言生成技术，详细描绘出洞穴中的神秘氛围、秘籍的外观及主人公发现秘籍时的惊喜与激动之情。

2. 绘画创作的助力

在绘画创作领域，个人 Agent 同样能够发挥重要作用。它可以根据画家的风格偏好，为画家提供专业的色彩搭配建议。不同的绘画风格对色彩的运用有着不同的要求，写实风格注重色彩的真实还原，印象派则更强调色彩的光影变化和情感表达。如果画家倾向于创作印象派风格的画作，个人 Agent 可能会建议使用明亮、鲜艳的色彩组合，如橙黄色与浅蓝色的对比搭配，来营造出强烈的视觉冲击和光影效果；对于喜欢写实风格的画家，个人 Agent 会推荐根据物体的实际颜色和光照条件进行色彩选择，以达到逼真的绘画效果。在构图方面，个人 Agent 也是画家的得力助手。它会根据绘画的主题和想要表达的情感，为画家提供多种构图方案。对于一幅描绘自然风光的画作，如果想要突出大自然的广阔和宁静，个人 Agent 可能会建议采用三分法构图，将天空、山脉和湖泊分别安排在画面的不同区域，使画面看起来更加平衡、和谐；如果想要强调画面的动态感和紧张氛围，可能会推荐使用倾斜构图，让画面中的物体呈现出一种倾斜的状态，给人以强烈的视觉冲击力。

AI 生成的大海、椰林、沙滩、帆船如图 4-2 所示。

图 4-2　AI 生成的大海、椰林、沙滩、帆船

3. 音乐创作的支持

在音乐创作中，个人 Agent 能够根据设定的音乐风格，快速生成旋律、和弦等基础音乐元素，帮助音乐人开启创作思路，提高创作效率。不同的音乐风格有着独特的旋律和和弦特点，流行音乐通常具有简单易记的旋律和较为常见的和弦进行，而爵士乐则以其复杂多变的和弦和即兴演奏而闻名。当音乐人确定了想要创作的音乐风格后，个人 Agent 会通过对大量同类型音乐作品的学习和分析，提取其中的旋律和和弦特征，并运用人工智能算法进行组合和创新，生成一系列符合该风格的旋律和和弦片段。音乐人可以根据这些生成的片段，结合自己的创意和灵感，进行进一步的修改和完善，从而创作出完整的音乐作品。如果想要创作一首流行歌曲，个人 Agent 可能会生成一段节奏明快、旋律

动听的主歌旋律，以及与之相匹配的和弦进行，为音乐人提供一个良好的创作起点。

4.2.3 学习导师：知识讲解与学习规划

在学习的漫长道路上，一个优秀的学习导师就如同照亮前行道路的明灯，能够帮助学生更好地理解知识、掌握学习方法，从而提高学习效率，实现学习目标。个人 Agent 作为一种新型的学习导师，凭借其智能化和个性化的特点，正逐渐在教育领域展现出巨大的潜力。

1. 知识水平评估与学习计划制订

以准备参加数学考试的学生为例，个人 Agent 首先会对学生的数学知识水平进行全面而细致的评估。它会通过一系列精心设计的测试题目，涵盖数学的各个知识点和题型，了解学生对不同概念、公式的掌握程度，以及在解题过程中存在的思维误区和薄弱环节。

在评估完成后，个人 Agent 会根据考试大纲和学生的实际情况，制订一份详细且个性化的学习计划。这份学习计划会精确到每天的学习内容，例如，第一天安排学生复习函数的基本概念和性质，通过讲解相关的教材内容和例题，加深学生对函数的理解；第二天则针对函数的应用题型进行专项练习，提供一系列具有代表性的练习题，让学生在实践中巩固所学知识。同时，学习计划还会根据学生的学习进度和能力，合理安排练习题目的难度，逐步提升学生的解题能力。

2. 多样化知识讲解

在学生的学习过程中，难免会遇到各种难以理解的知识点。此时，个人 Agent 作为学习导师，会通过图文、视频等多种形式，为学生提供详细而生动的知识讲解。对于一些抽象的数学概念，如函数的极限，个人 Agent 可能会通过制作动态的图像，展示函数在自变量趋近于某个值时的变化趋势，让学生更加直观地理解极限的概念；对于复杂的数学公式推导过程，它会以视频的形式，一步一步地详细讲解推导步骤，帮助学生理清思路。此外，个人 Agent 还会根据学生的反馈和提问，及时调整讲解方式和内容。如果学生对某个知识点仍然存在疑问，它会从不同的角度进行再次讲解，或者提供更多的实例进行说明，直到学生完全理解为止。

3. 学习计划调整与优化

学习是一个动态的过程，学生的学习进度和对知识的掌握情况会不断发生变化。因此，个人 Agent 作为学习导师，会密切关注学生的学习进展，并根据学生的学习进度和反馈，及时调整学习计划。如果学生在某个知识点上掌握得非常扎实，学习进度较快，个人 Agent 会适当加快学习计划的进度，提前安排更具挑战性的学习内容，避免学生在已经掌握的知识上浪费时间；相反，如果学生在某个部分遇到困难，理解和掌握的速度较慢，个人 Agent 会增加相关的练习和讲解，为学生提供更多的学习资源，如补充额外的例题、推荐相关的学习资料等，确保学生能够扎实地掌握该部分知识，跟上整体的学习进度。

4.2.4 个性化训练的数据收集与利用

要实现个人 Agent 在游戏助手、创作伙伴、学习导师等多个领域的个性化训练，数据的收集与合理利用是其中的关键环节。个人 Agent 通过多种渠道和方式，广泛收集用户在不同场景中的数据，这些数据蕴含着用户的行为习惯、兴趣偏好和需求特点等重要信息。

1. 多场景数据收集

在游戏场景中，个人 Agent 会收集玩家的游戏操作数据，包括点击屏幕的位置、频率，滑动屏幕的速度和方向等，这些数据能够反映玩家的操作习惯和反应速度；同时，还会记录游戏结果，是胜利、失败还是平局，以及游戏过程中的各种数据指标，如击杀数、死亡数、助攻数等，通过对这些数据的分析，可以了解玩家在游戏中的表现和能力水平。

在创作场景中，个人 Agent 会收集创作者的创作习惯，是喜欢在清晨还是夜晚进行创作，是先构思整体框架还是边写边想；作品风格方面，包括写作的语言风格是简洁明快还是华丽细腻，绘画的风格是写实主义还是抽象派，音乐的风格是流行、摇滚还是古典等。这些数据能够帮助个人 Agent 更好地理解创作者的个性和创作特点。在学习场景中，个人 Agent 会收集学生的学习行为数据，如学习时间的分布、学习资源的使用情况，是更喜欢阅读教材还是观看教学视频；答题情况也是重要的数据来源，包括答题的正确率、答题时间、错误类型等，通过对这些数据的分析，可以评估学生的学习效果和知识掌握程度。

2. 数据清洗与分析

收集到的数据往往是原始而杂乱的，其中可能包含一些无效或错误的数据。因此，在利用这些数据进行个性化训练之前，需要对其进行严格的清洗和分析。数据清洗主要是去除那些明显错误或不符合实际情况的数据，如游戏操作数据中出现的异常点击位置，学习场景中答题时间过短或过长等不合理的数据。在数据清洗完成后，个人 Agent 会运用先进的数据分析技术，对数据进行深入挖掘。通过统计学方法、机器学习算法等，分析数据之间的关联和规律，提取出有价值的信息。例如，在分析游戏玩家数据时，可以发现不同类型玩家在英雄选择、出装策略等方面的偏好模式；在分析创作者数据时，能够总结出不同风格创作者在创作过程中的共性和个性。

3．机器学习与模型训练

基于清洗和分析后的数据，个人 Agent 会利用机器学习算法进行建模和训练。机器学习算法能够让个人 Agent 从大量的数据中学习到用户的行为模式和需求特点，从而不断优化自身的服务和决策。例如，在游戏助手场景中，通过对大量游戏玩家数据的分析，个人 Agent 可以构建一个游戏策略推荐模型，该模型能够根据新玩家的游戏数据和当前游戏局势，预测出最适合该玩家的游戏策略，并进行实时推荐。在创作伙伴场景中，通过对创作者数据的学习，个人 Agent 可以训练出一个创作灵感生成模型，当创作者需要灵感时，该模型能够根据创作者设定的主题和风格，快速生成相关的故事元素、色彩搭配建议、旋律片段等。在学习导师场景中，个人 Agent 可以根据学生的学习数据，训练出一个学习计划优化模型，根据学生的学习进度和反馈，动态调整学习计划，提供更加个性化的学习指导。

4．隐私保护与数据安全

在数据收集和利用的过程中，个人 Agent 始终将用户隐私保护和数据安全放在首位。严格遵循相关的隐私政策和法律法规，对用户数据进行加密处理，确保数据在传输、存储和使用过程中的安全性。例如，在数据传输过程中，采用 SSL/TLS 等加密协议，防止数据被窃取或篡改；在数据存储方面，使用加密算法对用户数据进行加密存储，只有经过授权的程序才能访问和解密数据。同时，个人 Agent 会明确告知用户数据的收集目的、使用方式和共享范围，在获得用户明确同意的情况下，才会进行数据收集和使用。通过这些措施，既保障了个人 Agent 能够充分利用数据进行个性化训练，为用户提供优质的服务，又确保了用户的隐私和数据安全。随着技术的不断发展和创新，个人 Agent 在个性化训练方面的应用前景将更加广阔。未来，它可能会深入到更多的领域，如医疗保健、金融投资、职业规划等，为人们的生活和工作带来更多的便利和价值。我们期待着个人 Agent 在人工智能的舞台上继续绽放光彩，为人类社会的发展做出更大的贡献。

4.3 AaaS 新模式：海马云电脑的启示

在人工智能浪潮汹涌澎湃的当下，技术的创新与变革正以惊人的速度重塑着各个行业和人们的生活方式。AaaS 作为一种应运而生的新兴模式，正逐渐崭露头角，吸引着众多目光。而海马云电脑在这一领域的积极实践，宛如一座灯塔，为我们照亮了探索 AaaS 模式的前行道路，带来了诸多宝贵的启示。

4.3.1 AaaS 模式的概念与特点

1. 概念解析

AaaS 模式，从本质上来说，是将智能体这一先进的人工智能技术以服务的形式交付给用户。在传统模式下，用户若要利用智能体来满足自身需求，往往需要投入大量的人力、物力和财力去搭建复杂的智能体系统，包括硬件设备的购置、软件的开发与调试及后续的维护升级等，这无疑是一项庞大且复杂的工程。而在 AaaS 模式下，这一切都发生了根本性的改变。用户不需要再为这些烦琐的环节而烦恼，他们通过互联网这一便捷的桥梁，就能够轻松连接到云端，使用云端精心部署和维护的智能体服务。这就好比用户不需要自己建造一座图书馆来存放书籍，只需通过网络连接到一个大型的云端图书馆，即可随时借阅和阅读自己所需的书籍。

2. 显著特点

(1) 低成本。这是 AaaS 模式最具吸引力的特点之一。在过去，企业或个人想要拥有一套功能完备的智能体系统，首先需要购置性能强大的服务器、存储设备等硬件设施，这些硬件设备不仅价格昂贵，随着技术的快速更新换代，还需要不断投入资金进行升级。同时，软件许可证的购买费用也常常令人望而却步。而 AaaS 模式打破了这一成本壁垒，用户不需要再进行这些大额的一次性投入，只需按照自己的实际使用情况，按需支付服务费用。这如同用户不用购买一辆私家车，只需在需要出行时通过打车软件叫车，按行程付费即可。这种方式大大降低了使用智能体的门槛，使得更多的个人和企业能够享受到智能体带来的便利和价值。

(2) 灵活性。AaaS 模式赋予了用户极高的灵活性。用户可以根据自身业务的变化、需求的起伏，随时调整所使用的智能体功能和服务级别。例如，一家电商企业在促销活动期间，订单量会大幅增加，此时企业可以临时提升智能体的服务级别，增强其处理订单、客服咨询等方面的能力；而在促销活动结束后，订单量恢复正常，企业则可以相应地降低服务级别，减少费用支出。这种灵活的调整机制，使得用户能够更加精准地控制成本，同时确保智能体服务始终与自身需求相匹配，就像用户可以根据不同的出行需求选择不同类型的交通工具一样。

(3) 易于部署。在传统的智能体系统搭建过程中，复杂的安装和配置过程常常让用户望而却步。不仅需要专业的技术人员进行操作，还可能面临各种兼容性问题和技术难题。而 AaaS 模式彻底解决了这一痛点，用户只需要通过简单的网络连接，就能够快速接入并使用智能体服务。无论是在办公室、家中，还是在移动设备上，只要有网络覆盖，用户就能够随时随地享受智能体带来的服务。这种便捷的部署方式，使得智能体服务能够迅速普及，为更多的用户所接受和使用，就像用户只需轻松点击手机应用程序，就能够获取各种在线服务一样。

4.3.2 海马云电脑的实践案例分析

1. 海马云电脑：AaaS 模式的先锋典范

海马云电脑作为 AaaS 模式的典型代表，在云计算和智能体服务领域取得了令人瞩目的成就。它依托于云端强大的计算能力，构建了一个功能强大、性能卓越的云电脑服务平台，为用户带来了前所未有的便捷体验。

1) 游戏领域的创新应用

(1) 打破硬件限制，畅享 3A 大作。对广大游戏玩家来说，能够流畅运行大型 3A 游戏，体验逼真的游戏画面和精彩的剧情，是他们梦寐以求的事情。然而，许多玩家由于受到硬件设备的限制，无法满足这些大型游戏对电脑性能的苛刻要求。海马云电脑的出现，彻底改变了这一局面。通过海马云电脑，玩家不用花费数万元购买高性能的电脑主机，只需一部普通的手机、平板电脑等设备，就能够随时随地连接到海马云电脑，流畅地运行各种大型 3A 游戏。像《赛博朋克 2077》这样对硬件配置要求极高的游戏，在传统电脑上运行可能会出现卡顿、掉帧等问题，但在海马云电脑上，玩家却能够享受到高质量的游戏画面和流畅的游戏体验，仿佛置身于游戏世界之中。

(2) 丰富的游戏资源与全方位服务。除了提供强大的云游戏运行能力，海马云电脑还为玩家打造了一个丰富多彩的游戏生态系统。它拥有丰富的游戏资源库，涵盖了各种类型的游戏，无论是角色扮演、射击竞技，还是策略模拟，玩家都能够在其中找到自己喜欢的游戏。同时，海马云电脑还提供了一系列贴心的游戏助手功能，如游戏攻略，帮助玩家更好地理解游戏剧情、掌握游戏技巧；游戏直播功能，让玩家可以实时观看高手的游戏操作，学习他们的经验和策略。此外，海马云电脑还支持多人在线对战，玩家可以与来自全国各地的玩家一起组队开黑，共同享受游戏的乐趣。

2) 企业办公领域的广泛应用

(1) 构建虚拟办公环境，提升工作效率。在当今数字化办公的时代，企业对于办公灵活性和效率的要求越来越高。海马云电脑为企业提供了一种全新的办公解决方案——虚拟办公环境。企业可以通过海马云电脑为员工搭建专属的虚拟办公桌面，员工只需通过网络连接，就能够在任何地方访问公司的办公系统，进行文件处理、数据编辑、视频会议等工作。这种方式打破了传统办公地点的限制，员工无论是在家中、出差途中，还是在外地分支机构，都能够像在办公室一样高效地开展工作。例如，一家跨国企业的员工可以通过海马云电脑在不同国家和地区之间实时协作，共同完成项目任务，大大提高了工作效率和协同能力。

(2) 降低企业办公成本，优化资源配置。海马云电脑的应用还为企业带来了显著的成本优势。一方面，企业不用为员工购置大量的高性能办公电脑，只需为员工配备基本的终端设备，如轻薄笔记本、平板电脑等，就能够满足员工的办公需求，从而大大降低了硬件采购成本。另一方面，海马云电脑采用的是按需付费的模式，企业可以根据员工的实际使用情况灵活调整服务用量，避免了资源的浪费，进一步降低了办公成本。此外，海马云电脑的集中管理和维护模式，也减轻了企业 IT 部门的工作负担，使得企业能够将更多的资源投入到核心业务的发展中。

4.3.3 AaaS 模式的市场前景与挑战

1. 广阔的市场前景

(1) 技术推动与需求增长。随着人工智能技术的不断进步和创新，智能体的功能和性能得到了显著提升，应用领域也日益广泛。从日常生活中的智能家居、智能语音助手，到工业生产中的自动化控制、智能物流，再到医疗领域的智能诊断、远程医疗等，智能体正逐渐渗透到各个行业和领域。与此同时，个人和企业对智能体服务的需求也呈现出爆发式增长的态势。对个人用户来说，他们希望通过智能体服务来提升生活品质、满足娱乐和学习需求；对企业用户来说，智能体服务可以帮助他们提高生产效率、降低成本、提升竞争力。AaaS 模式作为一种能够高效、便捷地提供智能体服务的方式，正好契合了这种市场需求，具有广阔的发展空间。

(2) 细分市场的拓展与融合。未来，AaaS 模式将在各个细分市场不断得到拓展和深化。在教育领域，智能体可以作为个性化学习导师，根据学生的学习情况和特点，提供定制化的学习计划和辅导服务；在金融领域，智能体可以协助银行进行风险评估、客户服务等工作，提高金融服务的效率和质量；在医疗领域，智能体可以辅助医生进行疾病诊断、药物研发等，为医疗行业的发展带来新的突破。同时，AaaS 模式还将与其他新兴技术，如物联网、区块链等深度融合，创造出更多的应用场景和商业机会。例如，通过将 AaaS 模式与物联网技术相结合，可以实现智能设备之间的互联互通和智能控制，打造更加智能化的生活和工作环境。

2. 面临的挑战

(1) 网络稳定性问题。AaaS 模式高度依赖于网络连接，网络的稳定性直接影响服务的质量和用户体验。在实际使用过程中，由于网络信号的波动、带宽限制等原因，可能会出现服务中断、延迟过高或画面卡顿等问题。例如，在云游戏场景中，如果网络不稳定，玩家可能会遇到游戏画面突然卡住、操作延迟等情况，严重影响游戏的流畅性和趣味性；在企业办公场景中，网络问题可能会导致视频会议中断、文件传输缓慢等，影响工作效率。因此，如何提高网络稳定性，确保 AaaS 服务的可靠运行，是当前面临的一个重要挑战。

(2) 数据安全和隐私保护问题。在 AaaS 模式下，用户的数据存储在云端，这就使得数据安全和隐私保护成为一个至关重要的问题。一旦云端数据泄露或被恶意攻击，将会给用户带来巨大的损失。例如，企业的商业机密、客户信息等重要数据如果被泄露，可能会导致企业面临法律风险、商业信誉受损等问题；个人用户的隐私数据，如个人身份信息、银行账户信息等被泄露，可能会导致个人财产安全受到威胁。因此，AaaS 服务提供商需要采取一系列严格的数据安全和隐私保护措施，如数据加密、访问控制、安全审计等，确保用户数据的安全。

（3）市场竞争激烈。随着 AaaS 模式市场前景的逐渐明朗，越来越多的企业开始涉足这一领域，市场竞争日益激烈。目前，不仅有传统的云计算巨头，如亚马逊 AWS、微软 Azure、阿里云等，凭借其强大的技术实力和丰富的资源优势，在 AaaS 市场占据了一席之地；还有众多新兴的创业公司，凭借其创新的技术和灵活的市场策略，也在努力抢占市场份额。在这种激烈的市场竞争环境下，AaaS 服务提供商需要不断提升自身的服务质量和技术水平，创新服务模式和商业模式，以差异化的竞争优势脱颖而出。

4.3.4　AaaS 模式对个人用户的价值

1．降低使用成本和门槛

对个人用户来说，购买和维护一套高性能的智能体硬件和软件系统往往需要花费大量的资金。例如，一台能够流畅运行专业设计软件或大型游戏的电脑，价格可能在数千元甚至上万元，还需要定期进行升级和维护。此外，一些专业软件的许可证费用也不菲。而 AaaS 模式的出现，让个人用户不用再承担这些高昂的成本。他们只需通过简单的网络连接，按照自己的使用需求支付相应的服务费用，就能够享受到强大的智能体服务。这使得更多的个人用户，尤其是那些对智能体有需求但经济实力有限的用户，能够轻松地使用智能体，从而降低了智能体的使用门槛，让智能体技术真正走进千家万户。

2．提供更多选择和灵活性

AaaS 模式为个人用户提供了丰富多样的智能体服务选择，满足了他们在不同场景下的个性化需求。在娱乐方面，用户可以选择游戏助手智能体，帮助他们在游戏中制定策略、提高技能；在学习方面，用户可以使用学习导师智能体，辅助他们进行知识学习、作业辅导；在创作方面，用户可以借助创作伙伴智能体，激发创作灵感、生成创意内容。而且，用户可以根据自己的实际需求，随时调整所使用的智能体服务级别和使用时间。例如，用户在假期可能会更多地使用游戏助手智能体，而在学习备考期间则会更依赖学习导师智能体。这种灵活的选择机制，让用户能够根据自己的生活节奏和需求变化，自由地选择和使用智能体服务，极大地提高了用户体验。

3. 促进个人创新和发展

在数字时代，创新能力和创造力成为个人发展的关键竞争力。AaaS 模式通过为个人用户提供强大的智能体服务，为他们的创新和发展提供了有力的支持。例如，作家可以借助创作伙伴智能体，获取更多的创作灵感和素材，创作出更具创意和吸引力的作品；设计师可以利用智能体的设计辅助功能，探索更多的设计思路和风格，提升设计水平；学生可以在学习导师智能体的帮助下，拓展思维方式，提高学习效率，培养创新能力。通过与智能体的互动和协作，个人用户能够突破自身的局限，获取更多的知识和信息，激发内在的创造力，从而在数字时代更好地实现自我价值，为个人的职业发展和生活品质的提升打下坚实的基础。

AaaS 模式作为人工智能领域的一种创新模式，具有巨大的发展潜力和应用价值。海马云电脑的实践为我们展示了 AaaS 模式在游戏、企业办公等领域的成功应用案例，也让我们看到了 AaaS 模式在市场前景、面临挑战及对个人用户价值等方面的诸多特点。随着技术的不断进步和市场的逐渐成熟，相信 AaaS 模式将在未来的发展中发挥更加重要的作用，为人们的生活和工作带来更多的便利和创新。

第 5 章

生活场景全攻略：Agent 的日常妙用

在科技飞速发展的今天，人工智能已逐渐渗透到我们生活的方方面面。而 Agent 作为人工智能的重要应用形式，正以其强大的功能和便捷的服务，为我们的日常生活带来前所未有的便利和改变。从家庭生活到出行旅游，再到日常消费，Agent 都能发挥出其独特的作用，成为我们生活中不可或缺的得力助手。接下来，让我们深入探索 Agent 在各种生活场景中的日常妙用。

5.1 家庭场景：智能菜谱生成/儿童作业辅导/老人健康监测

家庭，作为每个人心灵的避风港和生活的核心场所，承载着无数的温暖与回忆。在科技日新月异的当下，Agent 的出现，为家庭生活注入了全新的活力，极大地提升了家庭生活的品质和便利性，让我们的居家时光变得更加舒适、高效与安心。

5.1.1 智能菜谱：食材匹配与烹饪指导

在快节奏的现代生活中，每日为三餐发愁，思考吃什么、怎么做，已然成为许多人的日常困扰。而 Agent 的智能菜谱功能，宛如一位贴心的私人厨师，精准地为我们化解了这一难题。它依托先进的人工智能算法和庞大的菜谱数据库，能够根据用户家中现有的食材，充分考虑用户的口味偏好、饮食禁忌及营养需求，在短时间内生成一份专属的个性化菜谱。

1. 依食材生成专属菜谱

想象一下，忙碌了一天回到家中，打开冰箱，发现里面仅有鸡胸肉、西兰花、胡萝卜和土豆这几样食材。这时，你只需将这一情况告知 Agent，并说明自己偏好清淡口味且正在减脂，Agent 便会迅速在其海量的菜谱数据库中展开搜索与智能匹配。不一会儿，一份"香煎鸡胸肉配清炒时蔬"的健康减脂菜谱便会呈现在你眼前。如图 5-1 所示为香煎鸡胸肉配清炒时蔬。

图 5-1　香煎鸡胸肉配清炒时蔬

这份菜谱不仅详细罗列了各种食材的用量，还对每一个烹饪步骤进行了细致入微的描述。在鸡胸肉的腌制环节，会明确指导加入适量的盐、黑胡椒、生抽和料酒，均匀搅拌后腌制 15～20 分钟，让鸡胸肉充分吸收调料的香味，同时也能使肉质更加鲜嫩。在处理西兰花和胡萝卜时，菜谱会提示先将西兰花切成大小均匀的小朵，胡萝卜切成薄片，这样既能保证食材在烹饪过程中受热均匀，又能提升菜品的美观度。接着，往锅中倒入适量的油，放入蒜末爆香，顿时，蒜香四溢，为菜品增添了浓郁的风味。随后，依次加入西兰花和胡萝卜进行翻炒，其间适时加入适量的盐和鸡精调味，简单的调料搭配，却能最大限度地保留蔬菜的原汁原味，让营养与美味完美融合。至于土豆，菜谱建议将其做成细腻的土豆泥作为配菜。将土豆去皮切块后，放入锅中煮熟，再用勺子或搅拌机做成泥状，可根据个人口味加入少许牛奶、黄油或盐进行调味。口感绵密的土豆泥，既能增加饱腹感，又能为这道菜品增添丰富的层次感。

2．烹饪步骤详尽解说

更令人惊喜的是，Agent 提供的不仅仅是文字菜谱，还配备了全方位的烹饪指导。它通过图文并茂的形式，以清晰直观的图片展示每一个烹饪步骤的关键点，让用户能够一目了然。同时，还提供了生动的视频教程，视频中专业的厨师会亲自示范每一个操作细节，从食材的切配、下锅的顺序，到火候的精准控制，都展现得淋漓尽致。如在煎鸡胸肉时，视频中会详细讲解火候的控制技巧：先以大火将鸡胸肉两面迅速煎至金黄，这样可以锁住鸡肉内部的水分，使其口感更加鲜嫩多汁；然后转小火慢慢煎熟，在确保鸡肉内部熟透的同时，又不会因过度煎制而导致肉质变老。在整个过程中，厨师还会适时地进行解说，提醒用户注意事项，如煎制过程中要不时翻动鸡胸肉，以免煎煳；加入调料时要根据个人口味适量添加等。

3．复杂技巧专业示范

对于一些较为复杂的烹饪技巧，例如，如何切出粗细均匀的土豆丝、怎样让炒出的蔬菜保持翠绿的色泽等，Agent 也能给予专业、细致的讲解和示范。它会从刀具的选择、切菜的姿势和力度，到烹饪过程中加入调料的时机和用量等方面，进行全方位的指导。例如，在切土豆丝时，Agent 会建议选择一把锋利的菜刀，将土豆切成薄片后，再整齐地叠放起来，用均匀的力度切成细丝。在炒蔬菜时，要先将锅烧热，再倒入适量的油，待油热后迅速放入蔬菜进行翻炒，同时加入少量的盐和鸡精调味，这样可以使蔬菜在短时间内受热均匀，保持翠绿的色泽和脆嫩的口感。通过这些专业的指导，即使是从未下过厨房的新手，也能轻松掌握烹饪技巧，做出美味可口的佳肴，享受烹饪带来的乐趣。

5.1.2 儿童作业辅导：多学科知识解答

孩子的学习成长是家庭生活中的重中之重，然而，辅导孩子作业却常常让家长们感到力不从心，尤其是随着学科知识的日益复杂和多样化，家长们往往难以满足孩子在学习过程中的各种需求。这时，Agent 作为一款强大的学习辅助工具，便发挥了至关重要的作用。它宛如一位知识渊博的家庭教师，不仅拥有语文、数学、英语等基础学科的丰富知识，还囊括了物理、化学、生物等多学科的内容，能够全方位地解答孩子们在学习过程中遇到的各种疑难问题。

1. 语文知识精准答疑

在语文作业辅导方面，当孩子遇到生字词的读音、释义、造句等问题时，Agent 就像一本活字典，能够迅速而准确地给出答案，并提供丰富的例句和详细的用法说明。以"莘莘学子"这个成语为例，Agent 会详细解释其含义为"众多的学生"，并通过生动的例句"学子们为了实现自己的梦想，努力学习，拼搏奋斗"，帮助孩子更好地理解和运用这个成语。在阅读理解和写作教学中，Agent 更是展现出了卓越的分析能力和指导水平。它能够深入剖析文章的结构、主题、写作手法等，引导孩子从多个角度理解文章的内涵。例如，在分析一篇记叙文时，Agent 会帮助孩子理清文章的起因、经过和结果，找出文章的关键情节和人物特点，从而更好地把握文章的主题和中心思想。在写作指导方面，Agent 会根据孩子的写作需求和水平，提供有针对性的写作思路和技巧。它会引导孩子如何构思一篇记叙文，从确定主题、选择素材，到组织段落、安排结构，都给予详细的建议。同时，还会提醒孩子注意运用各种修辞手法和描写手法，如比喻、拟人、夸张、动作描写、心理描写等，来丰富文章的内容，突出文章的中心思想，使文章更加生动形象、富有感染力。

2. 数学难题思路讲解

数学学科因其严谨的逻辑性和抽象性，常常让孩子们感到头疼。而 Agent 却能轻松应对各种数学难题，无论是基础的算术运算、几何图形，还是复杂的代数方程、函数问题，它都能一步步地讲清解题思路和方法，帮助孩子深入理解数学原理。比如，在解决一道一元二次方程的题目时，Agent 会详细展示使用求根公式的步骤。首先，它会引导孩子将方程化为一般形式 $ax^2 + bx + c = 0$，然后耐心地解释每一个字母所代表的含义，以及求根公式 $x = (-b \pm \sqrt{b^2 - 4ac})/(2a)$ 的推导过程。在代入公式进行计算时，Agent 会特别强调计算的准确性和注意事项，如根号下的数值必须为非负数，计算过程中要注意正负号的运算等。通过这样详细的讲解，让孩子不仅能够熟练运用求根公式解决问题，还能深入理解公式背后的数学原理，真正做到知其然且知其所以然。

3. 英语学习全面支持

对于英语学习，词汇和语法是两大关键要素。Agent 在这方面提供了全面而细致的学习支持。它可以准确地提供单词的发音、词性、用法、例句等信息，帮助孩子准确掌握单词。例如，对于"interesting"这个单词，Agent 会给出其发音['ɪntrəstɪŋ]，词性为形容词，意为"有趣的；引人入胜的"，并提供丰富的例句，如"This is an interesting book."（这是一本有趣的书。）、"The movie is very interesting."（这部电影非常有趣。）等，让孩子在不同的语境中理解和运用单词。在语法学习方面，Agent 可以系统地讲解各种语法规则，并通过大量的例句和练习题加深孩子的理解。它会从基础的词性、句子成分讲起，逐步深入到时态、语态、从句等复杂的语法知识。例如，在讲解一般现在时的用法时，Agent 会通过列举大量的例句，如"He often goes to school by bike."（他经常骑自行车去上学。）、"She likes reading books."（她喜欢读书。）等，让孩子理解一般现在时表示经常性、习惯性的动作或存在的状态。同时，还会提供相应的练习题，让孩子在实践中巩固所学的语法知识。此外，Agent 还具备强大的英语作文批改和建议功能。它能够快速识别孩子作文中的语法错误、用词不当等问题，并给出详细的修改建议和优化方向。例如，当孩子写出"My father is a work."这样的错误句子时，Agent 会指出"work"是动词，此处应该用名词"worker"，并建议修改为"My father is a worker."通过这样的批改和建议，可以帮助孩子不断提高英语写作水平。

5.1.3 老人健康监测：实时数据跟踪与预警

随着老龄化社会的加速到来，老人的健康问题日益成为家庭和社会关注的焦点。Agent 在老人健康监测领域具有不可替代的重要作用，它借助各种先进的智能设备，如智能手环、智能血压计、智能血糖仪等，构建起了一个全方位、实时的健康监测体系，能够精准地收集老人的各项健康数据，包括心率、血压、血糖、睡眠质量等，并运用大数据分析和人工智能算法对这些数据进行深入分析和长期跟踪，为老人的健康保驾护航。

1. 实时监测老人心率

当老人佩戴智能手环时，Agent 就如同一位时刻守护在身边的健康卫士，能够实时获取老人的心率数据。如图 5-2 所示为智能手环。心率是反映人体心脏健康状况的重要指标之一，正常情况下，成年人在安静状态下的心率一般在 60～100 次/分钟。如果老人的心率突然超出正常范围，如在安静状态下心率持续高于 100 次/分钟或低于 60 次/分钟，Agent 会立即触发预警机制，通过手机应用程序、短信或语音提示等方式，迅速将预警信息通知给家人或相关医护人员。同时，Agent 还会对老人的心率数据进行长期的记录和分析，运用专业的数据分析工具绘制心率变化曲线。通过对这条曲线的细致观察和深入分析，能够及时发现老人心脏健康状况的异常变化。如果发现老人的心率曲线在一段时间内呈现出逐渐上升或下降的趋势，或者出现频繁的波动，Agent 就会发出预警，提醒家人关注老人的心脏健康，必要时带老人去医院进行进一步的检查和诊断。

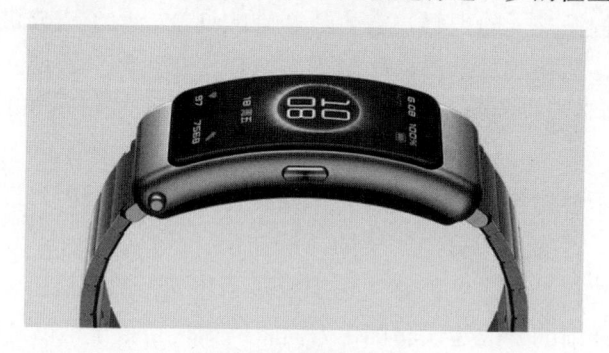

图 5-2　智能手环

2. 血压数据精准分析

在血压监测方面，智能血压计与 Agent 紧密连接，实现了血压数据的实时上传和精准分析。每次老人测量血压后，数据都会自动、快速地上传到 Agent 中。Agent 会根据老人的年龄、身体状况、过往病史等多方面因素，综合判断血压是否正常。一般来说，成年人的正常血压范围为收缩压 90～139mmHg，舒张压 60～89mmHg。如果老人的血压出现异常升高，如收缩压持续高于 140mmHg 或舒张压持续高于 90mmHg，或者出现异常降低，如收缩压低于 90mmHg 或舒张压低于 60mmHg，Agent 会及时向老人及其家人发出提醒，建议老人注意休息，并根据具体情况采取相应的措施，如调整饮食结构，减少钠盐摄入，增加钾盐摄入；适当进行运动，如散步、太极拳等；必要时遵循医嘱，调整药物治疗方案等。

3. 糖尿病老人血糖管理

对于患有糖尿病的老人，智能血糖仪与 Agent 的协同配合，为血糖的精准监测和有效管理提供了有力保障。Agent 可以根据老人的血糖数据，结合其饮食、运动和用药情况，制订个性化的饮食和运动计划。例如，如果老人的血糖在某一时间段内偏高，Agent 会建议老人适当减少碳水化合物的摄入量，增加蔬菜和膳食纤维的摄入，同时增加运动量，如延长散步时间或增加运动强度。在运动方面，Agent 会根据老人的身体状况和运动能力，提供具体的运动建议，如运动的时间、强度、频率等。同时，还会提醒老人在运动前后注意监测血糖，避免因运动不当导致血糖波动过大。此外，Agent 还会对老人的血糖数据进行长期分析，预测血糖的变化趋势，为医生调整治疗方案提供科学依据。

4．日常活动状态监测

除了生理健康监测，Agent 还可以通过智能摄像头监测老人的日常活动状态。智能摄像头具备先进的图像识别和行为分析技术，能够实时捕捉老人的行动轨迹和行为模式。如果发现老人长时间未活动，如连续几个小时坐在同一个位置上没有明显的动作，或者出现摔倒等异常情况，Agent 会立即发出警报。一旦警报触发，Agent 会第一时间将相关信息发送给家人，同时自动拨打紧急救援电话，确保老人能够在最短的时间内得到及时的救助。这种全方位的健康监测和预警机制，不仅为老人的健康提供了可靠的保障，也让家人能够更加安心地工作和生活。

5.1.4　家庭场景中的设备联动与控制

在智能家居蓬勃发展的时代，各种智能设备如智能灯光、智能空调、智能音箱、智能门锁、智能摄像头等，正逐渐走进千家万户，为我们的生活带来了诸多便利。然而，如何实现这些设备之间的高效联动与精准控制，让它们能够协同工作，为用户打造一个更加便捷、舒适、智能的生活环境，成为智能家居领域的关键问题。Agent 作为智能家居的核心控制枢纽，凭借其强大的智能交互和系统集成能力，完美地解决了这一难题，实现了家庭场景中各种设备的无缝联动与智能控制。

1．便捷多样交互控制

用户与 Agent 的交互方式十分便捷多样，既可以通过简洁自然的语音指令，也可以借助功能丰富的手机应用程序，向 Agent 发出各种控制命令。想象一下，忙碌了一天的你下班回家，疲惫地走进家门，此时，你只需对着家中的智能音箱轻声说一句"我回家了"，Agent 便会迅速接收到你的指令，并立即启动预设的回家场景模式。它会自动打开家中的灯光，根据你的习惯调节到适宜的亮度和色温,让温馨的灯光瞬间驱散你一天的疲惫;同时,调节室内温度至舒适的范围,无论是炎热的夏天还是寒冷的冬天,都能让你感受到恰到好处的温度;此外,还会播放你喜欢的音乐,舒缓的旋律在房间中流淌,为你营造出一个轻松愉悦的氛围。在晚上睡觉前,当你对 Agent 说"我要睡觉了",它又会迅速响应,关闭不必要的电器设备,如电视、电脑等,避免能源浪费和噪声干扰。同时,调节灯光亮度至最暗,营造出一个安静、舒适的睡眠环境。此外,Agent 还会开启睡眠模式的智能设备,如空气净化器,持续为你提供清新的空气;智能睡眠监测仪,实时监测你的睡眠质量,记录睡眠数据,并在你醒来后为你提供详细的睡眠报告和健康建议。通过这些智能化的控制,让你能够在舒适的环境中安然入睡,享受优质的睡眠体验。如图 5-3 所示为 Agent 开启睡眠模式的智能设备。

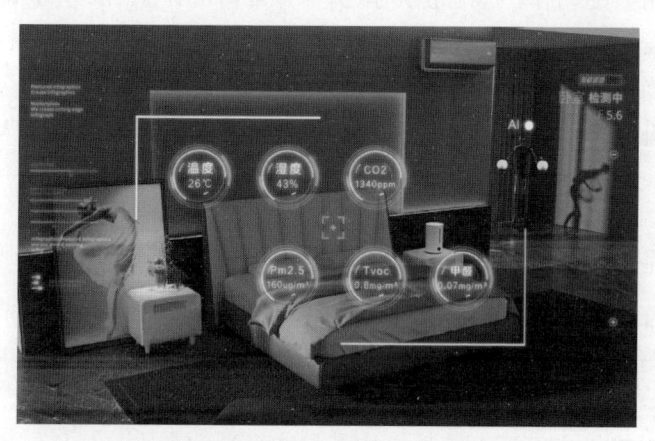

图 5-3　Agent 开启睡眠模式的智能设备

2. 依指令开启场景模式

Agent 不仅能够根据用户的指令进行设备控制,还可以根据用户设定的规则和场景,实现设备之间的自动联动。当室内温度过高时,安装在室内的温度传感器会将温度数据传输给 Agent,Agent 接收到数据后,会自动判断温度是否超出预设的舒适范围。如果温度过高,Agent 会立即向智能空调发送指令,自动打开空调进行降温,将室内温度调节到适宜的水平。当检测到室外下雨时,安装在窗户附近的雨水传感器会将信号传递给 Agent,Agent 会迅速控制智能窗户自动关闭,防止雨水进入室内,保护家中的家具和物品不受损坏。

3. 家庭安全监控联动

在家庭安全监控方面，Agent 与智能门锁、智能摄像头等设备的联动，为家庭安全提供了全方位的保障。当有陌生人靠近家门时，智能摄像头会迅速捕捉到这一异常情况，并拍摄照片或视频，将相关信息及时发送给 Agent。Agent 会对这些信息进行分析和判断，如果确认是陌生人，会立即通过手机应用程序向用户发出警报，提醒用户注意安全。同时，用户可以通过手机远程查看门口的实时情况，并与访客进行通话，了解访客的来意。如果用户确认访客身份安全，可以通过手机应用程序远程控制智能门锁开门，方便快捷。此外，Agent 还可以与烟雾报警器、燃气报警器等设备联动，一旦检测到火灾或燃气泄漏等危险情况，会立即发出警报，并自动拨打消防电话或燃气公司电话，确保家人的生命财产安全。

5.2 出行场景：多模态旅行规划

出行旅游是人们从日常琐碎中短暂抽离，放松身心、拓宽视野、增长见识的绝佳方式。在科技飞速发展的今天，Agent 深度融入出行场景，为用户量身打造全方位、个性化的旅行服务，让每一次出行都能成为一段美妙且难忘的经历。

5.2.1 目的地推荐与行程规划

在开启一场旅行之前，选择合适的目的地及制订科学合理的行程规划，无疑是最为关键的准备工作。Agent 凭借其强大的数据分析与智能匹配能力，能够精准洞悉用户的需求，提供极具参考价值的旅行建议。

1. 基于兴趣偏好的目的地推荐

兴趣爱好是决定旅行目的地的重要因素之一。倘若用户对历史文化情有独钟，Agent 会迅速检索其庞大的数据库，为用户推荐如北京、西安、南京这类历史底蕴深厚的文化名城。以北京为例，这里不仅有承载着明清两代皇家威严的故宫，其规模宏大的宫殿建筑群，红墙黄瓦、雕梁画栋，每一处建筑细节都诉说着往昔的辉煌；还有作为世界文化遗产的长城，它宛如一条巨龙蜿蜒盘旋在崇山峻岭之间，见证了无数的历史变迁。西安，兵马俑被誉为"世界第八大奇迹"，规模庞大的陶俑军阵，形态各异、栩栩如生，让人仿佛穿越到了秦朝的战场；古城墙则是中国现存规模最大、保存最完整的古城墙之一，漫步其上，让人能深切感受到这座城市的古朴与厚重。南京的明孝陵，作为明朝开国皇帝朱元璋和皇后马氏的合葬陵墓，其独特的建筑风格和丰富的历史文化内涵，吸引着众多游客前来探寻；中山陵则是为纪念伟大的革命先行者孙中山先生而建，庄严肃穆的建筑氛围，寄托着人们对孙中山先生的敬仰与缅怀。

2. 契合时间与预算的行程安排

除了考虑兴趣爱好，用户的时间安排和预算也是 Agent 规划行程时的重要依据。假设一位用户计划进行一次为期五天的北京之旅，Agent 会精心设计如下行程：第一天，安排用户参观故宫和天安门广场。上午，在故宫中穿梭，欣赏琳琅满目的文物收藏，感受古代皇家的奢华与威严；下午前往天安门广场，观看庄严的降旗仪式，体悟现代中国的象征意义。第二天，奔赴长城，在攀登长城的过程中，领略雄伟壮丽的自然风光和厚重的历史遗迹，亲身感受"不到长城非好汉"的豪迈。第三天，游览颐和园，这座大型皇家园林以其湖光山色、长廊佛香阁等著名景观，让用户沉醉于皇家园林的精致与典雅。第四天，参观圆明园，那些残垣断壁仿佛在默默诉说着历史的沧桑，让用户在游览中铭记历史，汲取前行的力量。第五天安排自由活动，用户可以深入北京的胡同，探寻隐藏在巷弄中的传统四合院，品尝地道的北京烤鸭、炸酱面、豆汁、焦圈等特色美食，感受老北京的独特韵味。

3. 多模态交互下的创意推荐

Agent 的强大之处还在于支持多模态交互。用户只需上传自己心仪的风景照片、旅游地照片等，Agent 便能通过先进的图像识别技术和深度学习算法，对照片的风格、色彩、场景等元素进行分析，进而推荐风格相似的旅行目的地。当用户上传了一张碧海蓝天、白沙椰林的海边沙滩照片，Agent 会依据照片特征，为用户推荐三亚、青岛、厦门等海滨城市。三亚以其亚龙湾、海棠湾等优质海滩闻名遐迩，拥有清澈见底的海水和细腻柔软的沙滩，是享受阳光沙滩、海上运动的绝佳之地；青岛则有着独特的欧式建筑风格和美丽的海滨风光，八大关景区融合了多国建筑特色，与大海相互映衬，别具一番风情；厦门的鼓浪屿充满文艺气息，岛上的万国建筑、特色小店及美丽的海岸线，吸引着众多文艺青年前来打卡。这种多模态交互的推荐方式，为用户提供了更多新颖的旅行选择，激发了用户探索未知旅行地的兴趣。

5.2.2 交通预订与票务管理

当旅行目的地和行程确定之后，交通预订和票务管理便成为旅行准备阶段的核心环节。Agent 凭借其高效的信息整合与处理能力，能为用户提供便捷、高效的票务服务。

1. 机票预订的智慧之选

在机票预订方面，Agent 就像一位专业的旅行管家，时刻关注着各大航空公司的航班动态。它会实时查询海量的航班信息，对不同航班的价格、起降时间、中转情况等关键因素进行综合比对与分析。在查询从上海飞往北京的航班时，Agent 会筛选出多家航空公司的不同航班，有的航班价格较为亲民，但起降时间可能不太理想，需要早起或深夜抵达；有的航班虽然价格稍高，但飞行时间短，且中转次数少，能够节省旅行时间和精力。Agent 会根据用户的时间安排、预算及对飞行体验的偏好，为用户精准推荐最合适的航班。同时，Agent 还具备价格监控功能，一旦发现用户关注的航班价格出现下降，便会第一时间通过短信、手机应用推送等方式提醒用户购买，帮助用户在最大程度上节省旅行成本。

2. 火车票预订的便捷体验

对于选择火车出行的用户，Agent 同样能提供贴心服务。它可以根据用户的行程安排，快速准确地预订合适的车次和座位。无论是高铁、动车，还是普通列车，Agent 都能熟练操作购票系统，支持用户在线选座，满足用户对靠窗、靠过道等座位的特殊需求。在遇到行程变更时，Agent 还能协助用户进行退票改签等操作，确保用户的出行计划能够灵活调整。比如，用户原本预订了上午的高铁，但由于突发情况需要改成下午的车次，Agent 会迅速帮助用户办理改签手续，并及时告知用户改签后的车次信息和注意事项。

3. 全方位的票务预订服务

除了交通票务，Agent 还能助力用户预订各类景点门票、演出门票等。以热门景点故宫为例，由于游客众多，门票常常供不应求。Agent 可以提前为用户预订门票，用户只需在预订时间前往故宫，凭借有效证件即可快速入园，不用在景区门口长时间排队购票，节省了宝贵的旅行时间。同时，Agent 会在门票使用前，通过多种方式提醒用户门票的使用时间、入园规则等注意事项，确保用户能够顺利参观。对于一些热门演出，如西安的《长恨歌》实景演出，Agent 同样能帮助用户预订到心仪的座位，让用户能够尽情享受精彩的演出，深刻感受当地的文化魅力。

5.2.3 景点介绍与导游服务

抵达旅行目的地后，深入了解景点的内涵和特色，以及获得专业的导游服务，是提升旅行体验的关键所在。Agent 此时就化身为一位知识渊博、贴心周到的私人导游，能为用户带来丰富而独特的旅行体验。

1．多维度的景点深度讲解

当用户踏入景点，Agent 会通过语音讲解、图文展示、AR/VR 沉浸式体验等多种方式，全方位地向用户介绍景点的历史背景、文化内涵、特色景观等信息。以故宫为例，在用户踏入故宫的那一刻，Agent 便会开启详细的讲解模式。从故宫的建筑布局开始，介绍前朝三大殿(太和殿、中和殿、保和殿)作为皇帝举行重大典礼和处理政务的场所，其建筑风格的庄重与威严；后寝三大宫(乾清宫、交泰殿、坤宁宫)作为皇帝和皇后的居住区域，建筑风格的相对温馨与私密。接着讲述故宫的历史沿革，从明朝永乐年间开始建造，历经多次扩建和修缮，见证了明清两代的兴衰荣辱。在文物收藏方面，Agent 会介绍故宫丰富的文物藏品，如书画、陶瓷、青铜器等，让用户对这座古老宫殿的文化价值有更深刻的认识。

2．实时随行的智能导游

Agent 还具备实时导游功能，它会根据用户的位置和行走路线，实时提供导游服务。当用户在故宫中游览时，Agent 会通过手机定位功能，准确判断用户所在的位置，然后有针对性地介绍周边的景点。当用户走到太和殿前，Agent 会详细介绍太和殿的建筑特色、历史用途及在重大典礼中的作用；当用户沿着中轴线前行时，Agent 会适时地介绍沿途的建筑和景点，引导用户参观各个重要区域，避免用户迷路或错过重要景点。而且，Agent 的讲解语言生动有趣，能够根据用户的兴趣点和提问，进行灵活的解答和拓展，让用户的游览过程充满乐趣。

3．个性化定制的深度讲解

针对用户的个性化需求，Agent 还能提供定制化的导游服务。如果用户对某个历史时期或某个文化领域特别感兴趣，如对清朝的宫廷文化感兴趣，Agent 会针对这一兴趣点，提供更深入、更专业的讲解。它会详细介绍清朝皇帝的日常生活、宫廷礼仪、后宫制度等内容，甚至会讲述一些鲜为人知的宫廷轶事，以满足用户对特定领域知识的渴望。对于喜欢艺术的用户，Agent 在介绍景点时，会着重从艺术鉴赏的角度，分析建筑的艺术风格、文物的艺术价值等，为用户带来独特的旅行体验。如图 5-4 所示为 Agent 定制化的导游服务。

图 5-4　Agent 定制化的导游服务

5.2.4　旅行中的实时信息更新与调整

旅行过程中充满了不确定性，各种突发情况（如天气变化、交通延误等）时有发生。Agent 凭借其强大的信息收集与分析能力，能够实时获取旅行中的各类信息，并为用户提供合理的建议和调整方案，以确保旅行的顺利。

1. 应对天气变化的贴心建议

天气状况是影响旅行体验的重要因素之一。如果在旅行过程中遇到恶劣天气，如暴雨、大风等，Agent 会第一时间将天气信息推送给用户，并提醒用户注意安全。同时，根据天气变化，Agent 会为用户提供合理的行程调整建议。例如，当用户原本计划前往户外景点游玩，遇到暴雨天气时，Agent 会建议用户取消户外活动，转而选择室内景点参观，如博物馆、美术馆等。以北京为例，如果用户计划去八达岭长城游玩，却遭遇暴雨天气，Agent 会建议用户前往中国国家博物馆,这里丰富的文物藏品和精彩的展览,同样能让用户度过充实的一天。

2. 化解交通延误的灵活策略

交通延误也是旅行中常见的问题。当遇到航班晚点、火车延误等情况时,Agent 会迅速帮助用户重新规划交通路线,或者调整后续行程的时间安排。如果用户预订的航班晚点,导致后续的火车无法按时衔接,Agent 会立即查询其他合适的火车车次,并协助用户改签车票。如果没有合适的火车车次,Agent 会为用户推荐其他交通方式,如长途汽车、包车等,并重新规划行程,确保用户能够顺利到达下一个目的地,将交通延误对旅行的影响降到最低。

3. 深入体验当地生活的信息指南

在旅行过程中,Agent 还能为用户提供当地的实时信息,帮助用户更好地体验当地生活。它会根据用户所在的位置,推荐周边的美食餐厅,介绍当地的特色美食,如在成都推荐龙抄手、钟水饺、担担面等;推荐购物场所,让用户能购买到具有当地特色的纪念品和特产,如在杭州推荐丝绸制品、龙井茶叶等。此外,Agent 还会介绍当地的风俗习惯、传统节日等信息,让用户在旅行中不仅能欣赏到美景,还能深入了解当地的文化,与当地居民建立更深入的连接,丰富旅行的内涵。

5.3 消费场景:比价机器人+消费习惯分析报告生成

在当下数字化全面渗透的消费时代,市场上商品种类呈爆炸式增长,线上线下各类消费信息如潮水般涌来,消费者宛如置身于一片信息海洋。面对货架上、网页里琳琅满目的商品,如何在众多同质化产品中甄别出性价比最高的一款,怎样从自身繁杂的消费行为中梳理出清晰的消费习惯,以及如何在网络交易的复杂环境里有效防范各类消费风险,成为广大消费者在每一次消费决策前都要面临的核心问题。Agent 作为人工智能技术的前沿应用,凭借其强大的数据挖掘与分析能力、自然流畅的交互功能及精准高效的风险评估体系,在消费场景中异军突起。它宛如一位贴心的消费管家,全方位、深层次地为消费者构建起一套完善、高效且极具人性化的消费服务系统,助力消费者告别盲目消费,走向理性、便捷与安全的消费新路径。

5.3.1 比价机器人：多平台价格对比

在购物时，消费者内心深处都怀揣着一个朴素愿望：花最少的钱，买到最满意的商品。但现实是，不同电商平台基于自身的运营策略、成本结构及促销活动，同一款商品的售价往往存在较大差异。如一款热门的智能手表，在甲平台可能因为平台补贴和商家促销，以较为亲民的价格售卖，还赠送表带、充电底座等配件；而在乙平台，也许由于品牌方的价格管控及平台自身定位，价格相对偏高，赠品也寥寥无几。Agent 的比价机器人功能就像一位经验丰富且时刻在线的购物参谋，能为消费者化解这一选购难题。

1. 多平台信息快速检索

当消费者有购物需求时，如打算购置一台笔记本电脑，只需将品牌、型号、配置等关键信息准确告知 Agent，比价机器人便迅速响应。它依托先进的网络爬虫技术和高效的数据抓取算法，如同不知疲倦的信息猎手，在淘宝、京东、拼多多、苏宁易购等一众主流电商平台间穿梭。以联想拯救者 Y7000P 笔记本电脑为例，短短数秒内，比价机器人就能从各大平台获取到该笔记本电脑不同配置版本的实时售价。不仅如此，它还能精准抓取平台专属的优惠活动信息，像满减券、折扣码、赠品规则等，以及详尽的售后服务政策，包括质保期限、售后网点分布、上门维修服务条款等内容，为后续的对比分析提供全面的数据支撑。

2. 深度对比与精准推荐

获取到海量信息后，比价机器人并非简单地将数据堆砌呈现，而是运用融合了机器学习和深度学习算法的智能分析模型，对这些信息进行多维度、深层次的对比剖析。它会综合考量价格、配置、优惠力度、售后服务、用户评价等诸多关键因素。假设搜索联想拯救者 Y7000P 时，淘宝某商家售价 8499 元，赠送价值 300 元的游戏鼠标和电脑包，支持 24 期免息分期；京东平台售价 8599 元，有满 8000 减 400 元优惠券，实际到手价 8199 元，提供两年上门售后维修服务；拼多多平台则以 8099 元的低价吸引消费者，但赠品仅有简单的鼠标垫，售后政策相对基础。比价机器人会根据这些数据，结合用户过往的消费偏好数据，如对价格的敏感程度、对赠品实用性的重视程度、对售后服务便捷性的需求高低等，运用复杂的权重计算模型，为用户推荐最契合其需求的购买渠道。若用户是价格敏感型消费者，追求极致性价比，那么拼多多平台可能是最佳选择；若用户更注重售后保障，希望在使用过程中遇到问题能得到快速解决，京东平台无疑是更优之选。

3. 价格动态跟踪与提醒

比价机器人的卓越之处远不止于此，它还具备强大的价格动态跟踪功能。一旦用户对某款商品产生关注，比价机器人便会启动持续监测机制，借助实时数据更新接口和智能监控算法，对该商品在各大平台的价格波动进行 24 小时不间断追踪。当发现价格出现下降趋势时，它会在第一时间通过手机应用推送、短信通知或语音播报等多种方式告知用户。如用户关注的一款佳能单反相机，起初各大平台售价均在 6500 元左右，经过比价机器人的持续跟踪，发现某平台在 618 大促期间将价格降至 5999 元，还额外赠送摄影背包和存储卡。它会立即将这一信息精准传达给用户，让用户能够及时把握这一优惠时机，节省购物成本。这种实时跟踪与及时提醒功能，极大地解放了用户的时间和精力，用户不用时刻紧盯商品价格，只需安心等待比价机器人的"情报"即可。

5.3.2　消费习惯分析：数据收集与分析

深入了解自身的消费习惯，是实现理性消费、有效规划个人财务的关键所在。在当今数字化消费环境下，消费者的每一次支付、每一笔订单都留下了数据痕迹。Agent 通过与主流支付平台（如支付宝、微信支付）及各大购物平台（如淘宝、京东、唯品会）进行深度数据对接，借助数据接口和安全的数据传输协议，能够全面、精准地收集用户的消费数据，并运用大数据分析领域的前沿技术和复杂算法，对这些数据展开深入挖掘与分析。

1. 多维度数据收集

Agent 收集的数据涵盖消费行为的各个维度，十分全面细致。在消费时间维度，它不仅能精确记录用户是在工作日还是周末进行消费，还能细化到一天中的具体时间段，如早上通勤时的早餐外卖订单、午休时的电商购物下单、晚上休闲时段的娱乐消费支付等。通过对大量用户数据的分析发现，许多上班族喜欢在晚上 8—10 点进行网购，这一时间段正是人们结束一天工作，身心放松，有闲暇时间浏览各类购物平台，为自己或家人挑选商品的时候。在消费金额方面，Agent 会详细统计用户每次的消费额度，无论是几元钱的零食购买，还是上万元的电子产品消费，都会被精确记录。同时，它还会对一段时间内，如一周、一个月甚至一年的总消费金额进行汇总分析，从而清晰地了解用户的消费能力和消费水平。消费品类也是重要的数据维度，它会详细记录用户购买的商品类别，精准区分是食品饮料、服装服饰、电子产品、家居用品，还是美妆护肤、母婴用品等。购买频率则直观反映了用户对不同商品的需求频次，如生鲜食材由于保鲜期短，部分家庭每周甚至每天都会购买；而像家具、家电这类耐用消费品，购买频率可能数年才有一次。

2. 精准洞察消费偏好

基于这些丰富且多维度的数据，Agent 能够运用机器学习中的聚类分析、关联规则挖掘等算法，精准洞察用户的消费偏好。若用户频繁购买运动装备，如专业跑鞋、透气速干的运动服装、功能各异的健身器材等，Agent 便可以判断出该用户对运动健身有着浓厚的兴趣。进一步通过对购买商品的细节分析，如多次购买马拉松跑鞋和大容量运动水壶，结合数据分析模型，大概率可以推断出用户可能是一位马拉松爱好者。针对这一精准的偏好判断，Agent 可以为用户推荐各类马拉松赛事的报名信息，包括本地及周边城市的马拉松比赛时间、报名方式、赛事特色等；还能推荐专业的运动健身课程，如线上线下的马拉松训练课程、科学的体能提升课程等；同时，推送新款的高性能运动装备，如具备智能监测功能的运动手表、更贴合人体工学的跑鞋等，以及运动营养补给品，如运动饮料、能量胶、蛋白粉等，全方位满足用户的运动健身需求。

3. 深度分析消费周期与趋势

Agent 还擅长运用时间序列分析、预测模型等技术，深度分析用户的消费周期和消费趋势。有些用户具有明显的季节性消费特征，如在每年换季时集中购买服装，春季购置轻薄的外套、夏季挑选清凉的夏装、秋季采购保暖的秋装、冬季则购买厚实的羽绒服等，这就形成了一个规律的消费周期。通过对用户多年消费数据的分析，Agent 可以运用预测算法，提前预估用户在未来消费周期内的可能消费行为。例如，在换季前一个月，就为用户推送当季新款服装信息、各大品牌的促销活动预告等。同时，对于消费趋势的分析也至关重要。如果发现用户的消费金额在逐渐增加，可能是由于生活水平提高、收入增长带来的消费升级，用户开始追求更高品质、更具品牌价值的商品；反之，若消费金额持续下降，Agent 可以通过数据分析，从多个角度帮助用户分析原因，是经济状况变化导致预算收紧，还是消费观念转变，更加注重简约生活、理性消费等。进而为用户提供合理的消费建议，在消费升级时，推荐品质卓越、工艺精湛的高端商品；在消费降级时，提供性价比超高、实用且耐用的平价替代产品。如图5-5所示为Agent深度分析用户的消费周期和消费趋势。

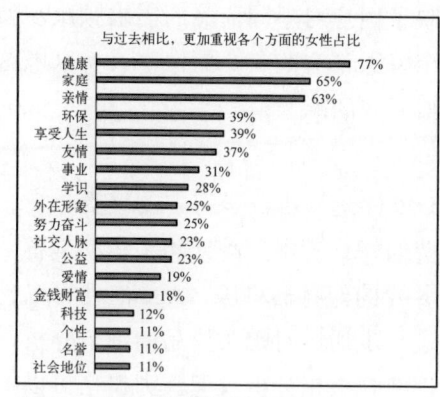

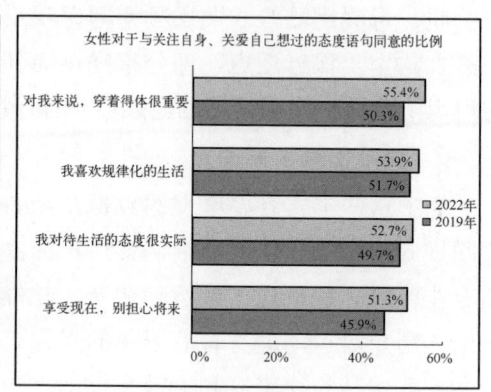

图 5-5　Agent深度分析用户的消费周期和消费趋势

5.3.3　个性化推荐与优惠提醒

基于对用户消费习惯的深度挖掘和精准分析，Agent能够运用个性化推荐算法，为用户提供高度定制化的商品推荐和及时、全面的优惠提醒服务，让用户在购物过程中不仅能快速找到心仪商品，还能享受到实实在在的优惠，获得更多的消费价值和便捷体验。

1. 个性化商品推荐

Agent会根据用户的兴趣爱好标签、过往购买历史记录及当下的实时消费需求，运用协同过滤算法、内容推荐算法等多种先进技术，为用户精准推荐符合其独特需求的商品和服务。以书籍购买为例，如果用户过去经常购买历史类书籍，如《明朝那些事儿》《人类简史》等，Agent会通过对历史类书籍数据库的分析，结合用户的阅读偏好，会为其推荐最新出版的历史研究著作，如深入剖析秦汉历史文化的《秦砖汉瓦：构建中国》，讲述世界古代文明交融的《丝绸之路：一部全新的世界史》等；同时，推荐热门历史人物传记，如《曾国藩传》《苏东坡传》等，让用户从不同视角感受历史人物的魅力。此外，还会推送相关的历史文化纪录片，如《河西走廊》《楚国八百年》等，以及历史文化讲座信息，帮助用户拓宽历史知识视野。对于喜欢烹饪的用户，Agent会根据其购买过的厨具、食材及浏览过的菜谱，推荐新的创意食谱书籍，如融合中西烹饪技巧的《风味人间：全球美食地图》；适配不同烹饪需求的厨房电器，如多功能空气炸锅、智能炒菜机器人等；精选优质食材，如有机蔬菜、进口橄榄油等；以及专业的烹饪课程，无论是线上的大师直播课程，还是线下的烹饪实操培训，全方位满足用户提升烹饪技能的需求。这种个性化推荐不仅能满足用户当下的明确需求，还能通过挖掘用户潜在兴趣点，为用户打开新的消费领域大门。

2. 实时优惠信息推送

在竞争白热化的电商市场环境中，各大商家为了吸引消费者，频繁推出各式各样的优惠活动，从满减促销、折扣优惠，到赠品策略、限时秒杀等，令人眼花缭乱。Agent 凭借其强大的信息抓取和分析能力，时刻关注着各大平台、各类商家的优惠动态，一旦发现用户感兴趣的商品有优惠活动，便会在第一时间通过手机应用程序的弹窗提醒、短信通知或智能语音助手的播报等方式，将优惠信息精准推送给用户。比如，用户一直关注的耐克品牌运动鞋，在某电商平台推出满 500 减 200 的限时折扣活动时，Agent 会迅速将这一信息传达给用户。不仅告知用户活动的起止时间，精确到几时几分，还详细列出参与活动的商品款式，包括不同颜色、尺码的库存情况，以及直接跳转至购买页面的链接，确保用户能够迅速、便捷地参与优惠活动，不错过任何一个以实惠价格购买心仪商品的机会。此外，Agent 还具备智能整合功能，它能将不同平台针对同一商品的优惠信息进行汇总分析，综合考量优惠力度、平台信誉、物流速度等因素，为用户提供最优惠、最便捷的购买方案，帮助用户在复杂的优惠信息中找到最优解，实现消费价值的最大化。

5.3.4 消费风险评估与防范

在消费过程中，尤其是在网络消费成为主流消费方式的今天，消费者面临着诸多潜在风险，从充斥市场的假冒伪劣商品，到花样翻新的网络诈骗手段，再到个人信息泄露带来的安全隐患等，这些风险时刻威胁着消费者的权益和财产安全。Agent 凭借其强大的风险评估模型和严密的防范机制，全方位为用户的消费安全保驾护航。

1. 商家信誉与商品质量评估

当用户在网上选购商品时，Agent 会运用大数据分析和机器学习算法，对商家的信誉度进行全面、客观地评估。它会深入分析商家的历史交易记录，包括交易笔数、交易金额、交易成功率等，了解商家的业务规模和经营稳定性；仔细审查用户评价，不仅关注好评率，还会对差评内容进行语义分析，了解用户不满的具体原因；同时，研究商家的退换货政策，如退换货期限、退换货流程是否便捷、处理退换货的效率等。如果一个商家的好评率长期保持在 98% 以上，退换货政策合理且处理及时，如承诺 7 天无理由退换货，且在收到退货申请后的 24 小时内完成退款处理，那么该商家的信誉度较高，值得用户信赖；反之，如果商家存在大量差评，且对用户投诉处理消极，如拖延退款、拒绝合理退换货要求等，Agent 会及时提醒用户谨慎选择。对于商品质量，Agent 会综合考量商品的品牌知名度、生产厂家的资质和口碑、用户评价中的质量反馈等因素。如在购买电子产品时，对于一些小众品牌或山寨产品，Agent 会根据其过往在质量检测机构的检测报告、媒体曝光的质量问题报道、用户评价中关于产品故障、耐用性等方面的反馈信息，运用风险评估模型，量化评估其质量风险，并向用户提供详细的风险提示和辨别真伪的方法，如通过查看产品认证标识、对比官方产品参数、观察产品做工细节等方式，帮助用户规避购买到低质量商品的风险。

2. 网络支付安全监测

网络支付安全是消费过程中的关键环节，直接关系到用户的资金安全。Agent 会运用实时监测技术和安全防护算法，实时监控用户的支付环境，以确保支付过程的安全性和可靠性。当用户进行支付操作时，Agent 会首先检查支付链接是否为官方正规链接，通过与各大支付平台的安全接口对接，验证链接的真实性和合法性，防止用户误点到钓鱼链接。如果用户收到可疑的支付链接或短信，如以退款为由，要求用户点击链接填写银行卡信息进行退款操作；或以中奖为由，要求用户支付手续费领取奖品等，这些都是常见的网络诈骗手段。Agent 会立即发出警报，通过弹窗提醒、短信通知、语音警告等多种方式，提醒用户不要点击，并详细解释此类诈骗的常见手法和防范措施，如正规退款不会要求用户点击链接填写银行卡密码，中奖领取奖品不用支付手续费等。同时，Agent 还会与支付平台紧密合作，采用加密传输技术，对用户的支付信息进行高强度加密处理，确保信息在传输过程中不被窃取或篡改；运用身份验证技术，如短信验证码、指纹识别、面部识别等多重身份验证方式，保障支付操作的合法性，防止他人盗用用户账户进行支付，全方位确保用户的资金安全。

3．个人信息保护

在消费过程中，个人信息的保护至关重要，一旦泄露，可能给用户带来诸多麻烦和风险。Agent 会严格遵守相关的隐私政策和国家法律法规，如《中华人民共和国网络安全法》《中华人民共和国个人信息保护法》等，对用户的个人信息进行加密存储和安全传输。在用户与商家进行交易时，Agent 会充当信息安全卫士，确保商家获取的用户信息仅为必要信息，防止商家过度收集用户信息。例如，在用户购买商品时，商家仅需获取用户的收货地址、联系方式等基本信息用于商品配送和沟通，Agent 会运用技术手段和安全策略，阻止商家获取用户的其他敏感信息，如身份证号码、银行卡密码、社保账号等。同时，Agent 还会定期对用户的个人信息安全状况进行检查，运用漏洞扫描技术、入侵检测技术等，及时发现并处理可能存在的信息泄露风险。一旦检测到异常访问或潜在的数据泄露风险，Agent 会立即启动应急响应机制，采取数据加密升级、账号冻结、通知用户修改密码等措施，为用户营造一个安全、可靠的消费环境，让用户能够放心消费。

第 6 章

职业加速器：Agent 如何帮你提升 300%工作效率

在快速发展的数字化时代，职场竞争愈发激烈，高效工作成为取得成功的关键。智能体（Agent）作为人工智能技术的前沿应用，正逐渐渗透到各个职业领域，为提升工作效率带来了革命性的改变。从烦琐的文档处理，到复杂的代码开发，再到充满创意的设计工作，Agent 都能发挥巨大的作用，成为助力职场人士提升 300% 工作效率的强大职业加速器。

6.1 文档处理：会议纪要自动提炼 + PPT 智能美化

在当今快节奏的职场环境中，文档处理已然成为一项极为基础却又不可或缺的工作任务。无论是详细记录会议内容，以便后续复盘和跟进工作，还是精心制作展示用的 PPT，用于向团队成员、上级领导或客户进行成果汇报与项目展示，这些工作往往都需要投入大量的时间和精力。然而，随着 Agent 技术的迅猛发展，文档处理工作正经历着一场深刻的变革，从传统的烦琐流程转变为高效、智能的全新模式。

6.1.1 会议纪要：关键词提取与内容总结

1. 传统会议纪要难题与 Agent 破局

会议作为团队沟通协作的关键方式，在推动项目进展、解决问题及分享信息等方面发挥着重要作用。然而，整理会议纪要却常常让职场人士感到头疼不已。传统的手动记录方式，不仅要求记录者高度集中注意力，不放过任何重要信息，还需要具备良好的文字组织能力，以便将会议内容准确、清晰地整理成文档。但即便如此，人为记录仍不可避免地存在诸多问题，如因记录速度跟不上发言速度而使信息遗漏，或是由于主观理解偏差而造成记录不准确等。

2. Agent 语音识别精准记录会议

Agent 的出现，为这一难题提供了完美的解决方案。借助先进的语音识别技术，Agent 能够在会议过程中实时、精准地记录会议内容。其语音识别系统基于深度学习算法，经过大量语音数据的训练，能够快速、准确地将语音信号转化为文字信息。无论是清晰标准的普通话，还是带有地方口音的方言，甚至是不同语言的混合交流，Agent 都能有效识别并将其转化为文本。

在完成语音到文字的转化后，Agent 会运用自然语言处理（NLP）算法进行关键词提取与内容总结。NLP 技术是人工智能领域的重要研究方向，它让计算机能够理解、处理和生成人类语言。Agent 通过对会议文本的语法分析、语义理解及语境判断，从大量的文字信息中精准地提取出关键信息。例如，在一场关于新产品研发的项目会议中，参会人员围绕产品功能、目标用户、研发进度、市场竞争等多个方面展开深入讨论，Agent 能够敏锐地捕捉到诸如"新产品功能优化""目标用户群体为年轻上班族""研发进度预计延迟两周""竞争对手推出类似产品"等关键信息。为了更直观地展示 Agent 在会议纪要整理方面的优势，我们来看一个具体的案例。假设一家互联网公司正在召开关于新社交应用开发的项目会议。在会议过程中，团队成员们各抒己见，讨论内容涵盖了应用的核心功能设计，如即时通信、兴趣群组、动态分享等；目标用户定位为 18～35 岁的年轻群体，尤其注重对大学生和年轻职场人的吸引力；研发进度方面，原本计划在 6 个月内完成上线，但由于技术难题和人员调配问题，预计将延迟 1～2 个月；同时，还分析了市场上同类社交应用的竞争态势，发现竞争对手近期推出了一款具有类似功能的应用，且用户增长迅速。

3. 案例凸显 Agent 纪要整理优势

如果采用传统的手动记录方式，记录者可能会因为会议节奏较快、讨论内容繁杂而遗漏一些重要信息，或者在记录时对某些关键内容的理解出现偏差。而 Agent 在会议进行过程中，能够实时、准确地记录所有发言内容，并通过

NLP 算法快速提取出关键信息。它会将这些关键信息按照会议的逻辑结构进行梳理，如先介绍会议主题和目的，再依次阐述产品功能、目标用户、研发进度及市场竞争等方面的讨论结果，最终快速生成一份条理清晰、内容完整的会议纪要。与传统手动记录会议纪要相比，Agent 的优势显而易见。首先，它大大节省了时间成本。在会议结束后，不需要花费额外的时间进行整理和编辑，即可立即生成会议纪要，为参会人员节省了大量的时间和精力，使他们能够将更多的时间投入到实际工作中。其次，Agent 能够避免人为记录可能出现的遗漏和错误，确保会议纪要的准确性和完整性。无论是重要的决策、任务分配，还是关键的讨论点和结论，都能在会议纪要中得到准确呈现，为后续的工作跟进和项目复盘提供可靠的依据。

6.1.2　PPT 智能美化：模板推荐与内容排版

在当今的职场汇报、项目展示等工作场景中，一份制作精美的 PPT 往往能够起到事半功倍的效果。它不仅能够更直观、生动地展示信息，还能增强演示的说服力和吸引力。然而，制作一份高质量的 PPT 并非易事，需要考虑诸多因素，如模板选择、内容排版、色彩搭配、图表设计等。Agent 凭借其强大的智能分析和推荐能力，能够为用户提供全方位的 PPT 制作支持，让 PPT 制作变得更加轻松、高效。

1．PPT 制作难题与 Agent 助力

在模板推荐方面，Agent 会根据 PPT 的主题和内容，从海量的模板库中为用户推荐最合适的模板。如果是一份商务汇报 PPT，Agent 会考虑到商务场合的专业性和严肃性，推荐简洁大气、色彩搭配协调的商务模板。这类模板通常以简洁的布局、稳重的色彩为主，如经典的黑白色调搭配，或者深蓝色、深灰色等商务色系，能够突出内容的重点，展现出专业、严谨的风格。同时，模板中会包含适合商务汇报的图表样式、标题格式等元素，方便用户快速填充内容，提升汇报的专业性和规范性。若是一份教育相关的 PPT，Agent 则会根据教育场景的特点，推荐充满活力、富有创意的教育主题模板。这类模板可能会采用明亮的色彩、生动的图案和有趣的字体，以吸引学生的注意力，激发他们的学习兴趣。例如，以卡通形象、动物图案等作为装饰元素，营造出轻松、活泼的氛围；采用富有创意的标题设计和页面布局，如将知识点以故事的形式串联起来，或者使用互动式的图表和动画效果，增强学生的参与感和学习效果。

2. Agent 依据主题精准推荐模板

在内容排版方面，Agent 展现出了强大的智能分析和优化能力。它会深入分析 PPT 的文字内容，根据内容的重要性、逻辑关系及页面布局的合理性，自动调整文字大小、字体、颜色等格式，使其与模板风格相匹配。对于重要的标题和关键内容，Agent 会自动增大字体，选择醒目的颜色进行突出显示，以吸引观众的注意力；对于正文内容，则会选择合适的字体和字号，确保文字清晰易读，同时保持整体风格的一致性。当用户在 PPT 中插入图片、图表等元素时，Agent 同样能够进行智能排版。以数据图表为例，假如用户插入了一张柱状图，用于展示不同产品在不同季度的销售数据。Agent 会根据图表的类型和数据特点，自动将图表调整到合适的大小，并放置在页面中最能突出数据重点的位置。通常，Agnet 会将图表放置在页面的中心位置或靠近相关文字说明的地方，以便观众能够快速理解图表所表达的信息。同时，Agent 还会为图表添加简洁明了的标题和注释，如"各产品季度销售数据对比""单位：万元"等，使图表更加直观、易懂。

3. Agent 智能优化 PPT 内容排版

此外，Agent 还能根据页面的整体布局和色彩搭配，对图片进行优化处理。它会自动调整图片的亮度、对比度、饱和度等参数，使其与页面风格相融合；对于需要突出显示的图片，Agent 会添加适当的阴影、边框等效果，以增强图片的视觉冲击力。在图片的排版上，Agent 会根据图片的内容和主题，选择合适的排列方式，如水平排列、垂直排列、错落排列等，确保页面布局合理、美观。

为了更好地说明 Agent 在 PPT 智能美化方面的作用，我们来看一个实际案例。某公司的市场部门需要制作一份关于新产品市场推广方案的 PPT，用于向公司高层领导进行汇报。Agent 根据 PPT 的商务汇报主题，为用户推荐了一款简洁大气的商务模板，以深蓝色为主色调，搭配简洁的线条和图表样式，展现出专业、稳重的风格。在内容排版过程中，Agent 对 PPT 的文字内容进行了细致的分析和优化。将方案的核心要点，如市场定位、推广策略、预期效果等，以较大的字体和醒目的颜色进行突出显示，方便高层领导快速抓住重点。对于每个要点的详细阐述，则采用适中的字体和清晰的段落布局，使内容层次分明、易于理解。当插入市场调研数据图表和产品宣传图片时，Agent 迅速对这些元素进行了智能排版，将数据图表调整到合适的大小，放置在与相关文字说明相邻的位置，并添加了简洁明了的标题和注释，使数据更加直观、清晰。对于产品宣传图片，Agent 根据图片的内容和页面布局，选择了错落排列的方式，同时对图片进行了色彩优化和阴影处理，增强了图片的视觉效果，使整个 PPT 更加生动和吸引人。

通过 Agent 的智能美化，这份新产品市场推广方案 PPT 不仅在视觉上更加美观、专业，而且在内容呈现上更加清晰、有条理，大大提升了汇报的效果和说服力。

6.1.3　文档协作与版本管理

在团队协作日益紧密的今天，文档的协作与版本管理成为确保工作顺利进行的关键环节。一份文档往往需要多个团队成员共同参与编辑和修改，如何实现多人实时在线协作，以及如何有效地管理文档的不同版本，成为团队面临的重要挑战。Agent 的出现，为这些问题提供了高效、便捷的解决方案。

1．Agent 支持多人实时在线协作

Agent 支持多人实时在线协作编辑文档，无论团队成员身处何地、使用何种设备，只要能够连接到互联网，就可以同时对文档进行编辑和修改。通过实时同步技术，Agent 能够确保每个团队成员在编辑文档时，都能实时看到其他成员的修改内容，实现真正意义上的协同工作。例如，在一个跨国项目团队中，位于不同国家的成员可以在各自的办公地点，使用笔记本电脑、平板电脑或手机等设备，同时对项目文档进行编辑。无论是添加内容、修改文字，还是调整格式、插入图片，每个成员的操作都能立即同步到其他成员的设备上，避免了因信息不同步而导致的重复工作和错误。当文档在协作过程中出现多个版本时，Agent 能够自动记录详细的版本信息，包括修改时间、修改人、修改内容等。这些信息被完整地记录在版本管理系统中，为用户提供了清晰的版本历史记录。当需要回溯到某个历史版本时，用户只需通过 Agent 的版本管理功能，即可轻松找到并恢复到指定版本。这一功能在项目策划书、合同起草、报告撰写等文档的协作过程中尤为重要。以一份项目策划书的协作过程为例，假设团队成员 A 负责撰写项目背景和目标部分，成员 B 负责制订项目实施计划，成员 C 负责分析项目风险和应对措施。在协作过程中，成员 A 首先完成了项目背景和目标的撰写，并提交了第一版文档。随后，成员 B 对项目实施计划部分进行了修改和完善，此时 Agent 会自动记录下成员 B 的修改时间、修改内容及

修改人信息,生成第二版文档。接着,成员 C 对项目风险和应对措施部分进行了详细的分析和补充,Agent 再次记录下相关信息,生成第三版文档。

2. Agent 对比分析文档不同版本

在项目策划书的讨论和审核过程中,若发现成员 B 对项目实施计划的修改存在问题,团队成员可以通过 Agent 的版本管理功能,快速找到第二版文档,恢复到修改前的状态,避免因错误修改而导致的工作失误。同时,通过查看版本历史记录,团队成员可以清晰地了解到每个版本的修改情况,便于进行项目复盘和经验总结。此外,Agent 还支持对不同版本的文档进行对比分析。它能够自动识别出不同版本之间的差异,以直观的方式展示给用户,帮助用户快速了解文档的修改内容和变化趋势。例如,在对比两个版本的项目报告时,Agent 会将新增的内容以绿色标注,删除的内容以红色标注,修改的内容则以不同的颜色或下画线进行标识,使用户能够一目了然地看到文档的变化情况,提高了文档审核和校对的效率。

6.1.4 文档处理中的语言翻译与校对

在全球化的职场环境中,文档处理常常涉及多语言的翻译和校对。无论是跨国公司之间的商务往来,还是国际项目的合作交流,都需要准确、高效地进行文档翻译,以确保信息的准确传递和沟通的顺畅进行。同时,对翻译后的文档进行严格的校对,也是保证文档质量和专业性的重要环节。Agent 凭借其强大的语言处理能力,能够快速、准确地完成文档翻译和校对工作,为职场人士提供了极大的便利。

1. Agent 强大语言翻译功能实现

Agent 具备强大的语言翻译能力,能够支持多种语言之间的互译。无论是常见的中文、英文、日文、韩文,还是相对小众的阿拉伯语、西班牙语、法语等,Agent 都能在短时间内完成高质量的翻译。其翻译系统基于先进的神经网络机器翻译技术,通过对大量平行语料库的学习和训练,能够理解源语言的语义和语境,并将其准确地翻译成目标语言。在翻译过程中,Agent 会充分考虑语言的语法规则、词汇搭配及文化背景等因素,确保翻译结果的准确性和自然度。例如,在将一份中文商务合同翻译成英文时,Agent 会准确理解合同中的专业术语和法律条款,选择合适的英文词汇和表述方式进行翻译。对于一些具有文化背景的词汇和短语,如"风水""太极拳"等,Agent 会采用恰当的翻译策略，如音译加注释的方式，使英文读者能够理解其含义。同时，Agent 还可以对翻译后的文档进行细致的校对，检查语法错误、用词不当、标点符号错误等问题，并提供修改建议。它运用自然语言处理技术，对翻译后的文档进行语法分析和语义理解，通过与标准语言模型进行对比，识别出潜在的错误和问题。例如，在检查一份英文翻译文档时，Agent 发现其中有一处动词时态使用错误，"I have went to the meeting yesterday."Agent 会及时提示用户将"went"改为"gone"，并提供详细的语法解释和正确用法示例。

2．人机结合保障文档翻译质量

为确保翻译和校对的质量，Agent 还可以结合人工审核的方式。在完成自动翻译和校对后，用户可以选择将文档提交给专业的翻译人员进行人工审核，以进一步提高文档的准确性和专业性。这种人机结合的方式，既充分发挥了 Agent 的高效性和准确性，又借助了人工翻译的灵活性和判断力，为用户提供了更加优质的文档翻译和校对服务。以一份跨国公司的商务合同翻译为例，假设一家中国公司与一家美国公司签订了一份合作协议，需要将中文合同翻译成英文。Agent 首先运用神经网络机器翻译技术，快速将合同内容翻译成英文。在翻译过程中，对于合同中的专业术语，如"不可抗力""违约责任""知识产权"等，Agent 准确地翻译成对应的英文术语"Force Majeure""Liability for Breach of Contract""Intellectual Property Rights"。翻译完成后，Agent 对翻译后的文档进行自动校对，检查出了几处语法错误和用词不当的问题，并提供了修改建议。例如，将"Party A shall pay the payment within 30 days."中的"pay the payment"改为"make the payment"，使表达更加准确、自然。最后，用户将翻译后的文档提交给专业的翻译人员进行人工审核。翻译人员在审核过程中，对一些复杂的条款和句子进行了进一步的优化和调整，确保合同的翻译质量符合法律和商务规范。通过 Agent 的自动翻译和校对，以及人工审核的双重保障，这份商务合同的翻译工作得以高效、准确地完成，为跨国公司之间的合作提供了有力的支持。

6.2 代码开发：DeepSeek 编程助手实战（Python/Java 调试案例）

在程序员的日常工作中，代码开发无疑是其核心任务。从构建功能完善的软件系统，到开发高效便捷的应用程序，代码是实现各种创意和需求的关键载体。但代码开发之路并非一帆风顺，从代码的编写、调试到优化，每一个环节都充满了挑战。程序员不仅要面对复杂的业务逻辑，将现实世界的需求转化为计算机能够理解和执行的代码逻辑，还要应对多样的编程语言特性，每种语言都有其独特的语法规则、数据结构和编程范式。此外，随着技术的快速发展和更新，程序员需要不断学习和适应新的技术需求，这无疑增加了代码开发的难度和复杂性。在这样的背景下，程序员需要耗费大量的时间和精力来确保代码的质量和性能。而 DeepSeek 编程助手作为一种先进的 Agent 应用，犹如一位全能的编程伙伴，为代码开发提供了全方位、深层次的支持，极大地提升了开发效率和代码质量。

6.2.1 代码自动补全与语法检查

代码编写是一个需要高度专注和精确的过程，任何一个细微的错误都可能引发一系列问题，导致程序无法正常运行。在这个过程中，DeepSeek 编程助手凭借其强大的智能预测和分析能力，成为程序员编写代码时的得力助手。

1. 助手深度学习实现代码自动补全

当程序员在编写代码时，DeepSeek 编程助手会实时监测输入内容，并结合已有的代码上下文信息，运用深度学习算法构建的智能预测模型，对程序员接下来可能输入的代码进行精准推测，从而实现代码的自动补全。以 Python 语言为例，Python 拥有丰富的库和函数，如用于数据处理的 Pandas 库、进行科学计算的 NumPy 库及构建 Web 应用的 Django 框架等。这些库和函数为开发者提供了强大的功能，但同时也要求开发者要准确记忆函数名和参数。当程序员输入"pri"时，DeepSeek 编程助手能够迅速识别出程序员可能想要调用的是"print"函数，不仅会自动提示完整的函数名，还会贴心地补全相关的括号，并根据函数定义给出参数提示。如"print (*objects, sep=' ', end='\n', file=sys.stdout, flush=False)"，详细的参数提示让程序员能够清晰了解每个参数的作用和默认值。其中，"*objects"表示要打印的对象，可以是多个参数；"sep"用于指定分隔符，默认值为一个空格；"end"表示打印结束时的字符，默认值为换行符"\n"；"file"指定输出的文件对象，默认值为标准输出"sys.stdout"；"flush"用于控制是否立即刷新输出缓冲区，默认值为"False"。通过这些详细的参数提示，程序员能够避免因参数错误导致的代码问题，同时也能更好地理解函数的使用方法，提高代码编写的准确性和效率。这种自动补全功能不仅大大提高了

第 6 章 职业加速器：Agent 如何帮你提升 300%工作效率

代码编写的速度，还减少了因拼写错误而引发的代码错误，使编程过程更加流畅。在开发一个数据处理项目时，需要频繁使用 Pandas 库中的函数。当输入"pd.read"时，DeepSeek 编程助手会自动提示"pd.read_csv"函数，并给出该函数的参数提示，如"filepath_or_buffer"表示文件路径或缓冲区，"sep"表示分隔符，"header"表示是否将第一行作为列名等。这使得程序员能够快速准确地调用函数，节省了查找文档和记忆函数参数的时间。

2．自动补全和语法检查提升效率

DeepSeek 编程助手同时具备强大的实时语法检查功能。它基于对 Python 和 Java 等编程语言语法规则的深入理解，运用语法分析器对代码进行实时解析。语法分析器通过对代码的词法分析和语法分析，构建出抽象语法树（AST），从而准确判断代码的语法结构是否正确。一旦发现代码中存在语法错误，会立即给出醒目的错误提示，并精准指出错误所在的位置和详细原因。在 Java 代码中，分号是语句结束的重要标识，如果程序员在编写代码时忘记了以分号结尾，如"System.out.println ("Hello, World")"，DeepSeek 编程助手会迅速检测到这一错误，在错误处给出提示信息，如"此处缺少分号，Java 语句应以分号结束"。对于一些复杂的语法错误，如错误的运算符使用、不匹配的括号等，DeepSeek 编程助手也能准确识别并提供详细的解释。在 Java 中，使用"&&"和"&"时，如果开发者混淆了两者的用法，将逻辑与运算符"&&"误写成位与运算符"&"，DeepSeek 编程助手会提示"逻辑与运算符'&&'和位与运算符'&'的使用场景不同，此处可能需要使用'&&'"，并解释两者的区别。"&&"是逻辑与运算符，当两个操作数都为真时，结果才为真，并且具有短路特性，即当第一个操作数为假时，不会再计算第二个操作数；而"&"是位与运算符，用于对两个操作数的每一位进行与运算。通过这样详细的解释，帮助程序员快速理解错误原因，及时进行修正，从而提高代码的准确性和稳定性。

6.2.2　调试辅助：错误定位与解决方案

代码调试是软件开发过程中最为耗时且考验技术能力的环节之一。当代码出现错误时，快速定位错误根源并找到解决方案是程序员的首要任务。DeepSeek 编程助手在这方面展现出了卓越的能力，能够帮助程序员高效地解决调试难题。

1. DeepSeek 编程助手精准定位代码错误位置

当代码运行出现错误时，DeepSeek 编程助手会深入分析代码的执行逻辑和错误信息。它通过对程序执行路径的跟踪和分析，结合错误提示信息，运用强大的算法模型，准确指出错误发生的代码段和具体行数。以一个 Python 项目为例，假设在运行一段数据处理代码时，出现了"NameError: name 'variable' is not defined"的错误提示。DeepSeek 编程助手会迅速扫描代码，定位到未定义变量"variable"的具体位置，如在第 25 行的某个函数内部。它会分析该函数的作用域，查看变量是否在其他地方定义但作用域未覆盖到当前位置，或者是否确实未定义。

2. 错误定位与方案提升调试效率

DeepSeek 编程助手还会提供一系列可能的解决方案。针对上述变量未定义的错误，DeepSeek 编程助手会建议程序员检查变量名拼写是否正确，是否存在大小写不一致的情况。在 Python 中，变量名是区分大小写的，"Variable"和"variable"是两个不同的变量名。同时，提示程序员确认是否在使用该变量前正确定义了它，如是否在定义变量时遗漏了赋值操作，或者变量的作用域是否正确。如果变量在函数内部定义，它的作用域通常仅限于该函数内部，若在函数外部尝试访问该变量，就会出现变量未定义的错误。如果是因为变量在不同作用域中重名导致的错误，DeepSeek 编程助手会详细解释作用域的概念，并给出如何避免此类错误的建议。它会说明在 Python 中，变量的作用域遵循 LEGB 规则，即 Local（局部作用域）、Enclosing（嵌套作用域）、Global（全局作用域）和 Built-in（内置作用域）。当在函数中访问一个变量时，会首先在局部作用域中查找，如果找不到，会向上一级嵌套作用域查找，以此类推。通过这些精准的错误定位和全面的解决方案提示，程序员能够迅速找到问题所在并进行修复，大大提高了调试效率，减少了因调试而耗费的时间和精力。在一个复杂的 Python 项目中，涉及多个模块和函数的调用。当出现"AttributeError: 'module' object has no attribute 'function_name'"的错误时，DeepSeek 编程助手会分析代码结构，定位到错误发生的具体模块和函数调用处，提示程序员检查模块是否正确导入，函数名是否拼写正确，以及函数是否在模块中正确定义等。通过这些详细的提示，程序员能够快速解决问题，避免在复杂的代码结构中盲目排查错误。

6.2.3 代码优化与性能提升

优秀的代码不仅要功能正确，还应具备良好的性能和可维护性。DeepSeek

第 6 章 职业加速器：Agent 如何帮你提升 300%工作效率

编程助手在帮助程序员编写和调试代码的基础上，还能对代码进行深度分析，提供优化建议，助力提升代码的性能和质量。

1. DeepSeek 编程助手分析算法结构并给出优化建议

DeepSeek 编程助手会运用复杂的算法分析代码的结构和所采用的算法。对于一些效率较低的代码部分，它能够敏锐地识别出来，并提出有针对性的优化建议。在一段 Java 代码中，若使用了多层嵌套循环进行数据处理，随着数据量的增多，这种方式的时间复杂度会急剧增加，导致程序运行效率低下。例如，在一个对二维数组进行遍历求和的代码中，使用了两层嵌套循环：

```java
int sum = 0;
int[][] array = new int[1000][1000];
for (int i = 0; i < array.length; i++) {
    for (int j = 0; j < array[i].length; j++) {
        sum += array[i][j];
    }
}
```

这种方式的时间复杂度为 $O(n^2)$，当数组规模较大时，计算时间会显著增加。DeepSeek 编程助手会分析出这一问题，并建议使用更高效的数据结构或算法来优化代码。比如，推荐使用哈希表来存储和查找数据，哈希表具有快速查找和插入的功能，能够显著提高数据处理的速度。对于需要对数据进行排序的场景，DeepSeek 编程助手可能会建议使用更高效的排序算法，如快速排序、归并排序等，这些算法在平均时间复杂度上优于传统的冒泡排序等简单算法，能够大幅提升数据处理的效率。快速排序的平均时间复杂度为 $O(n\log n)$，而归并排序的时间复杂度始终为 $O(n\log n)$，相比之下，冒泡排序的时间复杂度为 $O(n^2)$。使用快速排序算法对一个包含 10000 个元素的数组进行排序，速度会比冒泡排序快很多。

2. DeepSeek 编程助手关注代码可读性和可维护性

除了算法和数据结构的优化，DeepSeek 编程助手还会关注代码的可读性和可维护性。它会建议程序员遵循良好的编程规范，如合理使用注释、命名规范、模块化设计等。对于一些冗长复杂的函数，DeepSeek 编程助手会建议将其拆分成多个功能单一的小函数，提高代码的可读性和可维护性。在一个处理用户订单的复杂函数中，包含了订单验证、计算总价、更新库存等多个功能。DeepSeek 编程助手可能会建议将这些功能分别封装成独立的函数，如下所示：

```
def validate_order(order):
    # 订单验证逻辑
    pass

def calculate_total_price(order):
    # 计算总价逻辑
    pass

def update_inventory(order):
    # 更新库存逻辑
    pass

def process_order(order):
    validate_order(order)
    total_price = calculate_total_price(order)
    update_inventory(order)
    return total_price
```

这样不仅使代码结构更加清晰，也便于后续的调试和维护。当需要修改订单验证逻辑时，只需在"validate_order"函数中进行修改，而不会影响到其他功能。通过这些优化建议，程序员能够不断改进代码质量，提升程序的整体性能，开发出更高效、更可靠的软件产品。

6.2.4 与开发工具的集成与应用

为了更好地满足程序员的开发需求，DeepSeek 编程助手致力于与各种主流的开发工具进行深度集成，实现无缝对接，为程序员提供更加便捷、高效的开发体验。

第 6 章 职业加速器：Agent 如何帮你提升 300%工作效率

1．DeepSeek 编程助手集成主流开发工具提效率

DeepSeek 编程助手可以与 Python 开发中广泛使用的 PyCharm 及 Java 开发常用的 Eclipse 等主流开发工具完美集成。在 PyCharm 中集成 DeepSeek 编程助手后，程序员在编辑器中就能直接享受到其提供的全方位服务。代码自动补全功能在输入代码时实时触发，智能提示和参数补全让代码编写变得轻松快捷。当输入"import"时，DeepSeek 编程助手会自动提示常用的库和模块，如"import pandas as pd""import numpy as np"等，并且在调用库中的函数时，会及时给出参数提示。语法检查功能实时监控代码，一旦出现语法错误，DeepSeek 编程助手立即给出详细的提示和修正建议。在编写 Python 代码时，如果出现缩进错误，DeepSeek 编程助手会明确指出错误的位置，并提示正确的缩进规则。调试辅助功能在调试过程中发挥重要作用，帮助程序员快速定位错误并提供解决方案，不用在多个工具之间切换，大大提高了开发的流畅性和效率。在调试一个复杂的 Python 项目时，程序员可以直接在 PyCharm 中使用 DeepSeek 编程助手的调试功能，通过设置断点、查看变量值等操作，快速定位和解决问题。

2．DeepSeek 编程助手集成版本控制系统促协作

DeepSeek 编程助手还能与版本控制系统(如 Git)紧密集成。在团队协作开发中，版本控制系统对于代码的管理和协作至关重要。DeepSeek 编程助手与 Git 集成后，程序员可以直接在开发工具中进行代码版本管理操作。当对代码进行修改后，DeepSeek 编程助手能够自动识别代码的变化，并提示程序员进行版本提交。它会显示出代码的修改内容，包括新增的代码行、删除的代码行及修改的部分，方便程序员确认修改内容。在代码合并时，DeepSeek 编程助手会帮助程序员快速解决可能出现的冲突，通过对比不同版本的代码，清晰地展示冲突部分，并提供合并建议。例如，当两个团队成员对同一文件的同一部分进行了不同的修改时，DeepSeek 编程助手会将冲突部分以不同的颜色或标记显示出来，如：

```
<<<<<<< HEAD
# 团队成员 A 的修改
print("This is A's modification")
=======
# 团队成员 B 的修改
print("This is B's modification")
>>>>>>> branch_name
```

并给出合并建议，如保留其中一个修改，或者将两个修改进行整合。通过这些功能，可以确保代码合并的顺利进行，使得团队成员之间的协作更加高效，避免了因版本管理不当而引发的代码冲突和错误，提高了团队协作开发的效率和代码质量。

6.3　设计创意：LOGO 生成/海报设计/AI 绘图工作流搭建

在设计创意领域，灵感与创造力宛如闪耀的星辰，引领着设计的方向，是推动设计作品诞生的核心驱动力。然而，要将脑海中那些稍纵即逝的灵感转化为实实在在、能够触动人心的设计作品，高效且强大的工具支持就如同坚实的基石，同样不可或缺。Agent 作为人工智能技术在设计领域的创新性应用，为设计师们带来了前所未有的创意启发，同时也对传统的设计工作流程进行了深度优化。它极大地拓展了设计的边界，让设计师能够突破时间与思维的局限，以前所未有的效率和质量完成设计任务，推动设计行业迈向一个全新的发展阶段。

6.3.1　LOGO 生成：创意启发与设计展示

设计一个独特且富有内涵的 LOGO，无疑是品牌建设的基石，其重要性不言而喻。一个优秀的 LOGO，不仅仅是一个简单的图形或符号，它承载着品牌的核心价值、文化理念及独特形象，宛如品牌的一张名片，能够在消费者心中留下深刻的印象。因此，设计一个成功的 LOGO，需要设计师具备敏锐的洞察力，能够精准捕捉品牌的灵魂所在；同时，还需要丰富的创造力，将抽象的品牌理念转化为具体的视觉形象。在这个过程中，Agent 凭借其强大的数据分析和智能生成能力，成为设计师们不可或缺的得力创意伙伴。

1. Agent 分析信息启发 LOGO 创意

品牌定位、理念及目标受众等信息，是 LOGO 设计的关键依据，它们如同设计之船的指南针，指引着设计的方向。Agent 具备强大的数据分析能力，能够深入挖掘这些信息背后的潜在元素和情感诉求。以一个主打环保的品牌为例，环保理念的核心在于强调人类与自然的和谐共生，追求可持续发展，其中蕴含着对自然的敬畏、对生命的尊重及对未来的责任。Agent 通过对环保领域

第 6 章 职业加速器：Agent 如何帮你提升 300%工作效率

的海量数据进行深入分析，包括环保相关的文化、艺术、社会现象等多方面的数据，发现自然元素在传达环保理念方面具有极高的辨识度和亲和力。自然元素，如树叶、水滴、山脉、森林等，它们是大自然的基本构成部分，每一个元素都蕴含着独特的象征意义。树叶，作为植物进行光合作用的重要器官，代表着生命的活力与成长，它的翠绿色彩和独特纹理，能够让人联想到生机勃勃的自然世界；水滴，是生命之源，象征着纯净与珍贵的水资源，其晶莹剔透的形态，传递出一种纯净、清新的感觉；山脉，雄伟壮观，展现了大自然的雄浑与力量，它们历经岁月的洗礼，见证了地球的变迁，给人以稳定、可靠的印象；森林，是众多生物的栖息地，它的茂密与丰富，体现了大自然的多样性和生态平衡。这些自然元素能够直观地向消费者传达品牌的环保理念，使品牌形象更容易被理解和接受。因此，Agent 可能会建议设计师将这些自然元素融入 LOGO 的设计中，通过巧妙的设计手法，将自然元素与品牌的个性特点相结合，创造出一个既具有环保象征意义，又独具品牌特色的 LOGO。

2．Agent 快速生成多样 LOGO 方案

在设计展示环节，Agent 的表现同样令人瞩目。当设计师输入关键词和详细的设计要求后，Agent 会迅速调动其内部先进的设计模型和复杂的算法，在极短的时间内生成多个风格各异的 LOGO 设计方案。这些设计方案犹如一场视觉盛宴，涵盖了现代简约、复古经典、时尚潮流等多种设计风格，满足了不同品牌和消费者的审美需求。同时，这些方案还充分考虑了不同行业的特点和品牌的个性需求。对于科技行业的品牌，其 LOGO 设计可能更注重体现科技感和未来感，Agent 会运用简洁的线条、几何图形及具有科技感的色彩，如金属质感的银色、深邃神秘的蓝色等，来打造一个简洁而富有科技魅力的 LOGO；对于传统手工艺品牌，Agent 可能会从传统文化中汲取灵感，采用复古的色彩搭配、传统的图案元素及精致的线条，展现出品牌的历史底蕴和文化传承。设计师不用再像以往那样，在一片空白中艰难地寻找灵感，从零开始构思设计方案。现在，他们可以从这些丰富多样的设计方案中获取灵感，选择自己最感兴趣、最符合品牌定位的方案进行进一步的修改和完善。这不仅大大缩短了设计周期，让品牌能够更快地拥有自己的标识，抢占市场先机；还激发了设计师的创造力，让他们能够将更多的时间和精力投入到细节优化和创意深化上，以便打造出更加完美的 LOGO 作品。

例如，请 Agent 帮我设计一款刘三姐的图片，要尽量写实一些，身穿广西壮族的民族服饰，并体现桂林山水的背景，如图 6-1 所示。

图 6-1　AI 刘三姐

同时，Agent 还能提供不同风格的 LOGO 设计示例，帮助设计师拓宽设计思路。对初次接触某类品牌 LOGO 设计的设计师来说，这些示例就像是一本生动的设计指南，展示了各种可能的设计方向和表现手法。在设计一个科技品牌的 LOGO 时，Agent 可能会展示一些以简洁线条和几何图形为主，运用金属质感和科技蓝等元素，体现科技感和未来感的设计示例。这些示例中，可能会将品牌名称的首字母进行抽象变形，融入简洁的几何图形中，通过光影效果和金属质感的处理，营造出一种科技感十足的视觉效果；也可能展示一些将品牌名称的首字母进行创意变形，融入独特的科技符号，形成简洁而富有记忆点的设计示例。比如，将字母"C"变形为一个旋转的齿轮，代表着科技的运转和创新，同时在齿轮上添加一些光线效果，增强其科技感和未来感。通过这些示例，设计师可以深入了解到不同风格的设计特点和适用场景，从而更好地把握设计方向，创造出更具创新性和独特性的 LOGO 作品。

6.3.2 海报设计：元素选择与布局设计

海报作为一种重要的视觉传播媒介，就像城市中的艺术使者，需要在有限的空间内准确传达信息，吸引观众的注意力。在信息爆炸的时代，一张优秀的海报能够在瞬间抓住人们的眼球，传达出特定的信息和情感，激发观众的兴趣和行动。元素的选择和布局的合理性是海报设计成功的关键，而 Agent 能够为设计师提供全方位的支持，助力打造出极具吸引力和感染力的海报作品。

1．Agent 精准推荐海报设计元素

海报的主题和目的决定了其所需传达的核心信息和情感氛围。Agent 通过对大量成功海报案例的深度学习和分析，建立了丰富的设计知识库，能够精准把握不同主题海报所需的元素特点。在设计一张宣传演唱会的海报时，Agent 深知吸引观众的注意力是首要目标。因此，它会推荐使用歌手的高清照片作为海报的核心视觉元素，因为歌手的形象是吸引粉丝的关键因素，高清照片能够清晰地展现歌手的魅力和个性，无论是歌手独特的发型、时尚的穿着，还是充满感染力的表情，都能通过高清照片完美呈现，从而吸引粉丝的目光。同时，为了营造出热烈、充满活力的氛围，Agent 会建议选择充满活力的色彩，如鲜艳的红色、橙色、紫色等。红色，代表着热情与活力，能够激发人们的情感共鸣；橙色，给人以温暖、欢快的感觉，让人联想到阳光和活力；紫色，神秘而富有魅力，能够增添演唱会的独特氛围。这些色彩相互搭配，能够营造出一种热烈、欢快的氛围，让观众感受到演唱会现场的激情与活力。在文字样式方面，Agent 会推荐富有动感的字体，如手写体、涂鸦体等。手写体能够传达出一种亲切、自然的感觉，仿佛是歌手亲自向粉丝发出邀请；涂鸦体则充满了自由、奔放的气息，与演唱会的自由、热烈氛围相契合。这些字体的运用，能够使海报的文字更具表现力，吸引观众的注意力。

2．设计师微调布局方案展个性

在布局设计方面，Agent 运用了先进的设计原则和美学原理，为海报提供多种科学合理的布局方案。它会根据海报内容的重要性和逻辑关系，合理安排元素的位置和大小。通常，将最重要的信息，如演唱会的时间、地点、歌手名字等，放置在海报的中心位置或显眼位置，使用较大的字体和醒目的颜色进行突出显示，确保观众能够在第一时间获取这些关键信息。对于辅助信息，如票

价、购票方式等，则放置在相对次要的位置，但也要保证其清晰可读。在元素的排列上，Agent 会遵循平衡、对称、对比等设计原则，使海报的整体布局看起来和谐、美观。将歌手的照片放置在海报的中心，周围环绕着演唱会的相关信息，通过大小、颜色、字体等方面的对比，营造出主次分明、层次丰富的视觉效果。将歌手的照片放大，占据海报的主要空间，使其成为视觉焦点；演唱会的时间、地点等重要信息，使用较大的字体和醒目的颜色，放置在照片周围的显眼位置；票价、购票方式等辅助信息，则使用较小的字体，放置在海报的边缘或角落，但通过颜色和排版的处理，使其依然能够清晰可读。同时，通过色彩的对比，如背景色与文字色的对比，增强海报的视觉冲击力；通过字体大小的对比，突出信息的主次关系；通过元素的疏密对比，营造出节奏感和层次感。

设计师可以根据自己的喜好和创意，对 Agent 提供的布局方案进行调整和优化。他们可以根据自己对海报主题的理解和个人设计风格，对元素的位置、大小、颜色等进行微调，使海报更具个性和独特性。有些设计师可能喜欢将元素进行不对称排列，以营造出一种动态、活泼的感觉。将歌手的照片放置在海报的一侧，而将演唱会的时间、地点等信息以不规则的方式排列在另一侧，通过这种不对称的布局，打破传统的平衡感，营造出一种充满活力和动感的氛围；有些设计师则可能更倾向于使用简洁的布局，突出核心信息，展现出简洁大气的风格。将歌手的照片居中放置，演唱会的时间、地点等重要信息以简洁的字体和排版方式，放置在照片下方，去除一切不必要的装饰元素，使海报看起来简洁明了，重点突出。

6.3.3　AI 绘图工作流：从草图到成品

在 AI 绘图领域，Agent 为设计师搭建了一条高效的工作流，宛如一座桥梁，大大缩短了从草图到成品的创作周期，让设计师能够更加专注于创意的表达和作品的完善上。在传统的绘图过程中，从草图的构思到最终成品的完成，往往需要设计师花费大量的时间和精力进行反复地绘制、修改和完善。而 Agent 的出现，改变了这一传统的创作模式，为设计师带来了全新的创作体验。

1．Agent 图像识别分析草图元素

当设计师绘制草图后，Agent 首先通过先进的图像识别技术，对草图进行精准分析。它运用深度学习算法，对草图中的各种元素，如人物的轮廓、姿态、表情，物体的形状、结构等信息进行识别和理解。这些算法经过大量的图像数据训练，能够准确地识别出草图中的各种元素，并对其进行分类和标注。对于人物草图，Agent 能够识别出人物的头部、身体、四肢的基本形状和姿态，判断出人物是站立、坐下，还是奔跑等姿态；同时，还能识别出人物的表情，是微笑、严肃，还是惊讶等。对于物体草图，Agent 能够识别出物体的形状，是圆形、方形，还是三角形等，以及物体的结构，如物体的各个组成部分及其连接方式。然后，根据草图的内容和风格，结合预设的风格和参数，Agent 会自动填充颜色、添加细节，快速生成初步的绘图作品。

以绘制一个简单的人物草图为例，设计师在纸上勾勒出人物的大致轮廓，包括头部、身体、四肢的基本形状和姿态。Agent 通过图像识别技术，准确识别出人物的轮廓和姿态信息，然后根据设计师选择的风格，如卡通风格、写实风格、插画风格等，为人物添加相应的衣服、发型、配饰和背景等元素。如果是卡通风格，Agent 可能会为人物添加色彩鲜艳、造型夸张的衣服和发型，搭配一个充满童趣的卡通背景：为人物穿上一件超大号的彩色 T 恤，搭配一条夸张的短裤，头发设计成独特的造型，如爆炸头或彩色长发；背景则可能是一个充满奇幻色彩的卡通世界，有飘浮的云朵、巨大的糖果和可爱的小动物。如果是写实风格，Agent 会根据人物的性别、年龄、身份等特征，为其添加逼真的服装、发型和细腻的背景纹理：对于一位年轻的男性上班族，Agent 可能会为其穿上一套整洁的西装，搭配一条精致的领带，发型设计成简洁利落的短发；背景则可能是一个现代化的办公室场景，有办公桌、电脑、文件等，通过细腻的纹理和光影效果，营造出逼真的氛围。

2．设计师精细调整提升作品质量

生成初步作品后，设计师可以在此基础上进行精细调整。他们可以对人物的面部表情、肢体动作、服装细节等进行进一步优化，使人物形象更加生动、立体。通过调整人物的面部表情，如眼睛的大小、形状和眼神，嘴巴的弧度和表情，使人物的情感更加丰富；通过微调肢体动作，如手臂的弯曲程度、腿部的姿势等，使人物的姿态更加自然、生动；通过添加服装的细节，如褶皱、纽扣、花纹等，使服装更加逼真、有质感。设计师还可以根据自己的创意，对背景进行修改和完善，添加一些特殊效果，如光影效果、渐变效果等，以增强作品的艺术感染力。在背景中添加柔和的光影效果，营造出一种温馨、舒适的氛围；或者运用渐变效果，使背景的色彩过渡更加自然，增强画面的层次感和立体感。通过这种从草图到成品的快速转化工作流，设计师能够更快地将自己的创意转化为实际作品，提高创作效率，同时也能够在不断地修改和完善中，提升作品的质量和艺术价值。

6.3.4 设计素材的管理与推荐

设计素材的管理和使用是设计工作中的重要环节，直接影响着设计效率和作品质量。Agent 通过智能管理和精准推荐，为设计师打造了一个高效便捷的素材管理和使用体系，就像一个贴心的助手，帮助设计师轻松应对素材管理的难题。

1. Agent 智能分类管理设计素材

Agent 能够对设计师的素材库进行全方位的智能管理。它会根据素材的类型，如图片、图标、字体、纹理等，进行分类整理。将所有的图片素材按照风景、人物、动物、抽象等主题进行细分，将图标素材按照功能、风格等进行分类，将字体素材按照字体类型、风格特点等进行归类。这样，设计师在查找素材时，只需通过简单的搜索或筛选，就能快速找到所需的素材，大大节省了时间和精力。在搜索一张风景图片时，设计师只需在搜索框中输入"风景"，Agent 就能迅速从素材库中筛选出所有与风景相关的图片，并按照一定的规则进行排序，如按照图片的拍摄地点、色彩风格、图片质量等进行排序，方便设计师快速找到符合自己需求的图片。

2. Agent 依据主题精准推荐素材

Agent 还会根据素材的风格和主题，对其进行更细致的标注和分类。将具有复古风格的图片、图标和字体归为一类，将与节日主题相关的素材归为另一类。在设计师进行特定主题的设计项目时，Agent 能够根据项目的主题和风格要求，快速筛选出与之匹配的素材，为设计师提供丰富的素材选择。在设计一个复古风格的海报时，Agent 会从素材库中筛选出具有复古风格的图片，如老照片、复古建筑图片等；复古风格的图标，如具有传统图案元素的图标；以及复古风格的字体，如具有古典韵味的字体，为设计师提供一站式的素材服务。

3. 素材管理推荐助力设计创作

在设计素材推荐方面，Agent 展现出了强大的智能分析和推荐能力。当设计师进行一个电商促销海报设计时，Agent 会根据促销海报的特点和需求，推荐一些与促销主题相关的图片素材，如打折标签、优惠券、热门商品图片等。这些图片素材能够直接传达出促销的信息，吸引消费者的注意力。推荐一些带有醒目的打折数字的标签图片，或者是各种形式的优惠券图片，让消费者一眼就能看到优惠信息；同时，还会推荐热门商品的图片，展示商品的特点和优势，激发消费者的购买欲望。它还会推荐一些促销标语模板，这些模板经过精心设计，能够吸引消费者的注意力，激发他们的购买欲望。"限时抢购，错过再等一年！""疯狂折扣，全场最低 5 折起！"等标语，通过简洁有力的语言和醒目的字体设计，吸引消费者的目光。此外，Agent 还会根据海报的整体风格和色彩搭配，推荐合适的字体和图标，确保海报的视觉效果协调统一。如果海报的整体风格是简约现代，Agent 会推荐简洁的无衬线字体和简洁的图标，与海报的风格相匹配；如果海报的色彩搭配以红色和黄色为主，Agent 会推荐与这两种颜色相协调的字体颜色和图标颜色，使海报的视觉效果更加和谐。

通过 Agent 的素材管理和推荐功能，设计师不仅能够快速找到所需的素材，还能获取到更多与设计项目相关的创意灵感。这些丰富的素材资源和精准的推荐，为设计师的创作提供了有力支持，使他们能够更加高效地完成设计任务，创造出更具吸引力和商业价值的作品。

第 7 章

深度个性化：训练专属于你的 AI 分身

7.1 模型蒸馏技术：用几条聊天记录克隆你的思维模式

在人工智能的快速发展进程中，深度个性化已然成为一个重要的发展方向。模型蒸馏技术作为实现这一目标的关键技术之一，在其中扮演着举足轻重的角色。它打破了传统人工智能训练的局限，以一种创新性的方式，将庞大复杂的知识体系及独特的思维模式，巧妙且高效地浓缩到一个相对小巧的模型之中。更为神奇的是，仅仅依靠几条聊天记录，就有可能成功克隆出一个人的思维模式，这无疑为打造专属于每个人的 AI 分身开辟了崭新的道路，也为个性化 AI 的发展注入了无限的可能与活力。

7.1.1 模型蒸馏的核心算法

模型蒸馏的核心理念是构建一座知识传递的桥梁，将一个经过大量数据深度训练、知识储备丰富且功能强大的教师模型中的知识，精准地迁移到一个结构相对简单、规模较小且运行成本较低的学生模型之中。教师模型就如同一位在学术领域深耕多年、知识渊博的资深专家，凭借其丰富的经验和深厚的知识底蕴，能够对各种复杂的信息模式进行精准地捕捉、理解和分析。无论是面对海量的文本数据、复杂的图像特征，还是抽象的语义关系，教师模型都能游刃有余地处理。而学生模型则像是一位初出茅庐但充满热情与潜力的新手，虽然在知识储备和处理能力上与教师模型存在一定差距，但它具备高效的学习能力和较低的运行成本，能够在教师模型的引导下快速成长。在模型蒸馏的实际操作过程中，核心任务便是通过一系列的算法和技术手段，让学生模型的输出结果尽可能地与教师模型保持一致。以图像分类这一常见的人工智能任务为例，当面对一张包含猫和狗的图片时，教师模型会凭借其强大的计算能力和丰富的知识，对图片中的各种特征进行分析和判断，进而给出它认为图片是猫和是狗的可能性。例如，教师模型可能判断图片是猫的可能性为 80%，是狗的可能性为 20%。与此同时，学生模型也会对同一张图片进行分析和判断，并给出自己的预测结果，假设学生模型认为图片是猫的可能性为 60%，是狗的可能性为 40%。

为了使学生模型的输出能够更加接近教师模型，知识蒸馏损失函数发挥了关键作用。这个损失函数主要由两部分组成：软标签损失和硬标签损失。

1. **软标签损失驱动概率学习**

软标签损失的作用机制是通过对比教师模型和学生模型给出的各种预测可能性之间的差异，来引导学生模型学习教师模型的概率分布信息。具体来说，当教师模型给出的关于猫和狗的预测概率分布与学生模型给出的结果存在差异时，软标签损失就会发挥作用，它会促使学生模型调整自己的预测概率，使其逐渐向教师模型的概率分布靠拢。在上述例子中，软标签损失会让学生模型明白，在这张图片中，猫出现的可能性相对较高，狗出现的可能性相对较低，从而帮助学生模型更好地理解样本之间的相对关系。

2. **硬标签损失保障分类准确**

硬标签损失则是基于图片的真实标签来发挥作用的。在图像分类任务中，真实标签会明确指出图片所对应的真实类别，即这张图片究竟是猫还是狗。硬标签损失的目标是确保学生模型对真实类别的判断具有较高的准确性。当真实标签表明图片是猫时，硬标签损失会通过一系列的算法和计算，促使学生模型提高对图片是猫的预测概率，从而保证模型在判断真实类别时的准确性。通过这种方式，硬标签损失能够有效地引导学生模型关注真实的分类信息，避免出现较大的偏差。

将软标签损失和硬标签损失有机结合起来，就得到了总的知识蒸馏损失函数。在这个损失函数中，存在两个可调节的参数，它们就如同天平两端的砝码，能够精确地调节软标签损失和硬标签损失在整个损失函数中的权重和影响力。研究人员可以根据具体的需求和任务特点，灵活地调整这两个参数。当研究人员希望学生模型能够更侧重于学习教师模型的知识模式和概率分布信息时，可以适当增大与软标签损失相关的参数值，这样软标签损失在总的损失函数中所占的比重就会增加，学生模型就会更加关注教师模型的预测概率分布，从而更好地学习到教师模型的知识和经验。反之，如果研究人员更看重模型对真实类别的判断准确性，则可以提高与硬标签损失相关的参数值，使硬标签损失在总的损失函数中发挥更大的作用，从而确保学生模型能够准确地判断真实类别。通过这种方式，研究人员能够在保留教师模型丰富知识的同时，保证学生模型对真实标签的判断准确性，实现知识的有效迁移和模型性能的优化。

7.1.2 数据收集与预处理

若期望借助模型蒸馏技术成功克隆思维模式，数据收集与预处理无疑是至关重要的第一步，其重要性堪比建造高楼大厦时打下的坚实基础。这一步骤的质量和效果，将直接影响到后续模型训练的准确性和效率，乃至最终 AI 分身的性能和表现。

1. 精心筛选多样聊天记录

在通过聊天记录克隆思维模式的特定场景下，数据收集工作需要紧密围绕与目标个体的对话展开。这 20 条聊天记录并非随意选取，而是需要经过精心的策划和筛选。它们应尽可能广泛地涵盖多种不同的话题和丰富多样的情境，以全面、深入地反映目标个体的思维方式、语言习惯及知识储备。从日常生活中的琐碎细节，如一日三餐的选择、日常休闲时观看的电影，到工作学习中的专业领域探讨，像项目方案的策划制订、学术问题的深入研究，再到对社会热点事件的看法和讨论，如对新出台政策的解读与评价、对体育赛事精彩瞬间的分析与评论等。通过这些多元化的话题交流，我们能够全方位地洞察目标个体的思维方式，了解他们在面对各种问题时的思考角度、分析方法及解决问题的思路；深入掌握他们的语言习惯，包括常用的词汇、独特的句式结构、富有个性的语气特点等；同时，还能对他们在不同领域的知识水平和专业素养有一个较为准确的评估和判断。

2. 严谨清洗文本去除噪声

完成数据收集工作后，紧接着就需要进行一系列严谨、细致的预处理操作。首先是文本清洗环节,这一步的主要目的是去除聊天记录中存在的各种噪声和干扰信息,使文本变得更加纯净、规范,从而便于后续的处理和分析。在聊天记录中,常常会出现一些无意义的特殊符号,如乱码、奇怪的标点组合等,这些符号不仅会干扰模型对文本内容的理解,还可能导致模型在处理过程中出现错误,因此需要将其彻底删除。表情符号在日常聊天中能够有效地传达情感和态度,但对模型训练而言,它们往往缺乏实际的语义信息,并且可能会增加模型处理的复杂性,所以通常也需要一并清理掉。此外,错别字也是影响文本准确性和可读性的重要因素,它们可能会导致模型对文本的理解出现偏差,因此需要借助专业的拼写检查工具或特定的纠错算法进行修正。在实际操作中,可以使用一些常见的文本处理库和工具,如 Python 中的 re 模块进行正则表达式匹配和替换,以实现对特殊符号和表情符号的去除;利用语言模型或字典进行错别字的检测和纠正,确保文本的质量和准确性。

3. 运用多种方法精准分词

完成文本清洗后,接下来进入分词阶段。分词的主要任务是将连续的文本流按照一定的规则和方法,分割成一个个独立的词语或标记(Token)。目前,常用的分词方法主要包括基于规则的分词、基于统计的分词及基于深度学习模型的分词。基于规则的分词方法,是依据预先设定好的语法规则和词典,对文本进行切割和划分。在英语中,由于单词之间通常以空格和标点符号进行分隔,因此基于规则的分词方法相对较为简单,只需按照空格和标点符号将句子拆分成单词即可。而在中文中,由于中文文本没有明显的词边界标记,因此需要利用词性标注和语法规则来确定词语的边界。例如,通过分析词语的词性、语法结构及上下文语境,来判断哪些字可以组合在一起构成一个完整的词语。基于统计的分词方法,则是通过对大量文本数据的统计分析,计算词语出现的概率及相邻词语之间的关联强度,从而确定分词结果。这种方法能够充分利用数据中的统计信息,对于一些常见的词语和短语具有较高的分词准确性。例如,通过对大量中文文本的统计分析,可以发现某些字组合在一起出现的频率较高,那么这些字组合很可能就是一个词语。深度学习模型分词,如基于循环神经网络(RNN)或 Transformer 架构的分词模型,能够通过对大规模文本数据的学习,自动提取语言中的复杂模式和语义信息,从而实现更精准的分词。这些模型能够考虑到词语在上下文中的语义和语法关系,对于一些具有歧义或复杂结构的文本，能够给出更准确的分词结果。在 Python 的自然语言处理领域，NLTK（Natural Language Toolkit）提供了丰富的基于规则和统计的分词工具，如 word_tokenize 函数可以用于英文文本的分词，它能够根据空格和标点符号将句子拆分成单词；结巴分词则是中文分词中常用的工具，它在基于统计的基础上，结合了一些语言规则和用户自定义词典，能够有效地处理多种中文文本的分词需求，对于一些专业领域的词汇和特定语境下的词语，也能够给出较为准确的分词结果。

4．词向量构建语义表示

分词完成后，将每个词语转换为计算机能够理解和处理的数值向量，即词向量表示，成为至关重要的一步。词向量表示的目的是将文本中的词语映射到一个低维的向量空间，使得语义相近的词在向量空间中距离较近，从而能够更好地捕捉词语之间的语义关系。Word2Vec 是一种经典的词向量表示方法，它通过构建一个简单的神经网络，对大规模文本数据进行训练，学习词语之间的语义关系。在训练过程中，它将词语映射到一个低维向量空间，使得语义相近的词语在向量空间中距离较近。例如，"苹果"和"香蕉"作为水果类的词汇，它们在语义上具有一定的相似性，因此在 Word2Vec 生成的向量空间中，它们的词向量距离会比较近；而"苹果"和"汽车"由于语义相差较大，它们的词向量距离也会相对较远。GloVe（Global Vectors for Word Representation）也是一种有效的词向量表示方法，它通过对全局词共现矩阵的分解，学习词语的分布式表示，能够更好地捕捉词语之间的语义联系。与 Word2Vec 不同，GloVe 不仅考虑了词语之间的局部共现关系，还考虑了词语在整个语料库中的全局共现信息，因此能够生成更准确、更全面的词向量表示。近年来，基于 Transformer 架构的预训练模型，如 BERT（Bidirectional Encoder Representations from Transformers）、GPT（Generative Pretrained Transformer）等，在词向量表示方面展现出了强大的优势。BERT 通过双向 Transformer 编码器，能够同时捕捉词语在上下文前后的语义信息，为每个词语生成更丰富、准确的词向量表示。它能够理解词语在不同语境下的语义变化，对于一些具有多义性的词语，能够根据上下文准确地确定其语义，并生成相应的词向量。GPT 则在生成式任务中表现出色，它所学习到的词向量不仅包含语义信息，还具备一定的语言生成能力，能够更好地适应对话等自然语言生成场景。在对话生成过程中，GPT 能够根据前文的语境和语义，生成符合逻辑和语义的回复，这得益于它所学习到的词向量能够有效地捕捉语言的语义和语法结构。

7.1.3 克隆思维模式的效果评估

评估克隆思维模式的效果，是确保训练出的 AI 分身能够准确、真实地反映目标个体思维的关键环节，其重要性如同工厂生产产品时进行的严格质量检测。只有通过科学、严谨的效果评估，才能判断 AI 分身是否真正具备了目标个体的思维特征和语言习惯，以及在实际应用中是否能够满足用户的需求。

语义相似度作为重要的评估指标之一，主要用于衡量 AI 分身生成的回答与目标个体在相同情境下可能给出的回答在语义上的接近程度。常用的计算方法是余弦相似度，它通过计算两个向量之间的夹角余弦值来判断相似度。简单来说，余弦相似度的值在-1~1，越接近 1，表示两个向量的方向越相似，也就是语义越相近。例如，当 AI 分身回答"今天天气如何"这个问题时，生成的回答向量与目标个体可能回答的向量的余弦相似度为 0.8，这表明两者在语义上具有较高的相似度，AI 分身在理解和回答这个问题上与目标个体较为接近，能够准确地把握问题的语义，并给出与之相关的回答。

1. 编辑距离衡量字符差异

编辑距离则从另一个角度评估语义相似度，它指的是将一个字符串转换为另一个字符串，最少需要进行几次单个字符的操作，这些操作包括插入、删除和替换。例如，把"apple"变成"aple"，只需要删除第一个"p"后面的"p"这一次操作，所以它们的编辑距离是 1。编辑距离越小，说明两个字符串越相似，在一定程度上也反映了它们的语义越相近。在评估 AI 分身的回答与目标个体的回答时，编辑距离可以用来衡量两者在字符层面上的差异，从而间接反映出语义的相似程度。如果 AI 分身的回答与目标个体的回答的编辑距离较小，说明它们在字符组成和排列上较为相似，进而可以推断出它们在语义上也具有一定的相似性。

2. 人工评估确保对话合理

对话合理性是另一个关键的评估维度，主要关注 AI 分身生成的回答在逻辑上是否合理，是否与上下文语境相符。人工评估在这方面发挥着重要作用，通常会邀请专业的自然语言处理专家，或者熟悉目标个体的人员，对 AI 分身的回答进行打分。从逻辑连贯性上，判断回答是否能够基于问题和前文的讨论，合理推导出结论。在一个关于旅游规划的对话中，问题是"我想去海边度假，有什么好的建议？"AI 分身的回答应该围绕海边度假的相关内容展开，如推荐合适的海边度假地点、介绍当地的旅游景点和活动等，如果回答与海边度假无关，或者逻辑混乱，就说明回答的逻辑连贯性较差。从相关性上，检查回答是否紧扣问题，有没有跑题。如果问题是关于数学问题的求解，而 AI 分身的回答却涉及历史事件，就说明回答与问题不相关，跑题了。从语言流畅性上，考察回答的语言表达是否自然、通顺，有没有语法错误和语义不清楚的地方。如果回答中存在语法错误，如主谓不一致、词语搭配不当等，或者语义模糊，让人难以理解，就说明回答的语言流畅性不佳。

3. 自动评估计算困惑度

自动评估则借助一些基于规则或机器学习的方法来实现。常用的一种自动评估方式是用语言模型计算回答的困惑度。困惑度用来衡量语言模型对一段文本的预测能力，简单讲，困惑度越低，说明语言模型对这段文本的预测越准确，也就是回答越合理。当 AI 分身生成的回答在语言模型里的困惑度比较低时，表明它在语言表达和逻辑上，和训练数据里合理的回答更接近，回答的合理性比较高。例如，在一个语言模型中，对于一个合理的回答，模型能够准确地预测出下一个词语的概率较高，从而使得困惑度较低；而对于一个不合理的回答，模型预测下一个词语的概率较低，困惑度就会相应升高。通过计算困惑度，可以快速、客观地评估 AI 分身回答的合理性，为评估工作提供了一种高效的手段。

7.1.4 模型蒸馏在个性化训练中的应用优势

模型蒸馏在个性化训练中展现出诸多显著的优势，这些优势为 AI 分身的训练和发展提供了强大的助力，推动了个性化 AI 技术的广泛应用和快速发展。

（1）最直观的优势便是能够显著减少训练时间和计算资源消耗。在传统的 AI 训练中，训练一个复杂的大型模型往往需要投入大量的时间和计算资源。以训练一个大型的图像识别模型为例，由于其需要处理海量的图像数据，并且模型结构复杂，计算量巨大，因此通常需要使用高性能的 GPU 集群，经过数天甚至数周的时间才能完成训练。这不仅对硬件设备提出了极高的要求，增加了训练成本，而且训练周期长，无法满足快速迭代和个性化定制的需求。而借助模型蒸馏技术，由于学生模型相对较小，其训练过程所需的计算资源和时间都大幅降低。在普通的笔记本电脑上，短时间内就能完成学生模型的训练。这使得普通用户能够在自己的设备上快速定制专属的 AI 分身，不需要依赖昂贵的计算资源和复杂的云计算平台，极大地降低了个性化 AI 的应用门槛，有力地推动了个性化 AI 的普及和应用。无论是个人用户希望拥有一个能够理解自己语言习惯和兴趣爱好的智能助手，还是企业用户需要定制一个适应特定业务场景的 AI 解决方案，都可以通过模型蒸馏技术轻松实现。

(2) 模型蒸馏还能够有效提升模型的泛化能力。学生模型在学习教师模型知识的过程中，能够更好地发现数据里隐藏的模式和规律，这使得它在遇到没见过的新数据时，能根据已经学到的知识和模式，做出更准确的预测和回答。在自然语言处理的文本分类任务中，使用模型蒸馏训练的学生模型，遇到新的文本类别时，能把从教师模型学到的知识运用起来，准确判断文本类别，不会因为没有直接学过新类别数据就判断错误。例如，在一个新闻文本分类任务中，训练数据主要包含政治、经济、体育等常见类别的新闻，当遇到一篇关于科技领域的新闻时，使用模型蒸馏训练的学生模型能够根据从教师模型学到的语言模式、语义特征及分类方法，准确地判断出这篇新闻属于科技类别，而不会因为训练数据中没有直接包含科技类别的新闻就出现判断错误。

7.2　领域专家模式：游戏攻略生成/股票分析/法律咨询专项训练

在人工智能蓬勃发展的当下，除了克隆个人思维模式，训练具有特定领域专业能力的 AI 分身同样具有重要现实意义。在如今这个高度专业化和细分的社会环境中，各个领域对专业知识和技能的需求正与日俱增。从新兴的科技产业到传统的服务行业，从复杂的金融市场到人们的日常生活，不同场景下的多样化需求亟待满足。领域专家模式通过对特定领域的数据进行专项训练，就像赋予了 AI

一把把开启专业领域大门的钥匙，使 AI 分身能够在游戏攻略生成、股票分析、法律咨询等多个关键领域大显身手，为用户提供精准、高效的专业服务。

7.2.1　游戏攻略：策略制订与技巧分享

在游戏行业，随着游戏制作技术的日新月异，各类游戏的复杂度和竞技性达到了前所未有的高度。如今的游戏早已不再是简单的娱乐消遣，玩家们在追求娱乐性的同时，更渴望在游戏中展现自己的实力，取得优异的成绩，获得沉浸式的游戏体验。AI 分身凭借其强大的数据分析和学习能力，如同一位经验丰富的游戏导师，能够为玩家提供极具价值的游戏攻略。

1. AI 分身首先会对海量的游戏数据展开深度学习

这些数据涵盖了游戏规则、地图布局、角色属性及各种物品道具的详细信息等多个方面。以风靡全球的 MOBA 游戏《王者荣耀》为例，这款游戏拥有众多英雄，每个英雄都独具特色，拥有独特的技能机制、属性成长和定位。AI 分身通过对大量游戏对局数据的细致分析，能够精准掌握不同英雄在不同阶段的强势与弱势，以及在面对不同对手时的最优应对策略。例如，刺客型英雄通常具有高爆发和高机动性，但生命值和防御力较低，适合在游戏前期利用其机动性突袭敌方后排，打乱敌方阵容；而坦克型英雄则生命值高、防御力强，主要负责在团战中吸收敌方伤害，保护己方队友。

在制订策略方面，AI 分身会综合考量多种关键因素。在 MOBA 游戏中，敌我双方的英雄选择是影响战局走向的关键因素之一。如果我方选择了擅长爆发输出的刺客英雄，而敌方选择了坦克型英雄较多的阵容，AI 分身会建议玩家充分利用刺客的高机动性和爆发能力，巧妙寻找敌方后排输出英雄的破绽，果断进行突袭和击杀。因为敌方坦克虽然能承受大量伤害，但移动速度相对较慢，刺客可以凭借其灵活性绕到敌方后排，对敌方输出英雄造成致命打击。同时，经济状况也是不可忽视的重要因素。如果我方团队经济领先，AI 分身可能会建议采取更加激进的进攻策略，如主动入侵敌方野区，抢夺野怪资源，进一步扩大经济优势；若经济落后，则会建议采取防守反击的策略，集中力量保护己方关键资源，耐心等待时机进行反扑。因为在经济落后的情况下，盲目进攻可能会导致更多的资源损失，而防守反击可以在保证自身安全的前提下，寻找敌方的失误，从而实现逆转。

2. 地图资源分布同样在游戏策略制订中起着关键作用

在《王者荣耀》中，暴君、主宰等中立生物的击杀能够为团队带来巨大的收益，如经验、金币和强力的增益效果。AI 分身会根据游戏的进程和双方的实力对比，精准判断何时去争夺这些资源最为合适。在游戏前期，击杀暴君可以为团队提供经验优势，帮助团队更快地升级；而在游戏后期，击杀主宰则可以召唤主宰先锋，对敌方防御塔造成巨大压力。在团战站位上，AI 分身会根据英雄的特点给出合理的建议。坦克英雄应站在队伍前排，利用其高生命值和防御力吸收敌方伤害，为后排输出英雄创造良好的输出环境；法师和射手则应站在后排安全位置，利用技能进行远程输出，避免被敌方刺客近身攻击。

3. AI 分身还擅长分享各种实用的游戏技巧

高效补兵是 MOBA 游戏中获取经济优势的重要手段之一。通过对职业选手比赛数据的深入分析，AI 分身发现职业选手在补兵时，会根据小兵的血量和攻击节奏，合理地调整自己的攻击时机。例如，在小兵血量较低时，利用普攻的后摇时间，提前预判并进行走位，既能保证补到兵，又能避免被敌方英雄消耗血量。AI 分身会将这些技巧总结出来，并以通俗易懂的方式传授给玩家，帮助玩家提高补兵效率，从而在游戏前期积累经济优势。因为在 MOBA 游戏中，经济优势往往能够转化为装备优势，进而影响整个战局的走向。

4. 躲避敌方技能也是游戏中的关键技巧

在《英雄联盟》中，许多英雄的技能具有明显的前摇动作，AI 分身会仔细分析这些动作特征，及时提醒玩家在敌方英雄释放技能前进行躲避。在敌方英雄安妮释放大招"提伯斯之怒"前，会有一个短暂的蓄力动作，玩家可以在看到这个动作后迅速走位，以避免被大招命中。利用地形优势也是提升游戏水平的重要方法。在一些地图中，存在草丛、高低地等地形。AI 分身会教导玩家如何利用草丛进行埋伏，出其不意地攻击敌方；以及在高低地对抗中，如何利用地形视野优势，更好地观察敌方动向，做出正确的决策。在草丛中埋伏可以让玩家在敌方毫无察觉的情况下发起攻击，从而取得战斗的先机；而在高低地对抗中，处于高地的一方可以获得视野优势，提前发现敌方的行动，做出相应的应对。

以 Faker 在使用妖姬时的连招技巧为例，Faker 作为《英雄联盟》职业赛场上的传奇选手，能够熟练地运用妖姬的技能组合，在瞬间打出高额伤害。AI 分

第 7 章 深度个性化：训练专属于你的 AI 分身

身通过对 Faker 比赛录像的反复分析，总结出妖姬在不同情况下的最佳连招顺序。在对线期，利用 W 技能"魔影迷踪"接近敌方，然后使用 Q 技能"恶意魔印"消耗敌方血量，再用 E 技能"幻影锁链"进行控制，最后用 W 技能返回安全位置，避免被敌方反击；在团战中，则根据敌方英雄的站位和血量，选择合适的时机使用大招"故技重施"复制关键技能，完成收割。这些技巧对普通玩家来说，具有很大的学习和借鉴价值，能够帮助他们提升自己在游戏中的操作水平。除了 MOBA 游戏，在其他类型的游戏中，AI 分身也能发挥重要作用。在策略类游戏《文明》系列中，AI 分身可以分析游戏中的资源分布、科技发展路径及外交关系等因素，为玩家制定合理的发展策略。它会建议玩家在游戏初期优先发展农业，提高粮食产量，以支持人口的增长；在中期则加大科技研发投入，解锁更高级的建筑和单位；在后期则要注重外交关系的维护，避免陷入多线作战的困境。在射击类游戏《守望先锋》中，AI 分身可以根据不同英雄的技能特点和地图地形，为玩家提供团队阵容搭配和战术执行方面的建议。比如，在进攻地图"好莱坞"时，选择拥有强力突击英雄的阵容，利用地图中的掩体和地形，快速突破敌方防线。

7.2.2 股票分析：数据解读与投资建议

股票市场是一个充满不确定性和复杂性的领域，宛如一片波涛汹涌的金融海洋，投资者需要对大量的信息进行精准分析和准确判断，才能在这片海洋中找到正确的航向，做出合理的投资决策。AI 分身凭借其强大的数据处理和分析能力，能够成为投资者在这片海洋中的可靠导航仪。

1. AI 分身首先会实时收集海量的股票数据

这些数据包括股价走势、成交量、上市公司财务报表、宏观经济数据等多个维度。股价走势反映了股票价格在一段时间内的变化情况，通过对股价走势的分析，AI 分身可以洞察股票价格的波动规律和趋势。成交量则反映了市场对该股票的关注度和交易活跃程度，成交量的突然放大或缩小往往预示着市场情绪的变化。上市公司财务报表包含了公司的营收、利润、资产负债等重要信息，是评估公司价值和财务状况的重要依据。宏观经济数据，如 GDP 增长率、通货膨胀率、利率等，会对整个股票市场产生重要影响。例如，GDP 增长率的上升通常意味着经济的繁荣，可能会带动股票市场的上涨；而利率的提高则可能导致股票市场的资金流出，从而使股价下跌。

2. AI 分身会运用先进的数据挖掘和分析技术

AI 分身会运用先进的数据挖掘和分析技术，对这些数据进行深度挖掘和分析。在分析股价走势时，AI 分身会采用多种技术分析方法，如移动平均线、相对强弱指标(RSI)等，来判断股票价格的走势和买卖信号。移动平均线可以帮助投资者平滑股价波动，显示股价的趋势方向；RSI 则可以衡量股票的超买超卖情况，当 RSI 指标超过 70 时，表明股票处于超买状态，可能会出现回调；当 RSI 指标低于 30 时，表明股票处于超卖状态，可能会出现反弹。通过对成交量的分析，AI 分身可以判断市场的情绪和资金流向。如果成交量在股价上涨时同步放大，说明市场对该股票的看好情绪较高，资金持续流入；反之，如果成交量在股价下跌时放大，说明市场恐慌情绪加剧，资金在大量流出。在分析上市公司财务报表时，AI 分身会运用财务比率分析等方法，评估公司的盈利能力、偿债能力和成长能力。例如，通过计算市盈率(PE)可以评估公司股票的估值水平，市盈率越低，说明股票的估值越低，可能具有更高的投资价值；通过计算资产负债率可以评估公司的偿债能力，资产负债率过高则可能意味着公司面临较大的债务风险。

案例：请帮我推荐三只股票，关于人工智能领域的，目前总体是在底部开始放量，一个月内有涨停板，未来三个月内可能上涨 20%以上。从基本面、技术面、政策面进行分析。

根据 2025 年 2 月 27 日的最新市场动态和人工智能板块的表现，以下是三只具备潜力的股票推荐，结合基本面、技术面和政策面进行分析。

1. 美格智能(002881)

基本面：

美格智能是一家专注于物联网和人工智能技术的公司，主要提供 4G/5G 通信模组和智能硬件解决方案。公司在生成式 AI 应用和高算力领域有较强的技术积累，2024 年业绩预告显示净利润同比增长显著，未来有望受益于 AI 硬件和物联网的快速发展。

技术面：

近期股价在底部区域放量上涨，2025 年 2 月 6 日涨停，技术指标显示 MACD 金叉形成，短期均线呈多头排列，成交量显著放大，表明资金关注度较高。

第 7 章 深度个性化：训练专属于你的 AI 分身

政策面：

国家政策大力支持人工智能和物联网产业发展，尤其是 5G 和 AI 硬件的普及，美格智能作为行业龙头，有望持续受益。

预计涨幅： 未来三个月内有望上涨 20% 以上。如图 7-1 所示为 AI 分析的股票趋势。

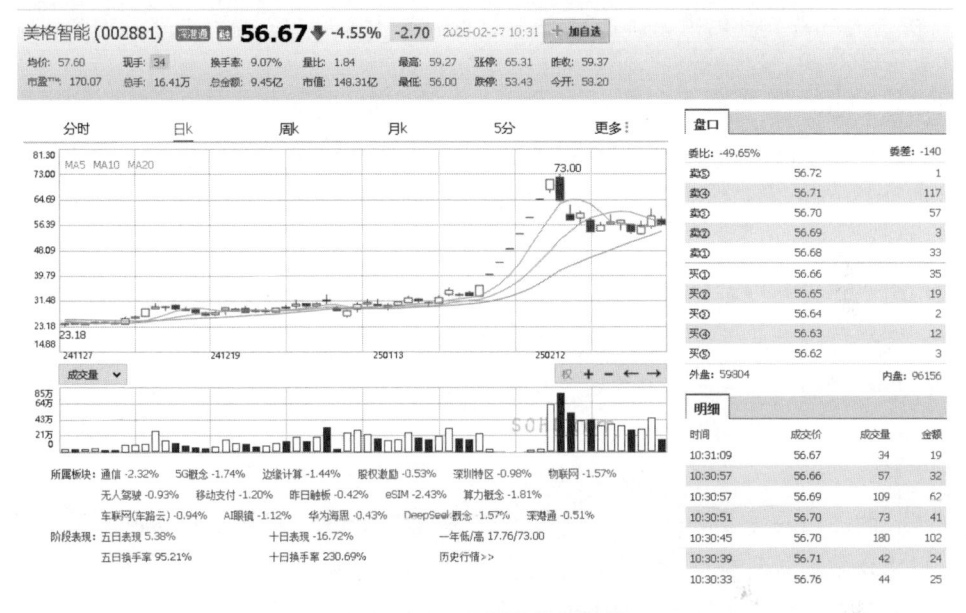

图 7-1　AI 分析的股票趋势

2. 优刻得-W（688158）

基本面：

优刻得是国内领先的云计算服务提供商，专注于 AI 算力和大模型训练。公司已接入 DeepSeek 大模型，显著降低了 AI 开发成本，未来在 AI 应用商业化落地方面有较大潜力。

技术面：

股价在 2025 年 2 月 6 日涨停，成交量显著放大，K 线形态呈现底部突破趋势，RSI 指标进入强势区域，短期有望继续上行。

政策面：

国家政策鼓励 AI 技术研发和商业化应用，优刻得作为科创板人工智能 ETF

151

的重要成分股，受益于政策红利和资金流入。

预计涨幅：未来三个月内有望上涨20%以上。

3. 云天励飞-U（688343）

基本面：

云天励飞是一家专注于计算机视觉和 AI 芯片研发的公司，在智能安防和 AI 硬件领域具有领先优势。2024 年业绩预告显示公司营收和利润双双增长，未来在 AI 硬件和端侧智能化领域有较大发展空间。

技术面：

股价在 2025 年 2 月 6 日涨停，成交量显著放大，技术指标显示短期均线呈多头排列，MACD 金叉形成，短期有望继续上行。

政策面：

国家政策大力支持 AI 芯片和计算机视觉技术的发展，云天励飞作为行业龙头，有望持续受益于政策红利和市场需求增长。

预计涨幅：未来三个月内有望上涨20%以上。

以上三只股票均具备较强的基本面和技术面支撑，同时受益于国家政策对人工智能产业的大力支持。投资者可结合自身风险偏好和投资策略，适当关注这些标的。需要注意的是，股市有风险，投资需谨慎，建议在投资前进一步深入研究公司基本面和市场动态。

3. AI 分身可以为投资者提供专业的投资建议

基于数据分析的结果，AI 分身可以为投资者提供专业的投资建议。在制订投资组合方案时，AI 分身会充分考虑投资者的风险偏好、投资目标和资金状况。对于风险偏好较低的投资者，AI 分身可能会建议选择一些业绩稳定、股息率较高的蓝筹股，如中国平安、贵州茅台等。这些公司通常具有较强的盈利能力和稳定的现金流，能够为投资者提供相对稳定的收益。对于风险偏好较高的投资者，AI 分身可能推荐一些成长潜力较大的科技股或新兴产业股票，如特斯拉、英伟达等。这些公司处于快速发展阶段，具有较高的增长潜力，同时也伴随着较高的风险。例如，特斯拉作为新能源汽车行业的领军企业，其股价在过去几年中经历了大幅上涨，但也面临着激烈的市场竞争和技术变革的风险。

4. AI 分身还具备实时监控市场动态的能力

当市场出现重大变化时,如宏观经济数据的公布、政策的调整等,AI 分身会及时提醒投资者调整投资策略。在市场出现大幅下跌时,AI 分身可能会建议投资者适当减仓,控制风险;在市场出现上涨趋势时,AI 分身可能会建议投资者增加投资仓位,抓住投资机会。以 2020 年新冠疫情暴发为例,疫情对全球经济和股票市场产生了巨大的冲击。AI 分身通过对宏观经济数据和市场动态的实时监测,及时提醒投资者调整投资策略。在疫情初期,市场出现恐慌性下跌,AI 分身建议投资者减少风险资产的配置,增加现金储备,以应对市场的不确定性。随着各国政府出台一系列经济刺激政策,市场逐渐企稳回升,AI 分身又建议投资者适当增加股票投资,抓住市场反弹的机会。

除了上述常规的股票分析和投资建议,AI 分身还可以在一些特殊的市场情况下发挥独特的作用。在市场出现"黑天鹅"事件时,如英国脱欧、特朗普当选美国总统等,这些事件往往会对股票市场产生巨大的冲击,导致股价大幅波动。AI 分身可以通过对历史上类似事件的分析,以及对当前市场情绪和资金流向的监测,为投资者提供应对策略。在新兴产业崛起时,如人工智能、区块链、新能源等领域,AI 分身可以利用其对行业趋势的分析能力,为投资者筛选出具有潜力的投资标的。例如,在人工智能领域,AI 分身可以分析相关公司的技术实力、市场份额、研发投入等因素,评估其投资价值。

7.2.3 法律咨询:法规查询与案例分析

在法律咨询领域,法律法规繁多且复杂,犹如一座庞大且错综复杂的迷宫,普通民众和律师在面对法律问题时,往往需要花费大量的时间和精力去查询法规和分析案例,以在这座迷宫中寻找正确的方向。AI 分身的出现,为解决这一难题提供了新的途径。

1. AI 分身能够对海量的法律法规进行高效地索引和分类

无论是国家层面的法律法规,还是地方政府出台的规章制度,AI 分身都能进行准确地识别和分类。当用户输入相关法律问题时,AI 分身可以迅速检索出与之相关的法律法规条款。在处理合同纠纷问题时,AI 分身可以快速找到《中华人民共和国民法典》中关于合同编的相关条款,并对条款进行详细解读。例如,对于合同中的违约责任条款,AI 分身可以解释不同违约情形下的责任承担方式,以及如何通过法律途径维护自身权益。

2. AI分身还具备强大的案例分析能力

它可以对历史案例进行深入分析，总结出法律适用的规律和原则。在处理合同纠纷案件时，AI 分身会收集大量类似案例的判决结果，分析法官在判决时所考虑的因素，如合同的条款约定、双方的履行情况、证据的采信等。通过对这些案例的分析，AI 分身可以帮助律师预测案件的走向，并提供相应的辩护策略。例如，在一个买卖合同纠纷案件中，AI 分身通过分析以往类似案例，发现法官在判断合同是否有效时，会重点审查合同的签订过程是否存在欺诈、胁迫等情形，以及合同的条款是否符合法律规定。基于这些分析，AI 分身可以为律师提供有针对性的辩护建议，如收集相关证据证明合同签订过程的合法性，以及强调合同条款的合理性。

3. AI分身可以帮助民众了解自己的权利和义务

对于普通民众，AI 分身可以通过案例分析，帮助他们了解自己的权利和义务，以及在遇到法律问题时如何维护自己的合法权益。在日常生活中，普通民众可能会遇到一些常见的法律问题，如房屋租赁纠纷、交通事故赔偿等。AI 分身可以通过分析类似案例，向民众解释相关法律法规的适用情况，以及他们在不同情况下所享有的权利和应承担的义务。以一起房屋租赁纠纷案例为例，租客在租赁房屋期间，发现房屋存在严重的质量问题，影响正常居住。AI 分身通过分析类似案例，向租客解释根据《中华人民共和国民法典》的相关规定，租客有权要求房东承担维修义务，或者解除租赁合同，并要求房东退还剩余租金和押金。同时，AI 分身还会告知租客在处理此类问题时，需要注意收集和保留相关证据，如房屋质量问题的照片、与房东的沟通记录等，以便在必要时通过法律途径维护自己的权益。

4. AI分身还可以在一些复杂的法律领域发挥作用

除了常见的法律问题，AI 分身还可以在一些复杂的法律领域发挥作用。在知识产权领域，AI 分身可以帮助企业进行专利检索和侵权分析。它可以快速检索全球范围内的专利信息，分析企业的技术创新是否存在侵权风险，以及如何通过专利申请保护自己的知识产权。在国际法律领域，AI 分身可以协助律师处理跨国法律事务，如国际商事仲裁、跨境知识产权纠纷等。它可以分析不同国家的法律制度和国际条约，为律师提供法律适用和争议解决方面的建议。

7.2.4 领域专家模式的数据来源与更新

领域专家模式的训练离不开丰富的数据来源，这些数据如同 AI 分身的"营养源泉"，为其提供了不断成长和进步的动力。

1. 游戏领域的多元数据来源

在游戏领域，数据来源包括游戏日志、职业选手比赛录像、玩家对战数据等。游戏日志记录了玩家在游戏中的各种操作和行为，如技能释放、移动路径、物品购买等。这些数据为 AI 分身分析玩家的游戏习惯和策略提供了重要依据。例如，通过分析游戏日志，AI 分身可以了解玩家在不同游戏阶段的操作频率和偏好，从而为玩家提供个性化的游戏建议。职业选手比赛录像则展示了高水平的游戏技巧和策略，AI 分身可以从中学习到职业选手的操作经验和战术思路。玩家对战数据反映了不同玩家在游戏中的表现和对抗情况，有助于 AI 分身了解游戏的平衡性和不同策略的效果。通过分析玩家对战数据，AI 分身可以发现游戏中存在的不平衡问题，如某些英雄过于强势或弱势，并提出相应的调整建议。

2. 股票分析领域的多渠道数据支撑

在股票分析领域，数据来源主要包括证券交易所公开的数据、上市公司财务报表、宏观经济数据发布机构的数据等。证券交易所公开的数据，如股票的实时价格、成交量、涨跌幅等，是股票分析的基础数据。上市公司财务报表是评估公司价值和财务状况的重要依据，宏观经济数据发布机构的数据，如国家统计局发布的 GDP 数据、央行发布的利率数据等，对股票市场的走势有着重要影响。除了这些常规的数据来源，AI 分身还可以从社交媒体、行业报告等渠道获取信息。社交媒体上的投资者讨论和舆情分析可以帮助 AI 分身了解市场情绪和投资者预期；行业报告则可以提供关于行业发展趋势、竞争格局等方面的信息，为 AI 分身的股票分析提供更全面的视角。

3. 法律咨询领域丰富的数据资源

在法律咨询领域，数据来源包括法律法规数据库、法院裁判文书网、律师事务所案例库等。法律法规数据库收录了国家和地方的各种法律法规，是 AI 分身进行法规查询的主要数据来源；法院裁判文书网提供了大量的真实案例，这些案例具有权威性和参考价值；律师事务所案例库则包含了律师在实际工作中处理的各种案例，其中一些案例具有独特的法律问题和解决方案，能够为 AI 分身提供丰富的实践经验。此外，AI 分身还可以从法学研究文献、法律论坛等渠道获取信息。法学研究文献可以帮助 AI 分身了解法律理论的最新发展和研究成果；法律论坛则可以让 AI 分身接触到法律从业者和学者的讨论和观点，拓宽其法律视野。

为保证 AI 分身的专业性和准确性，数据需要定期更新。在游戏领域，随着游戏版本的更新，游戏规则、地图布局、角色属性等都会发生变化。新的英雄可能会加入游戏，旧的英雄可能会被调整，这些变化都与 AI 分身的策略库实时同步，以确保对战的准确性。

7.3 伦理边界：哪些数据不该用于 AI 训练

现在 AI 技术正以前所未有的速度迅猛发展，训练 AI 分身已成为众多领域竞相探索的前沿方向。从智能家居中的智能助手，到医疗领域的辅助诊断系统，再到金融行业的风险评估工具，AI 分身的应用场景不断拓展，为人们的生活和工作带来了诸多便利与创新机遇。但在这股创新浪潮中，我们必须保持清醒的头脑，要深刻认识到明确伦理边界的重要性。AI 的发展如同行驶在大海中的巨轮，而伦理边界则是指引巨轮行驶方向的灯塔，只有确保数据的使用严格遵循道德和法律规范，才能让 AI 这艘巨轮在健康、可持续的航道上稳健前行。深入探究哪些数据不该用于 AI 训练，以及如何切实遵循数据使用的道德准则和隐私保护要求，已然成为 AI 稳健发展的重要基石。

7.3.1 敏感数据的界定与分类

敏感数据，从本质上讲，是那些一旦泄露或被不当使用，便极有可能对个人、组织乃至整个社会造成严重损害的数据。在当今数字化高度发达的时代，数据如同一种新型的"石油"，蕴含着巨大的价值，也潜藏着巨大的风险。数据的价值体现在它能够为企业提供精准的市场洞察，帮助政府制定科学的政策，推动科研领域的突破。一旦落入不法分子手中，或被不恰当使用，就可能引发一系列严重问题。

1. 个人身份信息的高风险

个人身份信息，作为敏感数据的重要组成部分，涵盖了姓名、身份证号、护照号码等关键标识。这些信息是个人在社会活动中的身份象征，一旦泄露，个人的身份将面临被盗用的风险。在现实生活中，不乏这样的案例。不法分子通过非法手段获取他人的身份证号，利用这些信息在网络平台上申请贷款，导致受害者在毫不知情的情况下背负巨额债务。还有一些犯罪分子使用他人的护照号码进行非法出入境活动，给受害者带来法律麻烦，甚至可能影响其个人信用记录和未来的出行计划。

2. 生物识别信息的敏感性

生物识别信息，如指纹、面部识别数据、虹膜识别数据等，近年来随着生物识别技术的广泛应用，其敏感性愈发凸显。这些数据具有唯一性和不可更改性，一旦泄露，后果不堪设想。在一些涉及门禁系统、支付认证等场景中，若生物识别信息被窃取，犯罪分子可以轻松突破安全防线，获取个人的财产或重要信息。例如，在一些智能门锁系统中，用户的指纹信息被存储在云端服务器。如果服务器遭受黑客攻击，用户的指纹信息泄露，黑客就可以利用这些指纹信息打开用户的家门，窃取财物。在移动支付领域，面部识别技术被广泛应用于支付认证。如果黑客获取了某用户的面部识别数据，便可以在不用密码的情况下进入该用户的电子支付账户，肆意转移资金，给用户造成巨大的财产损失。

3. 健康信息隐私至关重要

健康信息，包括疾病诊断、医疗记录等，对于个人的隐私和生活同样至关重要。这类信息不仅关乎个人的身体健康状况，还可能影响到个人的工作、保险等方面。倘若一个人的疾病诊断信息被泄露，可能会导致其在求职过程中遭受歧视。一些企业在招聘时，可能会因为求职者的某些疾病史而拒绝录用，尽管这些疾病与工作并无直接关联。在保险领域，保险公司也可能因其健康状况而拒绝提供保险服务或提高保险费率。例如，某些慢性疾病的患者，可能会发现自己难以购买到价格合理的医疗保险，或者在申请商业保险时被要求支付更高的保费。

4. 金融信息关乎财产安全

金融信息，像银行账户信息、信用卡交易记录等，直接关系到个人的财产安全。银行账户信息包含了账户余额、交易流水等重要内容，信用卡交易记录则反映了个人的消费习惯和财务状况。一旦这些信息被泄露，个人的财产将面临严重威胁，可能会出现账户资金被盗刷、信用卡诈骗等情况。在网络支付日益普及的今天，不法分子通过网络钓鱼、恶意软件等手段窃取用户的银行账户信息和信用卡交易记录，然后进行盗刷或诈骗。一些用户在收到看似来自银行的虚假短信，要求输入账户信息进行"安全验证"时，不慎泄露了自己的银行账户信息，将导致账户资金瞬间被转移。

5. 敏感特征信息不容小觑

种族、宗教、政治观点等个人敏感特征信息，虽然不直接涉及个人的财产和安全，但它们在个人的社会认同和价值观表达中起着关键作用。若这些信息被不当使用，可能会引发社会歧视和偏见。在招聘过程中，如果雇主获取了求职者的种族和宗教信息，并据此进行筛选，就会导致不公平的就业机会分配，破坏社会的公平正义。在一些社会事件中，由于个人的政治观点被泄露，可能会使其在社交圈子中受到排挤，甚至面临人身威胁。

根据数据的敏感程度和潜在风险，可以将敏感数据细致地分为不同类别。高敏感数据，如生物识别信息和金融信息，一旦泄露，其造成的后果往往是直接且严重的，可能导致个人财产的巨大损失和身份的严重盗用。中敏感数据，像健康信息和个人身份信息，虽然不会像高敏感数据那样会直接引发经济损失，但会对个人的隐私和生活造成深远的负面影响。低敏感数据，如个人兴趣爱好、消费习惯等，尽管相对风险较低，但当大量收集并被滥用时，同样可能侵犯个人隐私。电商平台过度收集用户的消费习惯数据，可能会对用户进行精准的广告推送，甚至可能将这些数据出售给第三方，导致用户频繁收到骚扰信息。一些用户在购物平台上浏览了某类商品后，便会在各个网络平台上频繁看到相关商品的广告，甚至收到来自陌生商家的推销电话和短信，严重影响了用户的生活。

7.3.2 数据使用的道德准则

在运用数据进行 AI 训练时，一系列严格的道德准则是我们必须遵循的行为规范。这些道德准则不仅是对个人权益的保护，也是 AI 技术健康发展的重要保障。

1. 数据最小化原则是首要准则

这意味着在训练 AI 模型时，我们应只收集和使用为实现特定目的所必需的数据，坚决避免过度收集数据。在训练一个电商推荐系统时，仅需收集用户的基本信息，如年龄、性别、地域等，以及用户的购买历史，这些数据足以帮助模型分析用户的消费偏好，从而提供精准的商品推荐。而收集用户的健康信息或其他无关信息则是不必要且不道德的行为，不仅会增加数据处理的成本和风险，还可能侵犯用户的隐私。但在实际操作中，一些企业为了追求更精准的用户画像和更高的商业利益，往往会过度收集用户数据。一些 App 在安装时，要求获取用户的通讯录、位置信息、通话记录等大量与应用功能无关的数据，这种行为不仅违反了数据最小化原则，也给用户的隐私保护带来了巨大的风险。

2．知情同意原则同样不可或缺

在收集个人数据之前，我们有责任向数据主体清晰、明确地告知数据的使用目的、使用方式及可能存在的风险，并且必须获得数据主体的明确同意。在使用用户的聊天记录训练 AI 分身时，我们不能采取隐瞒或欺骗的手段，而应通过清晰易懂的语言和明确的提示，让用户充分了解他们的聊天记录将被用于何种目的，以及可能带来哪些影响。只有在用户自愿且明确表示同意的情况下，我们才能合法地使用这些数据。但在现实中，一些企业在收集用户数据时，往往采用模糊不清的隐私政策，将同意条款隐藏在冗长复杂的文字中，让用户在不知情的情况下默认同意数据收集。一些在线服务平台的隐私政策长达数页，充斥着专业术语，普通用户很难理解其中的含义，导致用户在不经意间就同意了数据收集和使用条款。

3．数据安全原则是保障数据合法使用的重要防线

我们必须采取一系列必要的技术和管理措施，切实保护数据的安全和隐私。数据加密是一种常见的技术手段，通过将数据转化为密文，即使数据在传输或存储过程中被窃取，未经授权的人员也无法解读其中的内容。访问控制则通过设置用户权限，确保只有经过授权的人员才能访问特定的数据。数据备份也是重要的一环，它可以防止数据因硬件故障、病毒攻击等原因丢失，保证数据的完整性和可用性。然而，即使采取了这些措施，数据安全仍然面临诸多挑战。一些黑客通过技术手段绕过加密和访问控制机制窃取数据。一些企业在数据备份过程中，由于管理不善，备份数据也被泄露。因此，企业需要不断加强技术研发和管理措施，以提高数据安全防护水平。

7.3.3 隐私保护与合规性要求

隐私保护在 AI 训练中是一个不可忽视的核心问题。在全球范围内，许多国家和地区都已经深刻认识到隐私保护的重要性，并制定了严格的法律法规来加以规范。

欧盟的《通用数据保护条例》（GDPR）堪称全球隐私保护法规的典范。它对数据的收集、存储、使用、共享和删除等各个环节都制定了极为详细和严格的规定。在数据收集方面，要求数据控制者必须明确告知数据主体收集数据的目的、方式和范围，并且必须获得数据主体的明确同意。在数据存储方面，规定数据控制者必须采取适当的安全措施，保护数据的机密性、完整性和可用性。GDPR 还赋予了数据主体一系列权利，如访问权、更正权、删除权等。数据主体有权要求数据控制者提供其个人数据的副本，有权要求更正不准确的数据，有权在某些情况下要求删除其个人数据。中国也高度重视隐私保护，出台了《中华人民共和国网络安全法》《中华人民共和国个人信息保护法》等一系列法律法规。这些法规明确了个人信息的定义和范围，规定了数据处理者的权利和义务，以及对个人信息主体的保护措施。在数据使用过程中，数据处理者必须遵循合法、正当、必要的原则，不得过度收集和滥用个人信息。例如，《中华人民共和国个人信息保护法》规定，处理个人信息应当具有明确、合理的目的，并应当与处理目的直接相关，采取对个人权益影响最小的方式。

在合规性要求方面，AI 训练必须确保数据的来源合法合规，坚决杜绝使用通过非法手段获取的数据。同时，建立健全的数据管理和审计机制至关重要。数据管理机制应包括数据的分类、存储、访问控制等方面的规范，确保数据的安全和有序使用。审计机制则可以对数据的使用情况进行实时监控和记录，一旦出现问题，能够迅速追溯数据的使用路径和责任人，实现有效的问责。一些企业在 AI 训练过程中，由于数据来源不明，可能会使用到通过非法渠道获取的数据，这不仅违反了法律法规，也可能使企业面临法律风险。因此，企业在收集数据时，必须确保数据来源的合法性，对数据的采集、存储和使用进行严格的管理和审计。

7.3.4 违反伦理边界的后果与防范措施

违反伦理边界使用数据进行 AI 训练，可能会引发一系列严重的后果。

第 7 章 深度个性化：训练专属于你的 AI 分身

从个人权益的角度来看，这会侵犯个人的隐私权和其他合法权益，进而引发法律纠纷和社会争议。一些互联网公司在未经用户同意的情况下，收集并使用用户的个人数据进行 AI 训练，这种行为被曝光后，引发了公众的强烈不满和法律诉讼。这些公司不仅面临巨额的罚款，还损害了自身的声誉，导致用户信任度大幅下降。例如，某知名社交平台被曝光将用户的个人数据出售给第三方用于广告投放，这一事件引发了全球范围内的关注和谴责。该平台不仅面临着多个国家和地区的监管调查和巨额罚款，还失去了大量用户的信任，导致用户数量下降，股价暴跌。

从 AI 系统的性能和社会影响来看，使用不恰当的数据可能会使 AI 系统学习到偏见和歧视性的模式，从而导致 AI 系统的不公平性和歧视性。在一些招聘场景中，若 AI 系统使用了包含性别、种族等偏见的数据进行训练，可能会导致在筛选求职者时出现性别歧视或种族歧视的情况，这不仅违背了公平正义的原则，也会对社会的和谐稳定造成负面影响。一些研究表明，某些基于 AI 的招聘系统在筛选简历时，对女性和少数族裔存在明显的偏见，导致这些群体在就业市场上受到不公平对待。这种不公平的 AI 系统不仅会影响个人的职业发展，还会加剧社会的不平等和分化。

为有效防范这些后果，我们需要构建一套完善的防范措施。

1. 强化法规监管，严惩违规行为

加强法律法规的监管和执行力度是关键。政府应加大对违反伦理边界行为的打击力度，通过制定严格的法律条文和加大处罚力度，形成强大的法律威慑。对于那些非法收集和使用个人数据的企业和个人，应依法追究其法律责任，包括罚款、吊销营业执照等严厉处罚。同时，政府还应加强对 AI 技术的监管，建立健全相关的监管机制，确保 AI 技术的研发和应用符合伦理和法律规范。

2. 企业自律，建立审查管理机制

AI 开发者和使用者应增强自律意识，建立内部的数据管理和伦理审查机制。在企业内部，应设立专门的数据管理部门，负责数据的收集、存储和使用的管理工作。同时，建立伦理审查委员会，对 AI 项目的数据使用进行严格的审查，确保数据的使用符合道德和法律规范。伦理审查委员会应由法律专家、伦理学家、技术专家等组成，对 AI 项目的数据收集、使用、算法设计等进行全面的审查和评估，及时发现和纠正可能存在的伦理问题。

3. 普及公众教育，增强保护意识

加强公众教育，提高人们对数据隐私和伦理问题的认识，增强自我保护意识也至关重要。通过开展宣传活动、举办讲座等方式，向公众普及数据隐私和伦理的知识，让人们了解自己的权利和义务，学会如何保护自己的个人数据。只有当公众具备了足够的意识和知识，才能更好地监督和防范数据滥用的行为。一些学校和社区可以开展数据隐私和伦理教育活动，通过案例分析、互动游戏等方式，让公众了解数据安全的重要性，掌握保护个人数据的方法和技巧。

在 AI 训练的过程中，我们必须时刻牢记伦理边界，谨慎对待每一份数据。只有这样，我们才能在享受 AI 带来的便利和创新的同时，确保个人的权益得到保护，社会的公平正义得以维护，推动 AI 技术朝着更加健康、可持续的方向发展。

第 8 章

多模态革命：看见、听见、感知世界的 Agent

在迈向超级智能（Artificial Super Intelligence，ASI）的进程中，多模态技术正掀起一场意义深远的革命。多模态，意味着人工智能不再局限于单一的数据形式处理，而是能够融合视觉、听觉、触觉等多种感知信息，像人类一样全方位地理解世界，并与世界交互。从让模糊的老照片重焕清晰光彩，到使语音指令精准操控智能设备，再到智能家居中环境感知实现的自动化生活，多模态技术的发展为 Agent 赋予了更强大的能力，使其更贴近人类的感知与交互方式，在不同领域展现出巨大的潜力与变革力量。

8.1 图像处理：老照片修复/设计草图转 3D 模型

在当今科技飞速发展的时代，多模态革命正以前所未有的态势重塑着各个领域，而图像处理技术无疑是这场革命中极为关键的一环。从日常生活中对老照片的修复，到专业设计领域里将设计草图转化为 3D 模型，图像处理技术的身影无处不在。它不仅改变了我们对图像的传统处理方式，更为艺术创作、工业设计、文化遗产保护等众多领域带来了前所未有的机遇与变革。在这一伟大的技术变革进程中，Agent 作为智能交互与自动化执行的核心力量，正以其独特的优势，深度融入图像处理的各个环节，极大地推动了技术的应用与发展，为用户带来了更加智能、高效的图像处理体验。

8.1.1 老照片修复：图像增强与去噪

老照片宛如一部部承载着岁月记忆的时光宝盒，它们见证了我们的成长、家庭的变迁及社会的发展。但随着时间的无情流逝，这些珍贵的照片往往会遭受各种"岁月痕迹"的侵蚀，出现褪色、划痕、污渍等问题。幸运的是，图像增强与去噪技术的出现，为老照片的修复带来了曙光，而 Agent 在其中更是扮演着不可或缺的智能助手角色。

1. 图像增强

图像增强的核心目标在于通过对图像的对比度、亮度、色彩等关键参数进行精细调整，让原本黯淡无光、模糊不清的图像重新焕发出清晰与鲜艳的光彩。以直方图均衡化这一经典算法为例，虽然其背后的数学原理较为复杂，但借助现代图像处理软件，普通用户也能轻松上手操作。在 Photoshop 这一广泛应用的图像处理软件中，用户只需简单几步即可实现直方图均衡化操作。首先，打开软件并将需要修复的老照片导入其中。接着，在菜单栏中依次点击"图像"选项，随后在弹出的下拉菜单中选择"调整"，最后在众多调整选项中找到"直方图"。此时，软件会弹出直方图界面，用户只需点击界面中的"自动调整"按钮，软件便会依据直方图均衡化的原理，自动对图像的亮度分布进行优化，增强图像的对比度，使得原本模糊难辨的细节瞬间变得清晰可见。在这一过程中，Agent 凭借其强大的智能分析能力，能够为用户提供更为个性化、精准的服务。Agent 会深入分析用户过往处理图像的操作习惯，例如，若用户在之前处理其他老照片时，总是倾向于将色彩饱和度提升至一个特定的范围，Agent 便会在此次直方图均衡化操作时，自动适度提高色彩饱和度的调整幅度，以满足用户的潜在需求。同时，Agent 还具备实时监测图像效果的能力，一旦发现图像在处理过程中出现细节丢失、色彩过度饱和或对比度异常等问题，它会立即向用户发出提醒，并给出有针对性的调整建议，帮助用户轻松获得最佳的图像增强效果。

2. 去噪技术

去噪技术的主要任务是去除图像中那些干扰视觉效果的噪声，从而显著提

第8章 多模态革命：看见、听见、感知世界的 Agent

升图像的整体质量。在实际应用中，常见的噪声包括高斯噪声和椒盐噪声。

当面对高斯噪声时，用户可以在 Photoshop 软件中通过高斯滤波的方式进行处理。具体操作步骤如下：点击菜单栏中的"滤镜"选项，在弹出的下拉菜单中找到"模糊"选项，然后在"模糊"的子菜单中选择"高斯模糊"。此时，软件会弹出一个设置窗口，其中有一个名为"半径"的参数，这个参数的大小直接控制着高斯模糊的程度，也就是去噪的强度。用户可以通过缓慢拖动滑块的方式，实时观察图像的变化，直到噪声被有效去除，图像看起来清晰、干净为止。需要注意的是，"半径"数值越大，模糊效果越明显，去噪力度也越强，但如果数值过大，图像会因过度模糊而丢失大量关键细节。对于椒盐噪声，中值滤波是一种行之有效的处理方法。同样在 Photoshop 软件中，用户可选择"滤镜"→"杂色"→"中间值"。在弹出的设置窗口中，"半径"参数同样控制着处理强度。用户可以从较小的数值开始尝试，如 2 或 3，观察椒盐噪声是否被有效去除。若效果不理想，可适当逐步加大数值，但要时刻留意图像边缘等细节部分，避免因过度处理而导致图像失真。在去噪技术的应用过程中，Agent 展现出了卓越的智能辅助能力。当用户选择去噪功能后，Agent 会迅速对图像中的噪声类型、分布范围及严重程度进行全面分析。基于这些分析结果，Agent 会精准地为用户推荐最适合的去噪方法及相应的参数设置。例如，当检测到图像中主要存在高斯噪声时，Agent 会详细向用户解释高斯滤波的优势，并根据噪声的实际严重程度，为用户推荐一个合理的"半径"数值。在用户调整参数的过程中，Agent 会实时对比去噪前后的图像差异，并以直观、可视化的方式展示不同参数设置下的去噪效果，帮助用户在最短的时间内找到最理想的去噪设置，大幅节省用户的调试时间和精力。

3. 基于深度学习的图像修复

随着深度学习技术的迅猛发展，老照片修复领域迎来了革命性的突破。如今，普通用户只需借助一些功能强大的 App，如"美图秀秀""醒图""你我当年"等，即可轻松实现老照片的修复。以"你我当年"App 为例，用户下载安装并打开 App 后，点击"导入照片"按钮，选择需要修复的老照片。导入成功后，App 会自动利用其内置的深度学习算法对照片进行初步分析和修复。如果用户对修复效果感到满意，即可直接保存修复后的照片。若用户觉得某些细节部分效果还不够理想，App 还提供了一系列手动调整功能，如亮度、对比度、色彩等参数的微调。用户可以根据自己的审美和需求，对这些参数进行个性化调整，直到老照片恢复到自己满意的状态。在基于深度学习的图像修复过程中，Agent 扮演着智能交互核心的重要角色。它能够与用户进行自然流畅的语言交互，深入理解用户对修复效果的各种具体要求。当用户提出希望修复后的照片呈现出复古色调时，Agent 会迅速将这一需求转化为对深度学习模型的参数调整指令，确保修复后的图像不仅能够完美去除各种瑕疵，还能精准满足用户对色调风格的个性化需求。此外，Agent 还具备强大的整合能力，它能够综合分析多个不同修复模型的优势和特点，根据每张图像的特征，自动选择最适合的修复策略，从而大幅提升修复效果和效率，为用户带来前所未有的老照片修复体验。

8.1.2　设计草图转 3D 模型：模型重建与优化

在设计领域，将设计草图快速、准确地转化为 3D 模型，是提升设计效率和质量的关键环节。这一过程主要包括模型重建和优化两个紧密相连的阶段，而 Agent 在这两个阶段中均发挥着至关重要的智能支持作用。

1．模型重建

模型重建是依据设计草图中的线条、形状等关键信息，构建出初步 3D 模型的过程。对普通用户而言，使用像 Tinkercad 这样简单易上手的 3D 建模软件，即可轻松迈出模型重建的第一步。

打开 Tinkercad 软件后，用户首先需要准备好设计草图，草图可以是提前扫描成电子版的，也可以直接在软件中利用其简单的绘图工具进行绘制。软件提供了丰富多样的基本形状工具，如立方体、圆柱体、球体等。用户可以根据草图中的形状信息，灵活运用这些基本形状，逐步拼凑出初步的 3D 模型。若草图中呈现的是一个长方体形状的物体，用户可直接在软件中创建一个立方体，然后根据草图所标注的尺寸，精确调整立方体的大小、位置和角度。对于草图中出现的曲线形状，软件也提供了相应的曲线绘制工具，用户可以通过这些工具，小心翼翼地创建出与草图相符的 3D 形状。通过不断地组合、调整这些基本形状，用户便能逐步搭建出一个与设计草图大致相符的初步 3D 模型。在模型重建过程中，Agent 能够成为设计师的得力助手。它可以运用先进的图像识别和分析技术，对设计草图进行深度智能分析，自动识别出草图中的关键形

第 8 章 多模态革命：看见、听见、感知世界的 Agent

状、尺寸及比例关系等重要信息。基于这些分析结果，Agent 能够直接在软件中快速生成初步的 3D 模型框架，这一框架虽然可能还不够精细，但却为设计师节省了大量手动创建的时间和精力。此外，Agent 还能依据设计师的设计意图及常见的设计规范，对生成的模型框架进行初步优化。例如，自动调整形状之间的连接方式，使其更加符合实际设计需求，为后续的精细调整工作奠定坚实的基础。

例如：请 AI 设计一个三维的长城模型，如图 8-1 所示。

图 8-1　AI 设计的三维长城模型

2. 模型优化

初步构建完成的 3D 模型往往存在表面不光滑、细节缺失等问题，这就需要通过模型优化来进一步完善。在模型优化阶段，主要涉及平滑处理和细节添加两个关键步骤。在 Tinkercad 软件中，进行平滑处理时，用户只需选中建好的 3D 模型，然后在软件的操作界面中找到"平滑"或类似的功能选项。点击该选项后，模型的表面会逐渐变得更加光滑。部分软件还提供了平滑程度的设置功能，用户可以从较低的平滑强度开始尝试，逐步增加平滑程度，同时密切观察模型的变化，确保在使表面光滑自然的同时，不会丢失过多的细节信息。在添加细节方面，Tinkercad 软件同样提供了丰富的工具。例如，若模型需要添加纹理，用户可以找到"纹理"相关的功能选项，软件通常会内置大量预设的纹理图案，如逼真的木头纹理、金属质感纹理等。用户只需选择自己需要的纹理，并根据模型的实际情况，调整纹理的大小、方向、位置等参数，即可使纹理与模型完美贴合，为模型增添丰富的细节。对于一些需要更复杂细节的模型，如雕刻的花纹，软件也提供了简单易用的雕刻工具，用户可以利用这些工具，在模型表面进行精细的雕刻操作，创造出独具特色的细节效果。

在模型优化过程中，Agent 发挥着智能决策和精准操作的关键作用。在平滑处理环节，Agent 会根据模型的最终用途、设计风格及行业标准，为用户推荐最为合适的平滑程度。例如，对于一个用于产品展示的 3D 模型，Agent 会建议选择相对较高的平滑程度，以展现产品的精致外观；而对于一个强调手工质感的艺术模型，Agent 则会推荐适度降低平滑程度，保留一定的原始质感。在添加细节方面，Agent 能够从海量的纹理库和细节元素库中，根据模型的整体风格和设计主题，筛选出最匹配的内容。同时，Agent 还能自动对所选细节元素的参数进行优化调整，确保纹理大小、方向和位置与模型完美融合。此外，Agent 还具备实时模拟模型在不同场景下展示效果的能力，它可以帮助设计师提前预览优化后的模型在实际应用场景中的表现，如在虚拟展厅中的展示效果、在动画场景中的运动效果等，确保最终的模型效果完全符合设计预期。

随着虚拟现实(VR)和增强现实(AR)技术的蓬勃发展，设计草图转 3D 模型技术的应用场景得到了极大的拓展。在这些新兴的应用场景中，Agent 同样发挥着重要作用。在 VR 环境中，Agent 可以作为设计师的虚拟智能助手，实时为设计师提供操作指导和设计建议。当设计师在虚拟空间中对 3D

模型进行操作和修改时，Agent 能够根据设计师的操作意图，及时提供相关的操作提示和技巧，帮助设计师更顺畅地完成设计工作，大大提升设计效率和创意表达能力。

8.1.3 图像识别与分类应用

图像识别与分类作为图像处理技术的核心应用领域，广泛渗透于安防、医疗、交通、农业等多个关系国计民生的重要行业。在这些应用场景中，Agent 进一步提升了系统的智能化和自动化水平，为各行业的高效发展提供了强大的技术支持。

1. 安防领域

在安防领域，图像识别技术主要应用于人脸识别和车牌识别，以实现对人员和车辆的快速、准确识别与监控。

以日常生活中常见的手机人脸识别解锁功能为例，其原理与安防领域的人脸识别技术具有相似之处。用户在手机的设置中找到"面容 ID 与密码"（不同手机名称可能略有差异）选项，按照手机的提示，缓慢转动头部，让手机前置摄像头全方位采集自己的面部信息。手机会将采集到的面部特征进行数字化处理，生成一个独特的面部数据模板，并存储在手机的安全芯片中。当用户下次解锁手机时，手机摄像头会再次捕捉用户的面部图像，将其与预先存储的面部数据模板进行精确比对。如果两者高度匹配，手机便会自动解锁，为用户提供便捷的解锁体验。而安防领域的人脸识别系统则更为复杂和强大，它需要采集大量不同人员的面部信息，并将这些信息存储在一个庞大的数据库中。当有人员出入需要识别的场所时，安防系统的摄像头会实时捕捉人员的面部图像，然后将图像传输至后台的人脸识别算法模块。该模块会迅速提取图像中的面部特征，并与数据库中的海量面部数据逐一进行比对。一旦找到匹配的记录，系统便能准确识别出人员的身份信息，并根据预设的权限规则，判断该人员是否有权限进入该场所。如果检测到异常人员或行为，如陌生人试图闯入限制区域、重点关注人员出现等情况，系统会立即发出警报，并将相关信息及时通知给安保人员，实现对人员的有效管控和安全防范。

（1）在车牌识别方面，当车辆行驶经过高速公路收费站、停车场出入口或交通监控卡口时，安装在上方的高清摄像头会迅速拍摄车辆的照片。这些照片会被传输至专门的车牌识别软件进行处理。软件首先会运用先进的图像分割算法，在照片中精准定位车牌的位置，将车牌从整个车辆图像中分离出来。接着，利用光学字符识别（OCR）技术，对车牌上的字符进行识别。OCR 技术通过将车牌字符与预先存储的各种车牌字符样本进行比对，通过分析字符的形状、笔画等特征，从而判断出每个字符的具体内容。最后，将识别出的字符按照顺序组合起来，便得到了车辆的车牌号码。通过车牌识别技术，交通管理部门可以实现对车辆的实时监控、收费管理、违章抓拍等功能，大大提高了交通管理的效率和准确性。

（2）在安防图像识别应用中，Agent 扮演着智能管理者的角色。在人脸识别系统中，Agent 不仅能够实时监控人员的出入情况，还能对海量的人脸数据进行深度智能分析。它可以挖掘潜在的安全风险，如通过分析人员的行为模式和时间规律，发现同一人员在短时间内多次出现在不同敏感区域的异常行为。一旦检测到异常情况，Agent 会立即发出警报，并通知相关安保人员进行处理。同时，Agent 还能根据实际的安全需求，对人脸识别系统的参数进行动态调整，如提高识别精度、加快识别速度等，以适应不同场景下的安全防范要求。

（3）在车牌识别方面，Agent 可以与交通管理系统进行深度融合，实现更加智能化的交通管理。它能够自动识别违规车辆，如套牌车、逾期未年检车辆等，并将相关信息及时反馈给执法部门。此外，Agent 还能对交通流量进行实时监测和分析，根据不同时间段、不同路段的交通流量情况，为交通管理部门提供优化交通信号灯时长、调整交通管制策略等决策建议，以有效缓解交通拥堵，提高道路通行效率。

2. 医疗领域

在医疗领域，图像识别技术发挥着至关重要的辅助诊断作用，主要应用于对 X 光、CT、MRI 等医学影像的分析，帮助医生更准确地诊断疾病。

以基于 X 光影像的疾病诊断为例，医生在拿到患者的 X 光影像后，首先会对影像进行全面、细致的观察。正常情况下，人体的肺部在 X 光影像中呈现较为透亮的状态，而骨骼则显示为白色且形状规则。当医生发现影像中肺部出现白色的阴影区域时，可能表明肺部存在病变，如肺炎、肺结核、肺部肿瘤等。对于骨骼部分，若观察到明显的断裂线，则可能是骨折的表现；若发现骨

第 8 章　多模态革命：看见、听见、感知世界的 Agent

骼密度不均匀，则可能存在骨质疏松、骨肿瘤等骨骼疾病。然而，医学影像的分析是一项复杂且具有挑战性的任务，需要医生具备丰富的专业知识和临床经验。在这一过程中，Agent 能够为医生提供强大的智能辅助诊断支持。它可以利用深度学习算法，快速分析大量的医学影像数据，提取其中的关键特征，并与庞大的医学影像数据库进行比对。通过这种方式，Agent 能够为医生提供可能的疾病诊断建议和相关的参考病例。当医生查看一张 X 光影像时，Agent 能够自动标记出影像中的可疑区域，并根据数据分析给出该区域可能对应的疾病类型及相应的概率。同时，Agent 还能整合患者的病史、症状、检验报告等多源信息，为医生提供更加全面、准确的诊断参考，帮助医生更全面、深入地了解患者的病情，从而做出更科学、合理的诊断决策，有效减少误诊和漏诊的发生概率。

上海 AI 医院：医疗行业变革先锋

在科技飞速发展的今天，人工智能（AI）正以前所未有的速度渗透到各个领域，医疗行业也不例外。上海，这座充满创新活力的城市，率先迎来了全球第一家 AI 医院，这一消息犹如一颗重磅炸弹，瞬间在医疗圈掀起了轩然大波。

上海的这家 AI 医院，堪称医疗领域的一次大胆创新。医院内配备了 42 个 AI "医生"，它们覆盖了几乎所有科室，能够应对 300 多种疾病的诊断与治疗。无论是常见的感冒发烧，还是较为复杂的慢性疾病，AI "医生"都能给出专业的诊断意见。而且，这家医院打破了传统医院的营业时间限制，全天 24 小时营业，极大地方便了患者就医。据统计，该 AI 医院每天能够接诊 3000 多人次，并且挂号不分专家号，患者不用再为抢专家号而烦恼，如图 8-2 所示。

AI 医院的出现，为医疗行业带来了诸多变革。在处理常规病症时，AI 展现出了极高的效率。它能够快速分析患者的症状、病史等信息，准确地给出诊断结果和治疗方案，大大缩短了患者的就诊时间。但 AI 也并非完美无缺。患者看病，除了希望药到病除，还需要情感上的安慰和关怀。医生的嘘寒问暖、耐心沟通，往往能给患者带来极大的心理慰藉，而这恰恰是 AI 目前所无法做到的。

尽管存在不足，但 AI 医院的未来发展依然充满了无限可能。AI 与医生的合作，或许将成为未来医疗的新模式。医生凭借丰富的临床经验和人文关怀，与 AI 强大的数据分析能力相结合，有望进一步提升医疗水平，为患者提供更加优质、高效的医疗服务。就像当年汽车取代马车，开启了交通运输的新纪元一样，AI 医院的出现，也可能预示着医疗行业将迎来一场深刻的变革。未来究竟会怎样，我们拭目以待。

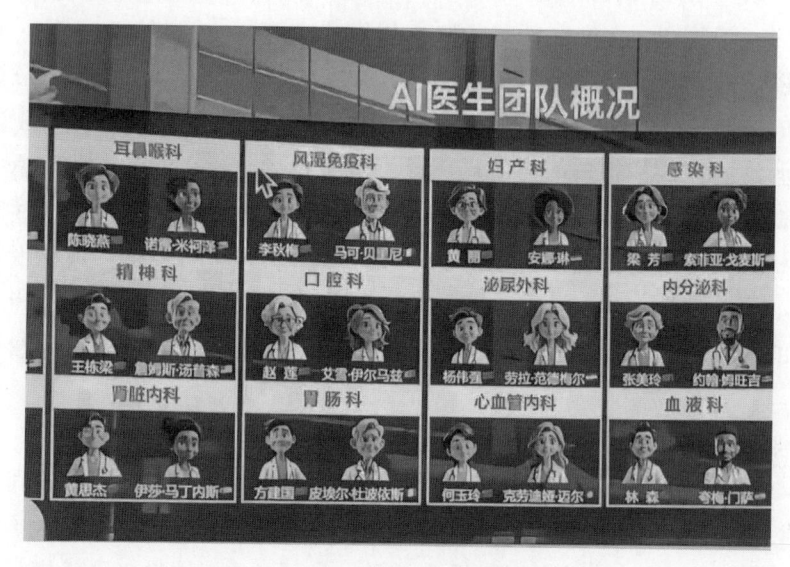

图 8-2　上海 AI 医院

3. 交通领域

在交通领域，图像识别技术主要应用于交通标志识别和车辆检测，为实现智能交通、提高交通安全性和顺畅性提供了有力保障。交通标志是道路交通安全的重要组成部分，它们通过特定的形状、颜色和图案向驾驶员传达各种交通信息。当驾驶员行驶在路上时，其大脑会自动对交通标志进行识别和解读，从而做出相应的驾驶决策。而交通摄像头的交通标志识别原理与人类的大脑类似，只不过它是通过先进的图像识别算法来实现的。摄像头实时拍摄道路上的交通标志图像，将其传输至后台的图像识别系统。系统首先对图像进行预处理，增强图像的清晰度和对比度，然后运用基于深度学习的目标检测算法，对图像中的交通标志进行识别和分类。算法通过分析交通标志的形状、颜色、图案等特征，与预先存储的交通标志模板进行比对，从而判断出交通标志的类型。

8.2　语音交互：方言识别/情感化语音合成

在当今数字化与智能化深度融合的时代，语音交互作为人与智能设备之间

第8章 多模态革命：看见、听见、感知世界的 Agent

最为自然、便捷的交互方式之一，正以惊人的速度渗透到我们生活和工作的各个角落。从日常使用的智能手机，到智能家居中的各类设备，再到智能汽车的驾驶座舱，语音交互无处不在，悄然改变着我们与科技互动的模式。从基础的语音指令识别，到极具挑战性的方言识别及充满人文关怀的情感化语音合成，语音交互技术的每一次突破都为智能 Agent 赋予了更加丰富、自然且人性化的交互能力，让智能设备不再是冰冷的机器，而是能够理解我们、与我们顺畅交流的智能伙伴。

8.2.1 方言识别：多语种与方言支持

1. 方言识别难题与深度学习破局

在这个多元文化交融的全球化社会中，语言的多样性是人类文明的宝贵财富。但这种多样性也带来了交流的障碍，尤其是在智能设备的交互场景中。不同地区的人们使用着各种各样独特的方言，这些方言承载着当地的历史、文化和民俗风情，而传统的语音识别技术往往主要针对标准语言进行训练，对于方言的识别效果常常较差。以我国为例，地域辽阔，方言众多，像粤语、吴语、闽南语等方言，不仅发音独特，语法和词汇也与普通话存在较大差异。在过去，当广东地区的居民使用智能语音助手查询信息时，如果用粤语提问，智能助手可能会因为无法准确识别方言词汇和发音，而给出错误的回答或根本无法理解指令，这无疑给用户带来了极大的不便。

2. 多语种方言混合识别进展

近年来，随着深度学习技术的蓬勃发展，方言识别领域取得了令人瞩目的进展。深度学习的核心在于通过构建复杂的神经网络模型，让计算机能够自动从海量的数据中学习特征和模式。在方言识别中，研究人员通过收集大量的方言语音数据，并利用深度神经网络进行训练，显著提高了方言识别的准确率。基于循环神经网络(RNN)和长短时记忆网络(LSTM)的方言识别模型是其中的典型代表。RNN 能够对时间序列数据进行处理，非常适合语音这种随时间变化的信号。而 LSTM 作为 RNN 的一种改进版本，有效地解决了 RNN 在处理长序列时的梯度消失和梯度爆炸问题，能够更好地捕捉语音中的长期依赖关系。例如，在训练一个粤语识别模型时，研究人员会收集大量包含各种场景、不同说话人的粤语语音样本，这些样本涵盖了日常对话、新闻播报、影视片段等多种类型。然后，将这些语音数据转化为数字信号，输入到基于 LSTM 的神经网络模型中进行训练。在训练过程中，模型会不断调整自身的参数，学习粤语的语音特征，如独特的发音方式、声调变化及常用词汇的发音模式等。经过大量数据的训练后，该模型就能够准确地识别出输入语音中的粤语内容。

此外，多语种与方言混合识别技术也在不断取得新的突破。在一些国际化大都市，人们在日常交流中常常会混合使用多种语言和方言。如在上海，人们可能会在普通话交流中夹杂着上海话，甚至还会出现英语词汇。为满足这种多样化的交流需求，智能设备的语音识别系统需要具备同时处理多种语言和方言的能力。一些先进的语音识别模型通过融合多语种的声学模型和语言模型，能够有效地识别出混合语音中的不同语言和方言部分，并进行准确地解析。例如，谷歌的语音识别技术在不断优化后，已经能够较好地处理多种语言和方言混合的情况，无论是在印度这样语言种类繁多的国家，还是在欧洲一些多语言共存的地区，都能为用户提供较为准确的语音交互服务。

3. Agent 助力方言识别应用

在方言识别的实际应用中，Agent 扮演着智能语言桥梁的重要角色。以智能客服领域为例，当一家企业的客服系统接入方言识别功能后，Agent 能够根据用户的语音特征，自动判断用户使用的方言类型，并调用相应的方言识别模型进行处理。当一位说着四川方言的用户咨询问题时，Agent 会迅速识别出其方言，并将用户的语音准确转化为文本，然后利用自然语言处理技术理解用户的问题，给出准确的回答。同时，Agent 还能根据用户的方言习惯和交流风格，调整回复的语言风格，使交流更加自然流畅，提高用户的满意度。在智能导航系统中，方言识别功能也能为用户带来极大的便利。对一些不太熟悉普通话的司机来说，使用方言与导航系统交互更加轻松。Agent 能够识别司机的方言指令，如"走哪条路近些"（四川方言），并准确规划路线，提供导航服务，让驾驶过程更加安全、便捷。

8.2.2 情感化语音合成：语调与情感表达

情感化语音合成是一项极具魅力的技术，它旨在使合成语音具有人类丰富的情感色彩，让智能设备的语音输出不再是单调、机械的声音，而是充满生机

第 8 章　多模态革命：看见、听见、感知世界的 Agent

与情感的交流媒介。语调作为情感表达的关键要素之一，不同的语调能够传达出截然不同的情感，如高兴时的欢快语调、悲伤时的低沉语调、愤怒时的激昂语调及惊讶时的高亢语调等。

1. 语音语调传递丰富情感

在日常生活中，我们可以通过语音的语调、语速、音高、音量等多个维度来感知他人的情感状态。例如，当我们听到一个人语速较快、音高较高、音量较大地说话时，往往会判断他处于兴奋或高兴的情绪中；而当一个人语速缓慢、音高较低、音量较小时，可能意味着他心情低落或悲伤。情感化语音合成技术正是基于对这些语音情感特征的深入理解和分析，通过对语音信号的精细处理，提取出其中的情感特征，并根据这些特征调整合成语音的各项参数，使合成语音能够准确地表达出相应的情感。当我们需要合成一段高兴的语音时，技术人员会通过调整语音合成系统的参数，提高语速，让语音听起来更加轻快；升高音高，使声音更具活力；增大音量，增强欢快的氛围。以一句简单的问候语"你好呀"为例，在正常情况下，它的语速适中、音高平稳、音量正常。但当要表达高兴的情感时，合成语音会加快语速，将"你好呀"说得更加轻快流畅，同时提高音高，让每个字的发音都更明亮，音量也适当增大，使这句问候充满喜悦的感觉。相反，在合成悲伤的语音时，会降低语速，让每个字都显得沉重而缓慢；降低音高，使声音更加低沉压抑；减小音量，营造出一种低落的氛围。对于"我真的好难过"这句话，在悲伤情感的合成中，语速会明显变慢，音高降低，音量也变小，仿佛说话者正沉浸在深深的痛苦之中。

2. 深度学习推动情感合成

近年来，深度学习技术为情感化语音合成带来了革命性的突破。基于生成对抗网络(GAN)和变分自编码器(VAE)的情感化语音合成模型展现出了强大的能力。GAN 由生成器和判别器组成，生成器负责生成合成语音，判别器则负责判断生成的语音是否真实自然。在训练过程中，生成器和判别器相互对抗、相互学习，不断优化生成的语音质量。VAE 则通过对语音数据的编码和解码，学习语音的潜在特征表示，能够更好地捕捉语音中的情感信息。例如，百度的情感化语音合成技术基于深度学习模型，能够生成非常逼真的情感化语音。在一些有声读物的制作中，通过该技术合成的语音能够根据文本内容准确地表达出各种情感，如在讲述一个感人的故事时，合成语音能够通过细腻的情感表达，让听众如身临其境，感受到故事中人物的喜怒哀乐。

3. Agent实现情感智能交互

在情感化语音合成的应用场景中，Agent发挥着情感智能交互核心的作用。在智能陪伴机器人领域，Agent能够根据用户的情绪状态和交流内容，生成相应情感的语音回复。当用户分享自己的喜悦时，Agent会以高兴的语调回应，与用户一同庆祝；当用户倾诉烦恼时，Agent会用温柔、安慰的语调给予关怀和建议。在智能语音广播系统中，Agent可以根据不同的节目内容和氛围，调整合成语音的情感。在播放轻松的音乐节目时，语音主持人的声音非常欢快和具有活力；在播报严肃的新闻时，语音则变得沉稳、庄重。这种情感化的语音交互能够极大地提升用户的体验，使智能设备与用户之间的交流更加贴近人与人之间的自然交流。

8.2.3 语音唤醒与指令识别

语音唤醒是智能设备实现便捷语音交互的基础功能之一，它使得智能设备在待机状态下能够时刻"倾听"周围的声音，一旦检测到特定的唤醒词，便迅速从低功耗状态切换到工作状态，准备接收用户的语音指令。语音唤醒技术的关键在于如何在复杂的环境噪声中准确地检测唤醒词，同时避免被误唤醒，以确保设备的高效运行和用户的使用体验。

1. 语音唤醒技术原理与发展

常见的语音唤醒算法主要包括基于关键词匹配的算法和基于深度学习的算法。基于关键词匹配的算法相对简单直接，它通过将接收到的语音信号与预先设定的唤醒词进行匹配，判断是否唤醒设备。例如，早期的一些智能音箱设置唤醒词为"小爱同学"，当设备接收到语音信号后，会对语音进行预处理，提取其中的声学特征，然后与"小爱同学"的模板特征进行比对。如果相似度达到一定的阈值，就判定检测到唤醒词，设备随即被唤醒。然而，这种基于关键词匹配的算法存在一定的局限性，它对环境噪声较为敏感，容易受到背景声音的干扰，导致误唤醒。而且，对于不同说话人的发音差异适应性较差，可能会出现某些用户的唤醒词无法被准确识别的情况。

第 8 章 多模态革命：看见、听见、感知世界的 Agent

2. Agent 协调唤醒与指令执行

随着深度学习技术的发展，基于深度学习的语音唤醒算法逐渐成为主流。这种算法通过对大量语音数据的学习，建立唤醒词的声学模型，能够更加准确地识别唤醒词。以基于深度神经网络的语音唤醒模型为例，研究人员会收集大量包含不同说话人、不同环境噪声、不同语速和语调的唤醒词语音样本。然后，将这些样本输入到神经网络中进行训练，模型会自动学习唤醒词的各种声学特征和变化规律。在实际应用中，当设备接收到语音信号时，模型会根据学习到的特征模式，对语音进行分析和判断，准确识别出唤醒词。例如，亚马逊的 Alexa 智能语音助手采用了先进的深度学习语音唤醒技术，能够在复杂的家庭环境中准确识别唤醒词，即使在电视播放、家人交谈等嘈杂环境下，也能迅速响应用户的唤醒指令。

指令识别是语音交互的另一个关键环节，它要求智能设备在接收到用户的语音指令后，能够准确地理解指令的含义，并执行相应的操作。指令识别技术需要紧密结合自然语言处理技术，对语音指令进行语音识别、语义理解和意图判断，将语音指令转化为计算机能够理解的操作指令。例如，当用户对智能音箱说"打开灯光"时，首先，语音识别模块会将用户的语音信号转化为文本；然后，自然语言处理模块对"打开灯光"这个文本进行语义分析，理解用户的意图是控制灯光设备；最后，通过与智能家居系统的通信接口，将控制指令发送给灯光设备，实现对灯光的控制。

在语音唤醒与指令识别的过程中，Agent 起着智能协调和精准执行的作用。在智能会议室系统中，Agent 能够实时监测会议室中的语音信号，当检测到唤醒词后，迅速唤醒系统，并准确识别用户的指令。如果用户说"打开投影仪"，Agent 会立即将指令传达给投影仪设备，实现设备的控制。同时，Agent 还能根据会议室的使用场景和用户的习惯，对指令进行智能优化和补充。当用户说"调暗灯光"时，Agent 不仅会控制灯光调暗，还可能根据会议室的光线传感器数据，自动调整投影仪的亮度，以达到最佳的投影效果。在智能车载系统中，Agent 能够在车辆行驶过程中，准确识别驾驶员的语音指令，如"导航到最近的加油站""播放我喜欢的音乐"等。并且，Agent 会根据车辆的实时状态和周边环境信息，对指令进行合理的处理。例如，当驾驶员在高速行驶时发出导航指令，Agent 会优先推荐距离最近且交通便利的加油站，确保驾驶的安全和便捷。

8.2.4 语音交互在智能设备中的应用

语音交互技术在智能设备中的应用范围日益广泛，已经成为智能手机、智能音箱、智能家居设备、智能汽车等智能设备不可或缺的交互方式之一。在智能手机领域，语音助手如苹果的 Siri、谷歌的 Assistant、小米的小爱同学等，为用户提供了便捷高效的服务。用户可以通过语音交互，轻松实现各种操作。当用户在忙碌时需要查询第二天的天气情况，只需对着手机说"明天天气怎么样"，Siri 就会迅速查询天气信息，并以语音的形式反馈给用户。如果用户想要设置一个早上 8 点的闹钟，对小爱同学说"设置明天早上 8 点的闹钟"，即可完成操作。语音助手还能理解一些复杂的指令，如"帮我给妈妈发一条短信，告诉她我今晚晚点回家"，谷歌 Assistant 会准确识别指令，打开短信应用，输入短信内容并发送给用户的妈妈。

1. 智能音箱语音交互多样功能

在智能音箱市场，语音交互更是成为主要的交互方式。以天猫精灵为例，用户可以通过语音指令与它进行丰富的互动。用户说"播放周杰伦的歌曲"，天猫精灵会立即从音乐平台搜索周杰伦的歌曲并播放；当用户想要了解当天的新闻时，说"播放今日新闻"，天猫精灵就会播放最新的新闻资讯。此外，智能音箱还能与智能家居设备联动，实现对家居环境的智能控制。用户可以说"打开客厅的空调，温度设置为 26℃"，智能音箱会将指令传达给空调设备，完成空调的开启和温度设置。

2. 智能家居便捷语音控制体验

在智能家居系统中，语音交互让用户能够更加便捷地控制家电设备。想象一下，当用户双手拿着东西走进家门时，不用寻找遥控器，只需说"打开客厅灯光"，灯光便会自动亮起；当用户在卧室休息时，说"关闭电视"，客厅的电视就会应声关闭。像海尔的智能家居系统，通过接入语音交互技术，用户可以对灯光、空调、电视、窗帘等各种家电设备进行语音控制。而且，智能家居系统还能根据用户的日常习惯，设置场景模式。用户说"开启睡眠模式"，系统会自动关闭不必要的电器设备，调暗灯光，调节空调温度，营造一个舒适的睡眠环境。

第 8 章 多模态革命：看见、听见、感知世界的 Agent

3. 智能汽车安全语音交互服务

在智能汽车领域，语音交互技术的发展为驾驶员提供了更加安全、便捷的驾驶体验。特斯拉的智能语音控制系统允许驾驶员通过语音指令控制汽车的导航、音乐、电话等功能。当驾驶员需要导航到某个目的地时，只需说"导航到××"，汽车的导航系统就会自动规划路线并开始导航；当驾驶员想听音乐时，说"播放流行音乐"，汽车音响就会播放流行音乐。此外，一些智能汽车还具备语音交互的智能助手功能，能够回答驾驶员关于汽车性能、驾驶技巧等方面的问题，如驾驶员问"如何开启自动驾驶辅助"，智能助手会详细解答操作步骤，让驾驶员的驾驶过程更加轻松愉悦。

在这些智能设备的语音交互应用中，Agent 作为智能交互的核心，发挥着至关重要的作用。它能够整合不同智能设备的功能和资源，实现多设备之间的协同工作。当用户在智能音箱上设置了一个提醒事项时，Agent 可以将这个提醒同步到用户的智能手机和智能手表上，确保用户不会错过重要事件。在智能家居场景中，Agent 能够根据用户的语音指令和家庭环境的实时数据，自动优化家电设备的运行状态。当用户说"家里有点热"时，Agent 会综合考虑室内温度、湿度及空调的运行状态，自动调整空调的温度和风速，为用户提供舒适的居住环境。在智能汽车与智能家居的联动场景中，Agent 能够实现用户在车内对家中设备的远程控制。当用户快到家时，在车内说"打开家里的热水器"，Agent 会将指令传达给家中的智能热水器，提前为用户准备好热水，真正实现智能化的生活。

8.3 环境感知：智能家居控制中枢实战

在多模态革命的浪潮中，环境感知技术占据着举足轻重的地位。它赋予智能设备感知周围环境信息的能力，像温度、湿度、光照强度及空气质量等，然后依据这些信息做出合理决策。尤其在智能家居领域，环境感知技术的应用让家居设备实现自动化控制，极大地提升了人们生活的舒适度、便捷性与智能化程度，为用户打造出一个真正智能的生活环境。而在这一过程中，Agent 作为智能控制的核心，发挥着关键作用，推动着环境感知技术在智能家居及智能建筑领域的深度应用与发展。

8.3.1 传感器技术与数据采集

传感器是实现环境感知的基石,它如同智能设备的"触角",能够将环境中的各类物理量、化学量等转化为便于智能设备处理和分析的电信号或数字信号。在智能家居体系里,多种类型的传感器协同工作,为智能家居控制中枢提供全面、实时的环境数据。

1. 温度传感器

温度传感器用于精准测量室内温度,常见的类型有热敏电阻和热电偶。热敏电阻的工作基于其电阻值会随温度变化而改变的特性。当环境温度升高时,热敏电阻的阻值会相应减小;反之,温度降低时,电阻值会增大。在实际应用中,将热敏电阻接入一个简单的电路,通过微控制器测量电路中电阻值的变化,再依据预先校准的温度-电阻对应关系,就能准确计算出当前的室内温度。例如,在一个智能家居系统中,将热敏电阻安装在客厅的墙壁上,微控制器每隔一定时间(如 1 分钟)采集一次热敏电阻的阻值,经过计算后得到当前客厅的温度,并将数据传输给智能家居控制中枢。热电偶则利用两种不同金属材料在温度变化时产生的热电效应来测量温度。当热电偶的两端处于不同温度时,会产生一个与温度差成正比的热电势。通过测量这个热电势,并结合已知的热电偶特性曲线,就可以确定环境温度。在一些对温度测量精度要求较高的智能家居场景中,如智能温室控制中,热电偶能够更准确地感知温度变化,为植物生长提供适宜的温度。

2. 湿度传感器

湿度传感器主要用于测量室内湿度,常见的有电容式和电阻式两种类型。电容式湿度传感器的工作原理是基于其电容值会随着环境湿度的变化而改变。当环境湿度增加时,传感器内部的电容值增大;湿度降低时,电容值减小。通过检测电容值的变化,就可以计算出当前的湿度值。在实际操作中,电容式湿度传感器通常与一个振荡电路相连,电容值的变化会导致振荡频率的改变,微控制器通过测量振荡频率,经过换算得到湿度数据。例如,在卧室安装一个电容式湿度传感器,它可以实时监测室内湿度,当湿度低于设定的舒适范围(如 40%RH)时,智能家居控制中枢会自动启动加湿器,增加室内湿度。电阻式湿度传感器则是利用某些材料的电阻值随湿度变化的特性来检测湿度。一些高分子材料在吸收水分后,其电阻值会发生明显变化。

第8章 多模态革命：看见、听见、感知世界的Agent

将这种材料制成电阻元件，接入电路中，通过测量电阻值的变化就能得到环境的湿度信息。电阻式湿度传感器结构简单、成本较低，在一些对成本较为敏感的智能家居产品中应用广泛。

3. 光照传感器

光照传感器用于检测室内光照强度，常见的有光敏电阻和光电二极管。光敏电阻的阻值会随着光照强度的变化而显著改变，光照越强，阻值越小；光照越弱，阻值越大。在实际应用中，将光敏电阻与一个固定电阻串联在电源两端，通过微控制器测量光敏电阻两端的电压变化，就可以计算出光照强度。例如，在智能照明系统中，安装在房间各个角落的光敏电阻可以实时感知室内光照强度。当光照强度低于设定值（如50lux）时，智能家居控制中枢会自动打开灯光；当光照强度充足时，智能家居控制中枢自动关闭灯光或调节灯光亮度，实现节能与舒适的平衡。光电二极管则基于光电效应工作，当有光照射到光电二极管上时，会产生光电流。光电流的大小与光照强度成正比，通过测量光电流的大小，就可以确定光照强度。光电二极管响应速度快、精度较高，常用于对光照强度变化要求快速响应的智能家居场景，如智能窗帘控制系统，当光照强度发生变化时，能迅速控制窗帘的开合程度。

4. 空气质量传感器

空气质量传感器用于检测室内空气质量，主要检测甲醛、TVOC（总挥发性有机化合物）、PM2.5等污染物的浓度。以甲醛传感器为例，常见的有电化学原理的传感器。它利用甲醛气体在电极上发生氧化还原反应，产生与甲醛浓度成正比的电信号。传感器内部的电极与电解液构成一个微型的电化学电池，当甲醛气体扩散到电极表面时，发生化学反应，产生电流。通过测量这个电流的大小，并经过校准和计算，就可以得到室内甲醛的浓度。在新装修的房屋中，安装甲醛传感器可以实时监测室内甲醛含量，当甲醛浓度超过安全标准时，智能家居控制中枢可以自动开启空气净化器，净化室内空气。检测PM2.5的传感器多采用光学原理，如激光散射原理。传感器发射一束激光，当空气中的PM2.5颗粒通过激光束时，会产生散射光。通过检测散射光的强度和角度，利用相关算法就可以计算出PM2.5的浓度。在雾霾天气较为严重的地区，智能家居中的PM2.5传感器可以实时监测室内空气质量，为用户提供健康预警，并根据需要自动控制空气净化设备的运行。

5. 人体红外传感器

人体红外传感器用于检测人体的存在和活动。它的工作原理基于人体会发射特定波长范围的红外线。当人体进入传感器的检测范围时，传感器内部的红外探测器会接收到人体发射的红外线信号，经过放大、滤波等处理后，输出一个电信号。这个电信号可以作为触发信号，通知智能家居控制中枢有人进入了相应区域。例如，在智能安防系统中，当人体红外传感器检测到有人在夜间进入客厅时，智能家居控制中枢会自动打开灯光，同时向用户的手机发送警报信息，提醒用户注意安全。通过这些传感器，智能家居控制中枢能够实时采集室内环境信息，并将这些数据通过有线或无线方式传输到云端或本地服务器进行存储和分析。在数据传输过程中，Agent 扮演着数据协调与管理的角色。它可以根据传感器的类型、数据量及网络状况，选择最优的数据传输方式和时间间隔。例如，对于温度、湿度等变化相对缓慢的数据，Agent 可以设置较长的传输间隔，以减少网络带宽的占用；而对于人体红外传感器检测到的人体活动信息等实时性要求较高的数据，Agent 会立即将其传输给控制中枢，以确保系统能够及时响应。同时，Agent 还负责对传感器采集到的数据进行初步筛选和预处理，去除异常数据和噪声干扰，提高数据的准确性和可靠性，为后续的数据分析和设备控制提供高质量的数据支持。

8.3.2 智能家居设备联动与控制

智能家居控制中枢在获取环境感知数据后，能够依据预设的规则和用户的个性化需求，实现智能家居设备的联动与控制，让家居生活更加智能和便捷。

1. 设备联动控制实例

当温度传感器检测到室内温度过高时，智能家居控制中枢会自动触发一系列动作。假设室内温度设定的舒适范围是 24～26℃，当温度传感器检测到温度达到 28℃时，控制中枢首先向空调发送指令，自动打开空调并将温度设置为 24℃，开始制冷降温。同时，控制中枢还可以根据用户的习惯，调节空调的风速和模式，如设置为自动风速模式，以达到最佳的降温效果。当光照传感器检测到室内光线过暗时，控制中枢会自动打开灯光。例如，在傍晚时分，当光照强度低于 50lux 时，客厅、卧室等区域的灯光会自动亮起。控制中枢还可以根据不同区域的功能和用户的偏好，调节灯光的亮度和颜色。当用户在客厅看电视时，灯光可以调暗并切换为暖色调，营造出舒适的观影氛围；当用户在书房工作

第8章　多模态革命：看见、听见、感知世界的 Agent

时，灯光则调至明亮的冷色调，提供充足的照明。当人体红外传感器检测到有人进入房间时，控制中枢可以自动打开电视、播放音乐等。例如，当用户下班回家进入客厅时，人体红外传感器检测到人体活动信号后，控制中枢可以自动打开电视并切换到用户常看的电视频道，同时，智能音箱开始播放用户喜欢的音乐，为用户营造一个温馨的家居氛围。

2．智能场景模式实现

智能家居设备之间还可以通过智能场景模式实现更加智能化的互联互通。以"回家模式"为例，用户可以通过手机 App 或语音指令触发该模式。当用户在下班途中，通过手机 App 点击"回家模式"按钮，或者对智能音箱说"我要回家了"，智能家居控制中枢接收到指令后，会按照预设的规则，自动打开家中的灯光、空调、窗帘，并播放用户喜欢的音乐。首先，控制中枢会向灯光系统发送指令，打开客厅、餐厅、走廊等区域的灯光，亮度设置为适中；接着，向空调发送指令，将室内温度调节到舒适的 25℃；然后，控制窗帘电机，自动拉开窗帘，让室内更加明亮；最后，智能音箱开始播放用户收藏的轻松愉悦的音乐，让用户一进家门就能感受到家的温暖和舒适。

在智能家居设备联动与控制过程中，通信协议起着关键的桥梁作用。常见的通信协议包括 Wi-Fi、蓝牙、ZigBee、Z-Wave 等，它们各自具有不同的特点和适用场景。Wi-Fi 通信协议应用广泛，传输速度快，适合大数据量的传输，如高清视频监控数据的传输。在智能家居中，智能摄像头、智能电视等设备通常采用 Wi-Fi 连接，以便快速传输图像和视频数据。蓝牙协议功耗低、连接方便，常用于连接一些小型的智能家居设备，如智能手环、智能门锁等。用户可以通过手机蓝牙与智能门锁配对，实现无钥匙开锁，方便快捷。ZigBee 协议具有低功耗、自组网、可靠性高等特点，非常适合智能家居中大量传感器和低功耗设备的连接。例如，温度传感器、湿度传感器、人体红外传感器等可以通过 ZigBee 协议组成一个自组网，将采集到的数据传输给智能家居控制中枢。Z-Wave 协议同样具有低功耗、可靠性强的特点，并且在信号穿透能力方面表现出色，常用于一些对信号稳定性要求较高的智能家居设备，如智能插座、智能开关等。

Agent 在智能家居设备联动与控制中扮演着智能决策和协调者的角色。它能够根据用户的历史习惯、实时环境数据及设备的运行状态，动态调整设备的联动规则和控制策略。例如,在夏季高温天气,当用户频繁使用"回家模式"时,Agent 可以学习到用户的习惯,在用户触发"回家模式"前,提前一段时间打开空调进行预冷,让用户到家时就能感受到舒适的温度。同时,Agent 还可以协调不同通信协议设备之间的通信,确保数据的准确传输和设备的稳定控制。当 Wi-Fi 网络出现拥堵时,Agent 可以自动调整数据传输策略,优先保障关键设备(如安防设备)的数据传输,确保家居安全。

8.3.3 场景模式设置与自动化执行

场景模式设置是智能家居的一大特色功能,它允许用户根据自己独特的生活习惯和实际需求,自定义不同的场景模式,并为每个场景模式设置相应的设备动作和参数,实现家居生活的个性化和自动化。

1. 睡眠模式设置与执行

以"睡眠模式"为例,用户可以通过智能家居控制中枢的手机 App 或控制面板进行设置。打开手机 App,进入场景模式设置界面,点击"睡眠模式"进行编辑。在设置过程中,用户可以根据自己的需求,对各个设备的动作和参数进行详细设定。如将灯光设置为在晚上 10 点 30 分开始逐渐变暗,在 5 分钟内从全亮状态逐渐降低到熄灭,模拟自然的睡眠环境;将空调设置为调节到 26℃,风速设置为低速,保持室内温度舒适且安静;将窗帘设置为自动关闭,以阻挡外界光线干扰;将智能音箱设置为播放轻柔的助眠音乐,如舒缓的钢琴曲或自然音效,音量设置为较低,以帮助用户放松身心,进入睡眠状态。一旦"睡眠模式"设置完成,智能家居控制中枢就会按照预设的条件和规则自动执行。当晚上 10 点 30 分时,控制中枢首先向灯光系统发送指令,逐渐降低灯光亮度,直至灯光熄灭;接着,向空调发送指令,调整温度和风速;然后,控制窗帘电机关闭窗帘;最后,智能音箱开始播放预设的助眠音乐。在睡眠过程中,如果温度传感器检测到室内温度发生变化,超出了设定的舒适范围,Agent 会自动调整空调的运行参数,确保用户在睡眠中始终处于舒适的温度环境。如果用户在睡眠中醒来,发出语音指令,Agent 可以根据指令,快速调整相关设备的状态,如打开夜灯、暂停音乐播放等。

2. 离家模式设置与执行

"离家模式"也是智能家居中常用的场景模式之一。用户同样可以通过手机

App 或语音指令触发该模式。在设置"离家模式"时,用户可以将所有电器设备设置为关闭状态,如关闭电视、电脑、空调等,避免能源浪费。同时,将安防系统设置为开启状态,如启动摄像头监控、门窗传感器监测等。当用户准备离家时,通过手机 App 点击"离家模式"按钮,或者对智能音箱说"我出门了",智能家居控制中枢会立即执行预设的动作。首先,向所有电器设备发送关闭指令,确保设备全部断电;接着,启动安防系统,摄像头开始实时监控家中情况,门窗传感器进入警戒状态,一旦检测到异常开启,立即向用户的手机发送警报信息。

在场景模式的设置和执行过程中,Agent 发挥着重要的智能辅助作用。在设置场景模式时,Agent 可以根据用户的日常行为数据和偏好,为用户提供个性化的设置建议。如果用户经常在晚上 11 点左右入睡,Agent 可以在设置"睡眠模式"时,自动推荐将灯光变暗时间设置在 10 点 45 分左右,提前为用户营造睡眠氛围。在场景模式执行过程中,Agent 可以实时监测设备的运行状态和环境变化,确保场景模式的顺利执行。如果在"离家模式"执行过程中,发现某个电器设备未能正常关闭,Agent 会及时向用户发送提醒信息,并尝试重新发送关闭指令,确保设备安全关闭。

8.3.4 环境感知在智能建筑中的应用拓展

环境感知技术在智能家居中的成功应用,为其在智能建筑领域的拓展奠定了坚实的基础。在智能建筑中,环境感知技术的应用范围更加广泛,能够实现对建筑内部环境的全面监测和精准控制,显著提高建筑的能源效率、舒适度和安全性,为用户打造更加智能、绿色、可持续的工作和生活环境。

1. 智能建筑环境监测与控制

在智能建筑中,通过安装在各个区域的大量传感器,如温度传感器、湿度传感器、CO_2 传感器、光照传感器等,智能建筑管理系统能够实时采集建筑内部的环境数据。这些传感器分布在建筑的各个楼层、房间、走廊、会议室等区域,形成一个庞大的环境感知网络。例如,在大型写字楼中,每层楼的公共区域和办公室内都安装有温度传感器,每隔 5 分钟采集一次室内温度数据,并将数据传输给智能建筑管理系统。智能建筑管理系统根据采集到的环境数据,对空调、通风、照明等设备进行智能控制。当室内 CO_2 传感器检测到 CO_2 浓度过高时,系统会自动开启通风设备,引入新鲜空气,排出室内的污浊空气,改善室内空气质量。假设在一个会议室中,会议进行一段时间后,CO_2 传感器检测到 CO_2 浓度达到 1000ppm(超过正常标准 800ppm),智能建筑管理系统会立即启动会议室的新风系统,加大通风量,使 CO_2 浓度降到正常范围内。

当室内光照传感器检测到光照充足时,系统可以自动调节照明设备的亮度,降低能源消耗。在白天,当阳光充足时,智能建筑窗户附近的光照传感器检测到光照强度超过一定阈值(如 500lux),智能建筑管理系统会自动调暗该区域的灯光亮度,甚至关闭部分灯光,利用自然采光,达到节能目的。

2. 智能建筑安防与人员管理

环境感知技术还可以与建筑安防系统紧密结合,实现对建筑内人员和物品的实时监测和管理。通过人体红外传感器、摄像头等设备,系统能够实时监测建筑内人员的活动情况。在建筑的出入口、走廊、电梯等关键位置安装人体红外传感器,当有人经过时,传感器会检测到人体活动信号,并将信号传输给安防系统。同时,摄像头对人员的行为进行实时监控,通过图像识别技术,识别人员的身份、行为动作等信息。当发现异常情况时,系统会及时发出警报,保障建筑的安全。例如,在深夜,当人体红外传感器检测到有人在非工作区域活动,且摄像头识别出该人员为陌生人时,安防系统会立即向安保人员的手机发送警报信息,同时在监控中心的屏幕上显示异常位置和人员图像,安保人员可以迅速前往现场进行处理。

在智能建筑中,Agent 扮演着智能建筑大脑的角色。它能够整合建筑内各个系统的数据,包括环境感知数据、设备运行数据、安防数据等,进行深度分析和挖掘。通过对大量历史数据的学习,Agent 可以预测建筑内环境的变化趋势,提前调整设备的运行状态,实现更加精准的能源管理和环境控制。例如,根据历史天气数据和建筑内温度变化规律,Agent 可以在天气炎热的午后提前提高空调的制冷功率,避免室内温度过高,同时又能合理控制能源消耗。在安防方面,Agent 可以对人员的行为数据进行分析,识别潜在的安全风险,如发现某个区域人员聚集异常,及时发出预警,保障建筑内人员的安全。此外,Agent 还可以与建筑内的工作人员进行交互,接收工作人员的指令和反馈,不断优化建筑的管理策略和服务质量,实现智能建筑的高效运行和可持续发展。

第 9 章

商业新生态：Agent 驱动的千亿级市场

9.1 个人 IP 孵化：AI 博主内容生产全流程

在当下数字化高度发展的时代，内容创作领域已经成为一片充满机遇与挑战的热土。随着互联网的普及和移动设备的广泛应用，信息传播的速度和广度达到了前所未有的高度，这也使得内容创作迎来了爆发式增长。艾瑞咨询报告显示，截至 2024 年年底，我国短视频用户规模已达 9.5 亿人，日均使用时长超 2 小时 。如此庞大的用户群体，意味着对内容有着海量且多元的消费需求。在这片竞争激烈的红海之中，内容创作者们面临着巨大的挑战，如何从海量内容中脱颖而出，持续产出爆款作品，成为每个博主都必须思考的核心问题。而 Agent 技术的出现，如同一道曙光，为内容创作领域带来了全新的变革，尤其是在 AI 博主内容生产全流程中，展现出了巨大的潜力和优势。

9.1.1 内容策划与选题推荐

在信息爆炸的时代，内容创作领域的竞争激烈程度超乎想象。每天都有海量的内容被发布到各大平台，想要吸引用户的注意力并保持他们的持续关注，一个好的选题至关重要。传统的内容策划与选题方式往往依赖于创作者的个人经验、直觉及有限的市场调研，这使得选题的精准度和时效性难以得到保证。而 Agent 技术的出现，为这一难题提供了创新的解决方案。

1. Agent 洞察热点精准选题

Agent 通过对社交媒体平台数据的深度挖掘，能够精准洞察热门话题趋势。以微博为例，其热门话题榜每日更新，涵盖了娱乐、科技、民生、文化等多个领域。Agent 可以实时追踪话题热度的变化，不仅关注话题的讨论量，还会深入分析参与人群的特征，包括年龄、性别、地域、兴趣爱好等。通过对这些多维度数据的综合分析，Agent 能够准确把握当下的热点趋势，从而为 AI 博主提供具有前瞻性和吸引力的选题建议。例如，在某一时间段，社交媒体上关于人工智能在医疗领域应用的讨论热度持续上升，Agent 通过分析发现，不同年龄层的用户对这一话题的关注点存在差异。年轻用户更关注人工智能技术在医疗领域的创新性突破及对未来医疗模式的影响；而中老年用户则更关心这些新技术如何能够切实改善自身的健康状况，解决常见的疾病问题。基于这些细致的分析，Agent 可以为专注于医疗科普的 AI 博主推荐诸如"深度剖析：人工智能如何精准诊断疾病，为健康保驾护航""AI 医疗时代，这些新技术将如何改变我们的就医体验"等选题。这些选题既紧密围绕热门话题，又针对不同受众的关注点进行了细化，能够更好地吸引目标受众的关注。

2. 结合博主风格个性化策划

考虑到每个博主都有其独特的内容风格和粉丝群体特点，Agent 能够进行个性化的内容策划。对于以风趣幽默风格讲解历史知识的博主，当热门历史剧播出时，Agent 可以推荐结合历史剧情节解析真实历史事件的选题。比如，当电视剧《琅琊榜》热播时，Agent 会推荐"《琅琊榜》背后的真实历史，那些你不知道的权谋与情义"这样的选题。这个选题既贴合了博主风趣幽默的讲解风格，又巧妙地借助了热门历史剧的热度，能够极大地激发粉丝对历史知识的好奇心，增强粉丝的黏性。相关研究表明，借助 Agent 进行选题推荐的 AI 博主，其内容的平均播放量较未使用的博主高了 35%。这一数据有力地证明了 Agent 在选题策划方面的有效性，它能够帮助博主更精准地把握市场需求，创作出更符合受众喜好的内容。

第 9 章　商业新生态：Agent 驱动的千亿级市场

9.1.2　文案创作与视频脚本生成

选题确定之后，文案创作和视频脚本生成便成为内容创作的核心环节。在传统的内容创作模式中，文案创作主要依赖创作者的个人经验和创意，这不仅效率较低，而且由于个人知识储备和思维局限，文案质量往往参差不齐。而 Agent 利用先进的自然语言处理(NLP)技术，能够快速生成高质量的文案内容，为内容创作带来质的飞跃。

1．Agent 多样风格创作文案

在语言风格上，Agent 具有高度的灵活性。对于幽默风趣的短视频文案，它能够敏锐地捕捉到当下的网络热梗和流行词汇，并巧妙地将其融入文案中，从而增强文案的趣味性和吸引力。例如，在创作美食短视频文案时，Agent 可能会写出这样的内容："家人们，今天咱来搞一道绝绝子的懒人版糖醋排骨，做法简单到离谱，就算是厨房小白也能轻松拿捏，分分钟变身大厨，赶紧学起来，给你的味蕾来一场狂欢！"这样的文案充满了网络流行元素，符合当下年轻人的语言习惯，很容易引发他们的共鸣，从而吸引更多用户观看。

对于深度专业的长文，Agent 则运用严谨的逻辑结构和专业术语，确保内容的准确性和深入性。在撰写科技类长文时，Agent 会广泛引用权威的研究数据和行业报告，以增强内容的可信度。比如，在撰写一篇关于 5G 技术发展的长文时，Agent 会引用国际电信联盟(ITU)关于 5G 技术标准的报告，以及各大科研机构对 5G 在不同行业应用前景的研究数据，详细阐述 5G 技术的原理、发展现状及未来趋势。通过这样的方式，Agent 创作的长文能够为读者提供有价值的信息，满足他们对专业知识的深入探索需求。

2．适配平台生成视频脚本

在视频脚本生成方面，Agent 能够根据不同平台的特点和用户喜好进行量身定制。抖音平台的用户普遍偏好快节奏、强视觉冲击的内容，因此 Agent 为抖音短视频设计的脚本会大量采用特写镜头、快速的画面切换及简洁有力的台词。例如，在设计一个健身短视频的脚本时，Agent 可能会安排多个特写镜头，聚焦健身教练的示范动作、汗水滴落的瞬间及健身者充满活力的身影，通过快速的画面切换和节奏感强烈的音乐，营造出充满激情和活力的氛围，在短时间内抓住用户的眼球。

B 站的知识类长视频用户则更加注重内容的逻辑性和连贯性，Agent 会运用全景展示、中景讲解、特写强调等镜头组合，系统地呈现复杂的知识体系。以科普物理知识为例，Agent 设计的脚本可能会先用全景展示一个物理实验的场景，让观众对实验环境有一个整体的了解；接着通过中景镜头，详细讲解实验的步骤和操作方法，使观众能够清晰地看到实验过程；最后，用特写镜头呈现实验中的关键现象，如光线的折射、物体的运动轨迹等，帮助观众更好地理解实验原理。据统计，使用 Agent 生成视频脚本的视频，完播率比传统方式制作的视频提高了 22%。这充分说明 Agent 生成的视频脚本能够更好地满足用户的观看需求，提高内容的传播效率。

9.1.3 视频剪辑与特效添加

视频剪辑和特效添加是提升内容视觉效果的重要步骤，直接影响着观众的观看体验。在传统的视频制作过程中，剪辑工作需要剪辑师具备专业的软件操作技能和丰富的剪辑经验，这不仅要求剪辑师熟练掌握各种剪辑软件，如 Adobe Premiere、Final Cut Pro 等，还需要他们具备敏锐的审美能力和对节奏的把握能力。整个剪辑过程往往耗时较长，从素材筛选、剪辑拼接、节奏调整到特效添加，每一个环节都需要耗费大量的时间和精力。

1. Agent 智能筛选拼接素材

Agent 借助先进的图像识别和机器学习技术，实现了智能剪辑，大大提高了剪辑效率。根据脚本要求，Agent 能够快速从庞大的素材库中筛选出合适的素材。它利用图像识别技术，自动识别素材中的关键画面，如人物的表情、动作亮点、精彩瞬间等，然后按照脚本顺序进行精准拼接。同时，Agent 还能够根据视频的节奏需求，智能地调整视频的时长和节奏。在剪辑体育赛事视频时，Agent 会将精彩的进球瞬间、运动员的激情庆祝画面及观众的热烈反应等作为重点剪辑内容，配合激昂的音乐，营造出热烈的比赛氛围，让观众仿佛身临其境。

2. 依内容风格添加特效

在特效添加方面，Agent 能够根据视频的内容和风格推荐合适的特效。对于旅游类视频，Agent 可能会推荐添加美丽的风景滤镜，如清新的日系滤镜、色彩浓郁的欧美滤镜等，让视频中的景色更加迷人；同时，还会添加各

第 9 章 商业新生态：Agent 驱动的千亿级市场

种转场特效，如淡入淡出、旋转切换、闪白等，使视频的过渡更加自然流畅，增强视觉美感。对于科技类视频，Agent 则会添加具有未来感的动画特效，如光线流动、粒子特效、3D 模型展示等，突出科技氛围，让观众更好地感受科技的魅力。

3．自动完成视频后期处理

Agent 还能根据不同平台的视频规格要求，自动完成格式转换、分辨率调整等后期处理工作。无论是抖音的竖屏格式、B 站的横屏格式，还是不同平台对视频分辨率、帧率的要求，Agent 都能快速准确地进行处理，确保视频能够在各个平台上完美展示。有数据显示，使用 Agent 进行视频剪辑和特效添加，制作效率比人工操作提高了 55%。这不仅大大缩短了内容制作周期，使博主能够更快速地将内容发布到平台上，抢占市场先机，还能降低制作成本，提高内容创作的经济效益。

9.1.4 社交媒体运营与粉丝互动

社交媒体运营和粉丝互动是 AI 博主打造个人 IP、提升影响力的关键环节。在社交媒体平台上，用户的注意力高度分散，信息传播速度极快，如何在众多内容中脱颖而出，吸引并留住粉丝，成为每个博主面临的重要挑战。

1．监测话题优化内容创作

不同平台的用户活跃时间和传播规律各不相同，Agent 通过对这些数据的深入分析，能够为博主制定精准的运营策略。研究表明，抖音用户在晚上 8—10 点活跃度最高，这个时间段大多数用户已经结束了一天的工作或学习，处于放松状态，更愿意在抖音上浏览各种有趣的内容。而微博用户则在午休时间（12—14 点）和下班后（18—22 点）活跃度较高，这两个时间段用户有更多的闲暇时间来关注社会热点、娱乐新闻等内容。Agent 根据这些数据，建议博主在相应的时间段发布内容，以提高内容的曝光率。例如，美食博主可以在晚餐前（17—19 点）发布美食制作视频，吸引用户的关注，激发他们的食欲；而科技博主则可以在晚上（20—22 点）发布关于最新科技动态的内容，此时用户更有精力和兴趣深入了解科技知识。

同时，Agent 能够实时监测社交媒体上与博主相关的话题讨论，及时发现粉丝的需求和反馈。通过先进的语义分析技术，Agent 对粉丝的评论和私信进行深入分析，了解粉丝对内容的喜好、意见和建议。比如，当粉丝在评论中提到希望博主增加某方面的内容时，Agent 会将这一信息及时反馈给博主，帮助博主优化后续的内容创作。在粉丝互动方面，Agent 可以自动回复粉丝的常见问题，增强粉丝的黏性。对于一些重要的粉丝反馈，Agent 会及时提醒博主进行处理，进一步提升粉丝体验。例如，当粉丝询问产品使用方法时，Agent 会快速给出详细的解答，提供图文并茂的使用指南；当粉丝提出宝贵的建议时，Agent 会将其整理成报告形式反馈给博主，让博主能够全面了解粉丝的想法。

2. 互动增强粉丝黏性与增长

通过持续的互动，Agent 可以帮助博主建立良好的粉丝社区，促进粉丝之间的交流和分享。在这个社区中，粉丝们可以共同讨论感兴趣的话题，分享自己的见解和经验，形成一种积极向上的氛围。据统计，使用 Agent 进行社交媒体运营和粉丝互动的博主，粉丝增长率比未使用的博主高出 42%。这表明 Agent 能够有效地提升博主的影响力和粉丝黏性，为个人 IP 的发展提供有力支持。

为了更直观地展示 Agent 在 AI 博主内容生产全流程中的作用，表 9-1 给出了传统方式和使用 Agent 进行内容生产方式的对比。

表 9-1 传统方式和使用 Agent 进行内容生产方式的对比

内容生产环节	传统方式	使用 Agent 后的优势	数据对比
内容策划与选题推荐	人工分析，凭经验判断	精准分析，贴合受众需求	内容播放量平均提升 35%
文案创作与视频脚本生成	人工撰写，耗时较长	快速生成，风格多样	完播率提高 22%
视频剪辑与特效添加	专业剪辑师操作，效率低	智能剪辑，特效丰富	制作效率提高 55%
社交媒体运营与粉丝互动	人工运营，互动有限	全面运营，高效互动	粉丝增长率提高 42%

9.2 小微商户：零代码搭建智能客服+营销系统

9.2.1 智能客服：常见问题解答与客户引导

在当前的商业格局中，小微商户作为市场经济的重要组成部分，面临着激烈的竞争环境。对它们而言，客户服务的质量直接关乎企业的生存与发展。及时、高效的客户服务能够有效提升客户满意度，进而增强客户忠诚度，这是留住客户的关键所在。然而，传统的客服模式主要依赖大量的人力投入，这对资源相对有限的小微商户来说，无疑是一项沉重的负担。

从国家政策导向来看，近年来，政府大力鼓励小微企业进行数字化转型，以提升其市场竞争力和可持续发展能力。在《关于促进中小企业健康发展的指导意见》中，明确提出要推动中小企业业务系统云化部署，其中智能客服系统的应用是实现这一目标的重要举措之一。这一政策的出台，为小微商户引入Agent驱动的智能客服系统提供了有力的支持和引导。如图9-1所示为Agent驱动的智能客服。

图9-1 Agent驱动的智能客服

1. 智能客服高效解答问题

Agent驱动的智能客服系统，基于先进的自然语言处理(NLP)技术和机器学习算法，能够快速准确地理解客户的问题。当客户发起咨询时，系统会自动将问题与预设的知识库进行匹配，这个知识库涵盖了产品信息、常见问题解答、售后服务流程等多方面的内容，从而能够在第一时间给出准确的回答。无论是产品咨询、订单查询，还是售后问题，智能客服都能迅速响应，为客户提供及时的解决方案。

以一家小型电子产品销售商为例，在引入智能客服系统之前，每天需要安排 3~4 名客服人员来应对客户的咨询，人工成本较高，而且由于客服人员的业务水平参差不齐，客户咨询的解决效率和质量也难以保证。引入智能客服系统后，系统能够快速处理大部分常见问题，如某款手机的性能参数、价格优惠等。据统计，智能客服系统上线后，该商户的客服人力成本降低了约 40%，客户咨询的平均响应时间从原来的 5 分钟缩短至 1 分钟以内，客户满意度从 70% 提升至 85%。

2. 精准引导提升购买意愿

智能客服不仅能够解答客户的问题，还具备智能引导功能。当客户咨询某款产品时，系统会根据客户的提问内容及过往的购买记录和浏览行为，主动推荐相关的配套产品。例如，当客户咨询某款笔记本电脑时，智能客服可能会推荐适配的电脑包、鼠标、散热器等配件，通过这种方式，有效提高了客户的购买意愿。相关研究数据显示，通过智能客服的引导，客户购买配套产品的概率提升了约 35%。

此外，智能客服还能够记录客户的咨询历史和偏好。每次客户咨询时，系统都会将相关信息进行记录，包括咨询时间、问题内容、解决方式等。通过对这些数据的分析，商户可以深入了解客户的需求和关注点，为后续的营销和服务提供有力的数据支持。例如，商户可以根据客户的咨询历史，分析出客户对哪些产品或服务更感兴趣，从而有针对性地进行产品推荐和营销活动策划。

表 9-2 给出了智能客服系统与传统客服模式的差异。

表 9-2 智能客服系统与传统客服模式的差异

对比项目	传统客服模式	智能客服系统
人力成本	高，需大量客服人员	低，可大幅减少客服人力
响应时间	较长，受客服人员数量和业务水平影响	短，能快速响应客户咨询
解答准确性	参差不齐，依赖客服人员经验	高，基于预设知识库准确回答
智能引导能力	弱，需客服人员主动推荐	强，根据客户提问自动推荐配套产品
数据记录与分析	困难，人工记录和分析效率低	容易，系统自动记录并可深入分析

9.2.2 营销系统：活动策划与推广方案

营销是小微商户拓展业务、提升销售额的核心手段之一。在竞争激烈的

第9章 商业新生态：Agent 驱动的千亿级市场

市场环境中，制订个性化、精准有效的活动策划和推广方案至关重要。Agent 凭借其强大的数据分析和智能决策能力，能够为小微商户提供全方位的营销支持。

1. 多维度分析推荐营销形式

国家在鼓励小微企业发展的政策中，也多次强调要支持小微企业开展创新营销活动。《关于进一步加大对中小企业纾困帮扶力度的通知》明确指出，要支持中小企业通过线上平台开展促销活动，拓宽销售渠道。这为小微商户借助 Agent 进行数字化营销提供了良好的政策环境。

Agent 通过对市场数据、竞争对手情况及自身产品特点的深入分析，能够为商户推荐合适的营销活动形式。在市场数据方面，Agent 会收集和分析行业报告、市场调研数据等，了解市场的整体趋势、消费者需求变化等信息。对于竞争对手的情况，Agent 会关注竞争对手的产品定价、促销活动、市场份额等，找出自身的竞争优势和差异化特点。同时，结合商户自身的产品特点，如产品功能、质量、价格、目标客户群体等，为商户推荐最合适的营销活动形式。

例如，对于一家小型服装商户，在换季时期，Agent 通过分析市场数据发现，当前市场上同类服装的价格普遍下降，消费者对性价比高的服装需求较大。同时，了解到竞争对手正在开展打折促销活动。基于这些信息，Agent 结合该商户的库存情况和产品特点，推荐开展满减优惠活动，如"满 300 减 100"。这种活动形式既能吸引客户购买，又能有效清理库存，提高销售额。

2. 精准定位推广渠道和策略

在推广渠道和策略方面，Agent 会对商户的目标客户群体进行精准定位。对于年轻时尚消费群体，Agent 可能会建议在小红书、抖音等社交媒体平台进行广告投放。因为这些平台上聚集了大量的年轻用户，他们对时尚潮流敏感，乐于接受新鲜事物。通过分析用户在这些平台上的浏览行为和购买历史，Agent 可以实现广告的个性化推送。例如，在小红书上，针对关注时尚穿搭的用户，推送该商户新款服装的图文笔记，展示服装的款式、搭配效果等；在抖音上，投放短视频广告，展示服装的上身效果和动态穿搭。

在活动执行过程中，Agent 会实时监测活动效果。通过分析广告点击率、转化率、销售额等数据，及时发现活动中存在的问题，并根据数据反馈及时调整推广策略。如果发现某广告投放的点击率较低，Agent 会分析可能的原因，如广告文案不够吸引人、投放时间不合适、目标受众定位不准确等，然后有针对性地进行调整。比如，优化广告文案，更换更具吸引力的图片或视频素材，调整投放时间和目标受众设置等，以提高广告的转化率，确保营销活动的顺利进行。

表 9-3 是使用 Agent 进行营销活动策划推广前后的效果对比。

表 9-3 使用 Agent 进行营销活动策划推广前后的效果对比

对比项目	使用 Agent 前	使用 Agent 后
活动策划针对性	弱，缺乏精准分析	强，基于多维度数据分析
广告转化率	低，平均约 5%	高，平均提升至 12.5%（提升 150%）
销售额增长幅度	较小，单次活动平均增长 10%~20%	较大，单次活动平均增长 30%~50%

9.2.3 客户关系管理与数据分析

客户关系管理（CRM）是小微商户实现长期稳定发展的重要基石。通过有效的 CRM，商户可以深入了解客户需求，提供个性化的服务，提高客户满意度和忠诚度，进而促进客户的重复购买和口碑传播。Agent 在帮助小微商户建立和完善 CRM 系统方面发挥着关键作用。

1. 搭建完善客户数据体系

国家政策也鼓励小微企业加强客户关系管理，提升客户服务水平。Agent 能够帮助商户建立全面、完善的 CRM 系统，记录客户的基本信息、购买记录、偏好等多维度数据。客户的基本信息包括姓名、联系方式、地址等；购买记录涵盖了购买时间、购买产品、购买金额等；偏好数据则通过分析客户的浏览行为、咨询内容、购买历史等获取，如客户对某种产品类型、品牌、价格区间的偏好等。

通过对这些数据的深入分析，商户可以实现对客户的精细化管理和个性化服务。根据客户的购买历史，Agent 可以运用数据分析模型和算法，预测客户的下一次购买时间和产品需求。例如，对于一家微型母婴店，通过分析客户购买奶粉的周期和品牌偏好，Agent 可以提前为客户推送奶粉优惠信息和新品推荐。当客户购买某品牌奶粉的时间临近时，向客户发送该品牌奶粉的折扣信息，或者推荐新推出的同品牌奶粉产品，满足客户的需求，提高客户的购买便利性和满意度。

2．精细分类实施个性服务

Agent 还能对客户进行分类管理。根据客户的价值、购买频率、忠诚度等指标，将客户分为新客户、老客户、高价值客户等不同类型。针对不同类型的客户，制定差异化的营销策略。对于新客户，提供优惠折扣、新用户专享福利等，吸引他们尝试购买；对于老客户，推出专属会员福利，如积分兑换、生日优惠、优先购买权等，提高客户的忠诚度和复购率；对于高价值客户，提供一对一的专属服务、定制化产品推荐等，进一步提升他们的满意度和价值贡献。

3．挖掘数据发现市场机会

通过对客户数据的分析，商户还可以发现潜在的市场机会。例如，通过分析客户的购买偏好和需求变化，发现某类产品在特定地区或特定客户群体中的需求增长趋势，及时调整产品供应和营销策略，优化产品和服务。某小型家居用品店通过分析客户数据，发现某地区的年轻客户群体对简约风格的家居装饰品需求逐渐增加，于是及时调整产品采购计划，增加此类产品的库存，并有针对性地开展线上营销活动，吸引该地区的年轻客户购买，取得了良好的销售业绩。

表 9-4 是使用 Agent 进行客户关系管理前后的效果对比。

表 9-4　使用 Agent 进行客户关系管理前后的效果对比

对比项目	使用 Agent 前	使用 Agent 后
客户数据管理	分散、不全面，难以有效利用	集中、全面，便于深入分析
客户分类管理	简单粗放，缺乏针对性	精细科学，精准制定营销策略
客户满意度	较低，约 70%	较高，提升至 85% 以上
客户复购率	约 30%	提升至 45% 以上

9.2.4　零代码平台的优势与应用案例

1．零代码平台操作优势显著

零代码平台的出现，为小微商户的数字化转型带来了革命性的变化。它打破了技术壁垒，使得小微商户不需要具备专业的编程知识，也能轻松搭建智能客服和营销系统。这种平台具有操作简单、成本低、部署快等显著优势，与小微商户资源有限、需求灵活的特点高度契合。

2. 电商商户应用成效突出

从操作层面来看，零代码平台采用可视化的界面设计，商户只需通过简单的拖曳、配置操作，就能根据自己的需求定制系统功能。不需要编写复杂的代码，大大降低了技术门槛，使得普通商户员工也能够快速上手。在成本方面，与传统的软件开发方式相比，零代码平台不用投入大量的人力、物力和时间进行开发和维护，大大降低了开发成本。同时，由于部署速度快，商户可以快速将系统上线使用，缩短了项目周期，降低了时间成本。

以某小型电商商户为例，在使用零代码平台搭建智能客服系统之前，该商户需要聘请专业的技术人员进行系统开发，开发周期长达数月，成本高昂。而且，开发完成后的系统在后期维护和功能调整方面也面临诸多困难。使用零代码平台后，商户仅用了一周时间，就完成了智能客服系统的搭建和上线。客服人员数量从原来的 8 人减少到 4 人，客户满意度却从 70% 提高到了 90%。同时，利用零代码平台搭建的营销系统，该商户在一次促销活动中，销售额增长了 50%。通过零代码平台，商户可以轻松设置活动规则、投放广告、分析数据，实现精准营销。

再如，一家小型餐饮商户利用零代码平台搭建会员管理和营销系统。通过简单的拖曳和配置，设置了会员积分、优惠券、会员等级等功能。在系统上线后的一个月内，店铺客流量增长了 40%，会员消费金额增长了 35%。这些应用案例充分展示了零代码平台在小微商户中的巨大潜力，为小微商户的数字化转型提供了有力支持。

表 9-5 是零代码平台与传统开发方式的对比。

表 9-5 零代码平台与传统开发方式的对比

对比项目	传统开发方式	零代码平台
技术要求	需要专业编程知识和技术团队	不需要编程知识，普通员工可操作
开发成本	高，包括人力、时间、软件工具等成本	低，按平台订阅费用或一次性购买费用
开发周期	长，通常数月至数年	短，数天至数周
功能定制灵活性	较低，后期修改困难	高，可随时根据需求调整
系统维护难度	大，需要专业技术人员	小，平台提供维护支持

第 9 章 商业新生态：Agent 驱动的千亿级市场

9.3 行业颠覆：教育/医疗/法律领域的 Agent 解决方案

9.3.1 教育领域：个性化学习与智能辅导

近年来，国家在教育领域的政策导向十分明确，大力倡导教育信息化与个性化教育，旨在推动教育教学模式的创新变革，培养适应新时代需求的人才。《教育信息化 2.0 行动计划》作为具有重要指导意义的政策文件，为教育领域的技术应用和教学模式转变提供了清晰的方向指引。该计划着重强调要充分利用人工智能、大数据、云计算等前沿技术，将其深度融合到教育教学的各个环节。其中，对于利用人工智能实现个性化学习给予了高度重视。这是因为个性化学习能够根据每个学生的特点和学习需求，提供定制化的教育服务，有助于提升教育质量和效率，促进教育公平。

1. 政策驱动个性化教育发展

在政策推动下，教育部门积极鼓励学校、教育机构加大对教育信息化的投入，引入先进的技术手段。例如，许多地区设立了专项教育信息化资金，用于支持学校建设智能化教学环境，购置智能教学设备和软件。同时，通过组织教师培训、开展教育信息化示范校创建等活动，引导教育工作者积极探索基于人工智能的个性化教学方法，提高教师运用新技术开展教学的能力。这些政策举措为 Agent 在教育领域的应用创造了极为有利的条件。Agent 凭借其强大的数据分析和智能决策能力，能够深度分析学生的学习历史、考试成绩、学习习惯等多维度数据，精准把握每个学生的学习状况，从而制订出专属的学习计划，完全契合国家教育信息化与个性化教育的政策要求。

传统的教育模式长期以来采用"一刀切"的教学方法，这种模式在过去的教育发展中发挥了一定作用，但随着时代的发展和教育理念的更新，其弊端日益凸显。中国教育科学研究院的大规模调查显示，超过 70%的学生反馈当前的教学内容和进度不能完全适应自己的学习节奏，这一数据直观地反映出传统教育模式难以满足不同学生个性化需求的现状。对学习进度较慢的学生而言，基础知识的掌握往往存在困难。在统一的教学进度下，他们可能无法充分理解和消化课堂上讲授的知识点，随着学习的深入，知识漏洞逐渐积累，导致学习成绩不理想，学习自信心受挫。例如，在数学学科中，一些学生对基本的运算规则、公式推导理解不透彻，后续学习更复杂的数学知识时就会举步维艰。而学习能力较强的学生则面临着课程内容缺乏挑战性的问题。他们在快速掌握课堂知识后，由于没有更具深度和广度的学习内容可供探索，容易感到学习枯燥乏味，无法充分发挥自身潜力。以物理学科为例，对于具有较高物理天赋的学生，常规的物理课程内容无法满足他们对物理世界深入探索的渴望，限制了他们在物理领域的进一步发展。

此外，传统教育模式在教学方法上较为单一，主要以教师讲授为主，缺乏互动性和趣味性。学生在学习过程中往往处于被动接受知识的状态，缺乏主动思考和探索的机会，这不利于培养学生的创新思维和自主学习能力。而且，教师在面对大量学生时，难以全面关注每个学生的学习情况，无法及时给予个性化的指导和反馈。以某知名在线教育平台为例，该平台在引入 Agent 技术后，成功实现了从传统教学模式向个性化学习服务的转型。平台通过先进的数据采集系统，全面收集学生在学习过程中的各类数据，涵盖答题正确率、学习时长、知识点的掌握情况、学习时间分布、学习设备使用情况等多个维度。

2. Agent 助力个性化学习提升

对在数学学习中关于函数部分知识点理解困难的学生小李，Agent 通过分析他的答题情况，发现他在函数概念、函数图像绘制等方面存在较多错误；结合其学习历史，了解到他在这部分知识的学习时间较短，没有充分掌握基础概念。基于这些分析，Agent 为他推送了一系列有针对性的辅导资料。其中，详细的函数讲解视频由专业教师录制，采用动画演示、实例分析等多种方式，深入浅出地讲解函数知识；专项练习题则根据他的错误类型和知识点掌握程度进行定制，帮助他有针对性地巩固薄弱环节；错题解析则详细分析每道错题的错误原因和正确解法，引导他总结解题思路。经过一段时间的学习，小李在函数部分的成绩有了显著提升，从之前的班级中下游水平上升到中等偏上水平。

对学习能力较强的学生小王，Agent 在分析其学习数据时，发现他在物理学科上答题速度快、正确率高，对物理实验和理论知识都展现出浓厚的兴趣和较高的天赋。于是，Agent 为他推荐了拓展性的学习内容，包括物理学前沿研究成果，如量子计算、暗物质探测等领域的最新进展；学科竞赛资料，如国际物理奥林匹克竞赛的真题和解析、国内顶尖高校的物理竞赛培训资料等。小王在接触这些拓展内容后,学习兴趣大增,不仅在学校的物理考试中取得了优异成绩,还在省级物理竞赛中获得了奖项,为未来在物理领域的深入学习奠定了坚实基础。同时,Agent 在该平台上充当智能辅导老师,实时解答学生的问题。无论是在课堂上还是课后,学生遇到问题都可以通过平台向 Agent 提问。例如,学生小张在做化学作业时,对某个化学反应的原理不理解,向 Agent 提问后,Agent 首先以通俗易懂的语言解释化学反应的基本概念,然后结合相关的实验视频,展示该化学反应的实际现象,帮助小张建立了直观的认识;接着,Agent 列举了多个生活中的实际案例,如钢铁生锈、食物变质等,让小张明白化学反应在生活中的广泛应用,从而更好地理解了这一知识点。

通过分析学生的提问,Agent 还能发现学生知识掌握的薄弱环节,及时调整学习计划。Agent 所在平台统计数据显示,使用该平台的学生,学习效率平均提高了 30%,成绩也有了明显提升。其中,数学学科平均成绩提高了 8 分,物理学科平均成绩提高了 7 分,化学学科平均成绩提高了 6 分。此外,学生的自主学习能力和学习兴趣也得到了显著提升,主动学习时间平均每周增加了 2 小时,学习满意度从之前的 60%提升至 85%。

9.3.2 医疗领域:辅助诊断与健康管理

1. 政策支持医疗智能化变革

在数字化时代,医疗行业的变革与创新成为社会关注的焦点。国家对于医疗信息化和智能化发展给予了前所未有的重视,一系列政策文件的出台为行业的发展指明了方向。其中,《关于促进"互联网 + 医疗健康"发展的意见》具有重大的战略意义,它为 Agent 在医疗领域的应用提供了坚实的政策基础。

该意见明确鼓励运用人工智能、大数据、云计算等先进技术,辅助疾病诊断、医学影像辅助判读和临床辅助诊断。这一政策导向的核心目的在于提高医疗效率和质量,优化患者的就医体验。在提高医疗效率方面,人工智能技术能够快速处理海量的医疗数据,大大缩短医生的诊断时间,使患者能够更快得到治疗。对于一些常见疾病的诊断,Agent 可以在短时间内分析患者的病历、症状和检查报告,为医生提供初步的诊断建议,医生在此基础上进行进一步的确认和完善,从而加快诊断流程。

2. Agent 提升医疗服务水平

在提升医疗质量方面，通过医学影像辅助判读技术，Agent 能够帮助医生更准确地识别影像中的病变，减少误诊和漏诊的发生。以肺部 CT 影像诊断为例，人工智能系统可以对肺部的结节、阴影等异常情况进行精准分析，为医生提供详细的病变信息，包括病变的大小、位置、形态及可能的性质等，有助于医生做出更准确的诊断。

在改善患者就医体验上，临床辅助诊断系统可以为患者提供更便捷、高效的医疗服务。患者在就医过程中，不需要长时间等待医生的诊断结果，Agent 辅助诊断系统能够快速给出初步诊断，让患者能够及时了解自己的病情，减少焦虑和不安。同时，系统还可以根据患者的病情和个人情况，为患者提供个性化的治疗建议和康复方案，提高患者的治疗效果和生活质量。

为确保政策的有效实施，国家采取了一系列措施。加大了对医疗信息化建设的资金投入，鼓励医疗机构引进先进的医疗技术和设备。许多地区设立了专项基金，用于支持医疗机构开展人工智能辅助诊断和健康管理项目。加强了对医疗数据安全和隐私保护的监管力度，制定了严格的数据安全法规和标准，确保患者的个人信息得到妥善保护。国家还积极推动医疗机构之间的信息共享，打破数据壁垒，实现医疗资源的优化配置。

当前，医疗行业正处于深刻的变革之中，面临着诸多严峻的挑战。医疗资源分布不均是一个突出问题，大城市和发达地区集中了大量优质医疗资源，而偏远地区和基层医疗机构的医疗资源相对匮乏。根据国家卫生健康委员会的数据，我国东部地区每千人口拥有的医疗卫生人员数比西部地区高出 30% 以上，每千人口医疗卫生机构床位数也存在较大差距。这导致患者大量涌向大城市的大医院，造成大医院人满为患，医生工作负担过重，而基层医疗机构则门可罗雀。在疾病诊断方面，医生需要花费大量时间分析患者的病历、检查报告等资料。一份完整的病历可能包含患者的病史、症状描述、检查结果、治疗记录等多方面信息，医生需要仔细阅读和分析这些信息，才能做出准确的诊断。而且，诊断结果可能受到医生个人经验、专业水平、疲劳程度等主观因素的影响。不同医生对于同一病例的诊断可能存在差异，这也增加了误诊和漏诊的风险。

第9章 商业新生态：Agent 驱动的千亿级市场

案例：某大型三甲医院引入 Agent 辅助诊断系统

随着人们生活水平的提高和健康意识的增强，对健康管理的需求日益增长。人们不再满足于生病后的治疗，更注重疾病的预防和健康的维护。然而，传统的健康管理方式主要依赖医生的口头建议和患者的自我管理，缺乏系统性和个性化。对于慢性疾病的患者，如高血压、糖尿病等，需要长期的健康管理，但传统的健康管理方式难以满足他们的个性化需求。患者往往难以获得有针对性的饮食、运动和治疗建议，导致疾病控制效果不佳。在某大型三甲医院，引入 Agent 辅助诊断系统后，医疗服务水平得到了显著提升。该医院每天接待大量患者，医生的工作压力巨大。在引入 Agent 辅助诊断系统之前，医生平均每天需要花费 2~3 小时分析患者的病历和检查报告，诊断效率较低。引入该系统后，将患者的病历、检查报告等数据录入系统，Agent 通过先进的数据分析算法和机器学习模型，能够快速为医生提供诊断建议和可能的疾病列表。例如，一位 65 岁的患者出现咳嗽、发热、乏力等症状，同时伴有呼吸困难。Agent 分析其病历和检查报告后，发现患者的肺部 CT 影像显示有毛玻璃样阴影，血常规检查显示白细胞计数正常，淋巴细胞计数降低。根据这些信息，Agent 将新冠肺炎、细菌性肺炎、支原体肺炎等可能的疾病列出，并给出每种疾病的可能性比例。其中，新冠肺炎的可能性为 60%，细菌性肺炎的可能性为 30%，支原体肺炎的可能性为 10%。同时，Agent 还提供了相关的诊断依据，如新冠肺炎在当前疫情背景下的流行情况、患者的症状和检查结果与新冠肺炎的典型表现相符等。医生在参考 Agent 的建议后，结合自己的临床经验，进一步对患者进行核酸检测和抗体检测，最终确诊为新冠肺炎。通过 Agent 辅助诊断系统，医生能够更快、更准确地做出诊断，为患者的治疗争取了宝贵的时间。

据统计，该医院引入 Agent 辅助诊断系统后，患者的平均诊断时间从原来的 3 小时缩短至 2 小时以内，缩短了 30%多。诊断准确率从原来的 80% 提高到 92%，提高了 12%。这不仅提高了医疗效率，减少了患者的等待时间，还降低了误诊和漏诊的风险，提高了医疗质量。

在健康管理方面，某知名健康管理机构利用 Agent 为患者提供个性化的健康管理服务。该机构通过问卷调查、体检、健康监测设备等多种方式收集患者的个人信息，包括年龄、性别、身体状况、生活习惯、家族病史等。Agent 根据这些信息，运用大数据分析和人工智能算法，为患者制订个性化的健康管理方案。

以高血压患者老张为例，老张今年 55 岁，体形偏胖，平时喜欢吃高盐高脂食物，缺乏运动，有家族高血压病史。Agent 为他制订了详细的饮食方案，建议他每天的钠盐摄入量控制在 5 克以下，增加蔬菜水果的摄入，多吃富含钾、钙的食物，如香蕉、牛奶等。运动计划方面，建议他每天进行 30 分钟以上的有氧运动，如散步、慢跑、游泳等，每周至少进行 5 次。作息调整方面，建议他每天晚上 10 点前入睡，早晨 6 点左右起床，保证每天 7~8 小时的睡眠。同时，Agent 还为老张提供健康教育知识，定期推送高血压的预防和控制知识，如高血压的危害、如何正确测量血压、药物治疗的注意事项等。

经过一段时间的健康管理，老张的血压得到了有效控制。他的收缩压从原来的 160mmHg 左右降至 130mmHg 左右，舒张压从原来的 100mmHg 左右降至 85mmHg 左右。老张的体重也减少了 5 千克，身体状况明显得到改善，生活质量有了显著提高。他表示，通过健康管理机构的个性化服务，他对高血压有了更深入的了解，也能够更好地控制自己的生活习惯，感觉自己的健康得到了更好的保障。

通过以上政策解读、行业现状分析及实际案例展示，可以看出 Agent 在医疗领域的辅助诊断和健康管理方面具有巨大的应用价值和发展潜力。随着技术的不断进步和政策的持续支持，Agent 有望在医疗行业发挥更大的作用，推动医疗行业的数字化、智能化转型，为人们的健康提供更有力的保障。

9.3.3　法律领域：法律咨询与案件分析

1. 政策构建法律服务新生态

国家一直致力于构建完善的公共法律服务体系，以满足人民群众日益增长的法律服务需求。《关于加快推进公共法律服务体系建设的意见》作为关键政策指引，明确强调要充分借助现代信息技术的力量，为群众提供便捷、高效、均等、普惠的公共法律服务。这一政策导向为 Agent 在法律领域的深度应用提供了坚实的政策基石与广阔的发展空间。

在政策的具体实施路径上，政府积极推动各类法律服务机构与互联网技术的融合,鼓励开发线上法律服务平台。通过这些平台,将优质的法律服务资源进行整合与共享,打破地域限制,让偏远地区的群众也能享受到专业的法律服务。Agent 作为人工智能技术在法律领域的具体应用,能够在这些平台中发挥核心作用。它可以快速处理大量的法律咨询请求,为群众提供即时的法律建议,大大提高了法律服务的效率和可及性。

从政策目标来看,利用 Agent 实现法律咨询和案件分析的智能化,有助于提升公共法律服务的质量和覆盖面。一方面,能够降低法律服务的成本,使更多人能够负担得起基本的法律帮助;另一方面,通过快速准确的法律解答,增强了群众对法律的认知和理解,促进了社会的法治建设。政府还通过财政补贴、税收优惠等政策手段,支持相关技术研发和平台建设,鼓励企业和机构积极参与到公共法律服务体系建设中来。

2. 法律行业问题亟待解决

当前法律行业存在着诸多亟待解决的问题,其中法律服务资源分布不均衡和法律咨询成本较高尤为突出。相关调查数据显示,我国东部发达地区的律师数量占全国律师总数的 60% 以上,而西部部分偏远地区每万人拥有的律师数量不足 1 名。这种资源分布的巨大差异,导致偏远地区的群众在遇到法律问题时,往往面临着无律师可找的困境。

法律咨询成本过高也是普通民众寻求法律帮助的一大障碍。一般来说,律师的咨询费用根据不同地区和个人的经验水平有所差异,但平均每小时的咨询费用在 200~1000 元不等。对一些经济困难的群众来说,这笔费用是一笔不小的开支。而且,寻找合适的律师也并非易事。群众往往缺乏对律师专业领域和业务能力的了解,很难在众多律师中筛选出能够真正解决自己问题的律师。

对律师和法律工作者而言,处理案件同样面临诸多挑战。在案件分析过程中,他们需要花费大量时间查找相关法律法规和案例。据统计,一个普通的民事案件,律师可能需要花费 10~20 小时来查阅资料和分析案件。随着法律法规的不断更新和案件数量的日益增长,这种工作方式的效率愈发低下。而且,不同地区的法律实践和判决标准存在差异,律师在处理跨地区案件时,需要花费更多的精力去研究和适应不同地区的法律环境。

3. 在线法律咨询平台为民众提供便捷服务

某知名在线法律咨询平台引入 Agent 后，极大地改变了普通民众获取法律咨询服务的方式。该平台整合了海量的法律法规和案例库，并通过自然语言处理技术与 Agent 相结合，实现了智能法律咨询功能。

市民小赵在签订房屋租赁合同时，对合同中的一些条款存在疑虑。合同中关于租金递增方式、房屋维修责任及违约责任等条款的表述较为复杂，小赵担心自己的权益在未来可能受到侵害。他在该在线平台上向 Agent 提问，详细描述了合同条款内容和自己的担忧。Agent 迅速对问题进行分析，首先在法律法规库中查找与房屋租赁合同相关的条款，明确了合同中各项条款的法律依据。然后，结合大量的实际案例，对条款可能存在的风险进行分析。例如，关于租金递增方式，如果合同中没有明确递增的幅度和时间限制，房东可能会在未来不合理地提高租金。针对这一风险，Agent 建议小赵在合同中明确租金递增的具体方式，如每年递增不超过 5%，且需提前 3 个月通知租客。

在解释房屋维修责任条款时，Agent 指出，根据相关法律规定，一般情况下房屋的主体结构维修由房东负责，但室内设施的维修责任可以由双方协商确定。如果合同中没有明确约定，可能会在维修费用承担上产生纠纷。Agent 建议小赵与房东协商，明确室内设施的维修责任和费用承担方式。通过 Agent 的详细解答，小赵对合同条款有了清晰的认识，心中的疑虑得到消除。他按照 Agent 的建议与房东进行沟通，对合同条款进行了适当调整，最终顺利签订了合同。事后，小赵表示，这个在线平台的 Agent 就像一位随时在线的法律顾问，解答专业、及时，为他节省了大量的时间和精力，也避免了潜在的法律风险。

4. Agent 助力律师提升案件处理效率

在处理一起复杂的商业纠纷案件时，律师小李充分利用了 Agent 辅助进行案件分析。这起商业纠纷涉及一家企业与供应商之间的合同违约问题，合同条款复杂，涉及金额巨大，双方争议焦点众多。

Agent 首先对大量相似商业纠纷案件进行了深度分析，通过机器学习算法，总结出这类案件的关键要点。在合同关键条款解读方面，Agent 指出合同中关于货物交付时间、质量标准、付款方式等条款存在模糊不清的地方，这些模糊之处可能成为双方争议的根源。例如，合同中对货物质量标准的描述较为

第 9 章　商业新生态：Agent 驱动的千亿级市场

笼统，没有明确具体的检验方法和合格标准，这就容易导致在货物验收时产生分歧。

在证据收集和整理方面，Agent 根据以往案例经验，为小李提供了详细的证据清单和收集方向。建议小李收集双方的往来邮件、沟通记录，以证明双方对合同条款的理解和履行情况；收集货物的验收报告、质检报告，以确定货物是否符合合同约定的质量标准。同时，Agent 还对案件可能的判决结果进行了预测。通过分析以往类似案件的判决情况，结合当前案件的具体事实和证据，Agent 预测法院可能会根据合同的实际履行情况、双方的过错程度等因素进行判决。如果企业能够提供充分的证据证明供应商存在违约行为，法院可能会判决供应商承担违约责任，赔偿企业的经济损失。Agent 还协助小李进行法律文书的起草和审核。在起草起诉状时，Agent 根据案件要点和法律规定，生成了初步的文书框架，并提供了相关的法律条文引用和案例参考。在审核过程中，Agent 对文书中的逻辑结构、法律术语使用等进行了检查，确保文书的准确性和专业性。

经过参考 Agent 的分析结果，小李更全面地准备了案件。在法庭上，他能够准确地阐述案件要点，提供有力的证据支持，最终取得了良好的辩护效果。据统计，使用该平台 Agent 辅助的律师，案件处理效率平均提高了 40%。这不仅大大缩短了案件处理周期，为当事人节省了时间和成本，也提升了律师的业务能力和竞争力。

第 10 章

安全与隐私：Agent 时代的数字生存法则

在科技迅猛发展的当下，Agent 技术如浪潮般席卷各领域，深刻改变着人们的生活与工作模式。智能家居的智能助手、智能客服、工业生产智能系统等，都是它的应用体现。其强大的智能交互、自动化执行和数据分析能力，给我们带来了便捷高效，助力我们迈向全新智能时代。但技术是把双刃剑，Agent 技术也带来了安全与隐私挑战。在数字生存时代，数据是核心资产，但数据泄露和隐私侵犯事件频发。从个人隐私曝光、身份被盗，到企业声誉受损、面临巨额赔偿，再到社会秩序受影响、经济发展受阻。所以，在 Agent 技术广泛应用时，保障数据安全、防止隐私泄露，成为亟待解决的问题。

10.1 三级防护体系：数据加密/模型隔离/行为审计

10.1.1 数据加密：算法与密钥管理

1. 政策推动数据加密发展

在数字化浪潮中，数据是最为宝贵的资产之一。个人的私密信息，如身份证号、银行账户密码，企业的核心商业机密，如产品研发数据、客户资源信息，一旦在传输和存储过程中失去安全保障，被不法分子窃取或篡改，后果不堪设想。为保障数据安全，数据加密技术应运而生，其宛如一道坚固的防线，守护着数据在数字世界中的安全旅程。

从政策层面来看，全球各国政府高度重视数据安全问题，出台了一系列严格且细致的法规，对数据加密提出明确要求。欧盟的《通用数据保护条例》(GDPR)堪称数据保护领域的典范，其全面且严格的规定为数据安全树立了标杆。该条例明确规定，数据控制者必须采取适当的技术和组织措施，确保数据的保密性、完整性和可用性，其中数据加密被视为实现这些目标的关键安全措施之一。若企业未能严格按照 GDPR 的要求对用户数据进行加密，一旦发生数据泄露事件，将面临全球年营业额 4% 或 2000 万欧元(以较高者为准)的巨额罚款。这一严厉的处罚促使企业加大在数据加密技术研发和应用方面的投入，不断提升数据安全防护水平。

2．对称加密算法的优劣

当前，数据加密算法种类繁多，对称加密算法和非对称加密算法是最为常见的两大类型。对称加密算法，如 AES(高级加密标准)和 DES(数据加密标准)，加密和解密使用相同的密钥，这使得其在加密速度和效率方面表现卓越，能够快速处理大量数据，适用于各类对数据处理速度要求较高的场景，如金融交易数据加密、企业内部海量数据存储加密等。AES 算法作为对称加密算法的杰出代表，凭借强大的加密性能、良好的兼容性及广泛的应用支持，被全球众多机构和企业广泛应用于各类数据加密场景。在金融领域，银行之间进行资金转账时，涉及的金额、账户信息等敏感数据通常会使用 AES 算法进行加密，以确保数据在复杂的网络传输过程中不被窃取和篡改，保障金融交易的安全稳定进行。权威统计数据显示，全球超过 80% 的金融机构在处理敏感数据时，都采用了 AES 算法进行加密，这充分彰显了 AES 算法在金融数据安全保护中的重要地位。

但对称加密算法在拥有加密速度优势的同时，也存在密钥管理较为复杂的短板。由于加密和解密依赖同一密钥，在密钥的分发、存储和更新过程中，任何一个环节出现漏洞，都可能使密钥泄露，进而使数据的安全性受到严重威胁。在密钥分发过程中，若采用不安全的传输方式，如通过普通邮件或即时通信工具直接传输密钥，就极易被黑客截获；在密钥存储方面，若存储介质的安全性不足，如使用未加密的移动硬盘存储密钥，一旦移动硬盘丢失或被盗，密钥也将随之落入他人之手。因此，如何妥善管理对称加密算法的密钥，成为保障数据安全的关键难题。

3. 非对称加密解决难题

非对称加密算法的出现，巧妙地解决了密钥管理的难题，为数据传输安全带来曙光。非对称加密算法使用一对密钥，即公钥和私钥。公钥如同公开的邀请函，可以自由公开，用于对数据进行加密；而私钥则如同个人专属的私密钥匙，由用户自行妥善保管，用于解密数据。这种独特的加密方式，使得数据在传输过程中，即使公钥被他人获取，由于没有对应的私钥，攻击者也无法解密数据，从而大大提高了数据传输的安全性。RSA 算法作为非对称加密算法的典型代表，在网络通信、数字签名等领域得到广泛应用。在电商交易中，用户的登录信息和交易数据在传输过程中通常会使用 RSA 算法进行加密。当用户在电商平台上输入账号密码进行登录或进行购物交易时，用户输入的信息会使用电商平台预先公开的公钥进行加密，然后以密文的形式在网络中传输。电商平台服务器接收到加密数据后，使用与之对应的私钥进行解密，确保数据在传输过程中不被窃取和篡改。市场调查数据显示，全球 90% 以上的电商平台在用户数据传输过程中采用了 RSA 算法或类似的非对称加密算法，这充分证明了非对称加密算法在保障电商交易数据安全方面的重要作用。

在密钥管理方面，为进一步提高密钥的安全性，多因素认证和密钥分层管理等先进技术逐渐兴起，并得到广泛应用。多因素认证通过结合多种身份验证方式，如密码、指纹识别、短信验证码等，为密钥的获取设置了多重关卡，大大增加了攻击者获取密钥的难度。在一些高端金融交易系统中，用户在登录时，不仅需要输入复杂的密码，还需要通过指纹识别进行生物特征验证，同时接收并输入手机短信验证码进行二次验证，只有当所有验证环节都通过后，用户才能获取密钥，进而进行相关操作。这种多因素认证方式，极大地提高了密钥的安全性，有效防止了因密码泄露而导致的密钥被盗取风险。

密钥分层管理则将密钥分为不同层级，构建了一个严密的密钥管理体系。每一层密钥都有其特定的用途和管理方式，相互协作又相互制约。顶级主密钥犹如坚固的堡垒，用于保护下级密钥的安全；而下级密钥则如同灵活的士兵，负责具体的数据加密操作。这样一来，即使单个下级密钥不幸泄露，由于其他层级密钥的层层保护,也能有效降低对整个系统的影响。在大型企业的数据中心,通常会采用密钥分层管理技术,将不同部门的数据使用不同层级的密钥进行加密。核心业务部门的数据使用高层级密钥加密,一般业务部门的数据使用低层级密钥加密,以确保数据的安全性和管理的便捷性。通过密钥分层管理,企业能够更加精细地控制数据的访问权限,提高数据的安全性,同时也便于对密钥进行统一管理和维护。

10.1.2 模型隔离:防止数据泄露与攻击

1. 机器学习模型应用广泛

随着 Agent 技术的迅猛发展,机器学习模型在数据处理和决策过程中扮演着愈发重要的角色,成为推动各行业智能化发展的核心力量。在金融领域,机器学习模型被广泛应用于风险评估、信用评级、投资决策等关键环节。通过对海量的金融数据进行分析和挖掘,模型能够准确评估客户的信用风险,为银行的贷款审批提供科学依据,帮助金融机构有效降低信贷风险,提高资金使用效率。在医疗领域,机器学习模型助力医生进行疾病诊断、药物研发和个性化治疗方案制订。通过分析患者的病历数据、医学影像等信息,模型能够辅助医生快速准确地诊断疾病,预测疾病的发展趋势,为患者提供更加精准的治疗建议,提高医疗服务的质量和效率。在互联网领域,机器学习模型被用于个性化推荐、搜索引擎优化、网络安全防护等方面。电商平台通过机器学习模型分析用户的浏览历史、购买行为等数据,为用户提供个性化的商品推荐,提升用户的购物体验和平台的销售额;搜索引擎利用机器学习模型优化搜索算法,提高搜索结果的准确性和相关性,满足用户的信息需求;网络安全公司借助机器学习模型实时监测网络流量,及时发现和防范网络攻击,保障网络安全。

2. 模型安全面临严峻挑战

随着机器学习模型的广泛应用,其安全性也面临着诸多严峻的挑战,数据泄露和模型被攻击的风险日益增加,成为行业发展的痛点。一旦模型被攻击,攻击者可能获取模型中的敏感数据,如用户的个人隐私信息、企业的商业机密等,这些数据的泄露将对用户和企业造成严重的损害。攻击者还可能篡改模型的输出结果,导致错误的决策,给用户和企业带来巨大的经济损失。在金融领域,若风险评估模型被攻击,攻击者可能篡改模型输出,使高风险的贷款申请被误判为低风险，从而让金融机构发放大量高风险贷款，最终可能导致金融机构面临巨额坏账损失，甚至引发系统性金融风险。据统计，2022年，某金融机构因模型被攻击，导致错误评估了数千笔贷款申请，最终造成了上亿元的经济损失，这一案例充分凸显了模型安全问题的严重性。在医疗领域，若疾病诊断模型被攻击，可能导致误诊，延误患者的治疗时机，甚至危及患者生命。攻击者通过篡改医学影像诊断模型的输出结果，将原本患有严重疾病的病人误诊为健康，导致患者错过最佳治疗时机，病情恶化，给患者及其家庭带来痛苦和巨大的损失。

3. 软硬件隔离——TEE技术

为有效防止数据泄露和攻击，模型隔离技术应运而生，成为保障模型安全的重要手段。模型隔离主要包括硬件隔离和软件隔离两个层面，两者相互配合，共同为模型安全构筑起坚固的防线。

在软件隔离方面，虚拟化技术和容器技术是两种主要的实现方式。虚拟化技术可以在一台物理服务器上创建多个相互隔离的虚拟机，每个虚拟机都拥有独立的操作系统和应用程序运行环境。这种隔离机制使得即使一个虚拟机受到攻击，由于虚拟机之间的隔离屏障，也不会影响到其他虚拟机的安全性。大型云计算服务提供商亚马逊云（AWS），通过虚拟化技术为众多企业提供云服务器服务。每个企业的应用程序和数据都运行在独立的虚拟机中，有效保障了企业数据的安全。企业可以根据自身需求灵活配置虚拟机的资源，实现资源的高效利用，同时也降低了硬件采购和维护成本。

在硬件隔离方面，可信执行环境（TEE）是一种至关重要的技术。TEE通过使用专用的硬件设备，为模型运行打造了一个受保护的硬件区域，将模型与其他系统组件隔离开来。在这个安全区域内，模型的运行过程受到严格的保护，外部攻击者无法轻易窥探和篡改模型的运行状态和数据。一些金融机构在使用机器学习模型进行风险评估时，会将模型部署在基于ARM TrustZone技术的TEE中。在这个安全环境中，模型的参数和中间计算结果被严格保密，外部攻击者无法通过常规手段获取这些敏感信息，从而确保了模型的安全性和数据的保密性。然而，TEE技术也并非无懈可击。英特尔的SGX（Software Guard Extensions）曾被发现存在侧信道攻击的风险，攻击者可以通过监测内存访问模式等方式来推断模型的运行状态，获取敏感信息。这一安全漏洞的发现，促使硬件厂商和安全研究人员加大研发投入，不断努力修复这些漏洞，提升 TEE 的安全性。他们通过改进硬件设计，优化内存管理机制，减少侧信道信息的泄露；采用更复杂的加密和认证机制，增强对模型的保护，确保 TEE 能够抵御各种复杂的攻击手段。

4. 容器技术风险与应对

容器技术是一种轻量级的虚拟化技术，它将应用程序及其依赖项打包成一个独立的容器，不同容器之间相互隔离。容器技术具有部署速度快、资源利用率高的显著特点，被广泛应用于云计算和大数据领域。许多互联网企业在部署机器学习模型时，会使用容器技术将模型和相关服务封装成容器，实现模型的隔离和安全部署。字节跳动公司在其短视频推荐系统中，大量使用了容器技术来部署机器学习模型。通过将模型和相关服务封装在容器中，不仅大大提高了模型的部署效率，能够快速响应业务需求的变化，还增强了模型的安全性。容器之间的隔离机制有效防止了一个容器中的安全问题扩散到其他容器，确保了推荐系统的稳定运行。然而，容器技术也存在一定的安全风险。容器之间的隔离依赖于宿主机的操作系统，一旦宿主机被攻击，容器内的数据也可能面临被窃取的风险。为应对这一风险，Kubernetes 等容器编排工具正在不断加强对容器安全的管理。通过限制容器的权限，严格控制容器对系统资源的访问，防止容器越权访问敏感数据；隔离网络流量，采用网络隔离技术，防止容器之间的非法网络通信，提高容器的安全性。一些企业还在探索使用零信任安全模型，即假设网络内部和外部都存在潜在的威胁，对所有访问请求进行严格的身份验证和授权。在零信任安全模型下，即使攻击者突破了某一层隔离，也无法在没有授权的情况下访问其他资源，从而大大降低了数据泄露和被攻击的风险，为模型安全提供了更全面的保障。

10.1.3　行为审计：操作记录与风险预警

行为审计作为保障系统安全的重要环节，犹如一双敏锐的眼睛，时刻关注着用户和系统的操作行为，通过对这些行为的详细记录和深入分析，能够及时发现潜在的安全风险，为系统安全保驾护航。在政策层面，许多国家的法律法规都对企业的用户数据操作审计提出了明确且严格的要求，将其作为企业保障数据安全的重要责任。欧盟的 GDPR 要求数据控制者必须对数据处理活动进行全面而详细的记录，包括处理的目的、数据主体的类别、数据的存储期限、数据的共享和传输情况等信息，以便在发生安全事件时能够准确追溯责任和采取有效的应对措施。美国的《萨班斯-奥克斯利法案》（SOX）也对上市公司的财务数据审计提出了严格要求，确保数据的真实性、完整性和准确性，防止财务数据造假和信息泄露。这些政策法规的出台，促使企业高度重视行为审计工作，加大在行为审计技术研发和系统建设方面的投入，不断完善行为审计体系。

行为审计主要包括操作记录和风险预警两个紧密相连的方面，它们相互协作，共同发挥着保障系统安全的作用。

1. 操作记录保障问题追溯

操作记录是对用户和系统的各种操作进行详细、全面的记录，如同一本详细的操作日志，记录操作时间、操作对象、操作内容等关键信息。这些记录不仅是系统运行情况的真实写照，更是发现异常操作行为的重要依据。在一个企业的数据库管理系统中，对用户的增删改查操作进行记录。假设某电商企业的数据库中，记录了用户对商品信息的修改操作。通过查看操作记录，企业可以清晰地了解到具体是哪个用户在什么时间对哪些商品信息进行了修改，修改前后的内容分别是什么。这样，一旦出现数据错误、数据泄露或其他安全问题，企业可以迅速根据操作记录定位问题原因，追溯操作源头，采取相应的解决措施。操作记录还可以作为合规性审计的重要依据，帮助企业证明其数据处理活动符合相关法律法规的要求，避免因违规操作而面临法律风险。

2. 风险预警探测潜在风险

风险预警则是通过对操作记录的深度分析，借助机器学习算法和大数据技术的强大力量，预测潜在的安全风险，犹如一个精准的风险探测器，提前发出警报。当系统检测到异常操作行为时，如大量的非法登录尝试、敏感数据的频繁访问、异常的权限变更等，会及时发出预警信息，提醒管理员采取相应的措施。一些大型互联网企业利用自主研发的风险预警系统，实时监控用户的登录行为和数据访问行为。当系统检测到某个账号在短时间内从多个不同 IP 地址进行登录尝试，且密码错误次数超过设定阈值时，系统会立即发出预警信息，安全团队会根据预警信息迅速采取相应的措施，如暂时冻结该账号，防止账号被盗用；对登录 IP 地址进行追踪分析，查找攻击者的来源；加强对该账号相关数据的保护，防止数据泄露。

但风险预警系统也并非完美无缺，存在误报和漏报的问题。由于异常行为的定义较为模糊，不同的业务场景和用户行为模式存在差异，系统可能会将一些正常的操作误判为异常行为，从而产生误报；同时，也可能会忽略一些潜在的安全风险，导致漏报。在某企业中，员工为了完成一个紧急项目，需要在短时间内频繁访问大量敏感数据。行为审计系统将这种行为误判为异常，发出了预警信息，导致相关业务受到影响。为提高风险预警系统的准确性，需要不断优化算法，结合更多的上下文信息和业务规则进行判断。通过收集和分析大量的历史操作数据，建立更加准确的用户行为模型，使系统能够更好地区分正常行为和异常行为；引入人工智能技术，如深度学习算法，对用户行为进行多维度分析，提高对异常行为的识别能力；加强人工审核环节，对系统发出的预警信息进行二次确认，避免误报和漏报对业务造成不必要的干扰。

10.2 反操控训练：让 Agent 学会拒绝危险指令

10.2.1 危险指令的识别与分类

在 Agent 的广泛应用进程中，危险指令的潜在威胁愈发凸显，其可能引发的安全后果极为严重。危险指令，简而言之，是那些会对用户、系统或整个社会造成危害的指令。从现实层面来看，恶意攻击指令、泄露敏感信息指令及破坏系统指令等，都在危险指令的范畴之内。回顾过往，曾有黑客恶意利用智能语音助手的交互特性，向其发送精心构造的危险指令，意图诱导其执行恶意操作，如删除用户存储的数据、擅自篡改系统关键设置等，此类事件给用户带来了极大的损失和困扰，也为整个行业敲响了安全警钟。

为了赋予 Agent 有效抵御危险指令的能力，精准识别与合理分类危险指令是首要任务。依据指令的危害性质和目标，危险指令大致可分为以下几类。

1. 恶意攻击类指令

恶意攻击类指令的目的在于对其他系统或用户发动攻击。常见的手段包括发动分布式拒绝服务(DDoS)攻击，攻击者通过控制大量的傀儡机，向目标服务器发送海量的网络请求，使服务器不堪重负而瘫痪，导致正常的服务无法提供。据相关数据统计，2023 年全球范围内 DDoS 攻击的次数超过

1500 万次，平均每天发生约 4 万次，攻击的峰值流量不断攀升，对互联网服务的稳定性造成了严重威胁。还有入侵他人计算机系统，通过各种漏洞获取敏感信息，如商业机密、个人隐私等，此类攻击每年给全球企业造成的经济损失高达数百亿美元。

2. 敏感信息泄露类指令

敏感信息泄露类指令的核心意图是迫使 Agent 泄露用户的个人敏感信息，涵盖身份证号码、银行卡密码、医疗记录等。这些信息一旦泄露，用户可能面临身份被盗用、财产损失及个人隐私曝光等严重后果。2022 年，某知名社交平台因安全漏洞，导致数百万用户的个人信息被泄露，其中就包括大量的敏感信息，引发了广泛的社会关注和用户恐慌。

3. 系统破坏与违背伦理指令

系统破坏类指令试图对 Agent 所在的系统进行破坏，如删除重要文件，这些文件可能包含系统运行的关键配置、用户的重要数据等；篡改系统配置，使系统的运行状态发生异常，影响正常的功能实现。曾经有黑客通过向工业控制系统发送破坏指令，导致工厂的生产设备失控，造成了巨大的经济损失。

违反伦理道德类指令的内容公然违背基本的伦理道德准则，如传播虚假信息，在信息传播迅速的今天，虚假信息可能引发社会恐慌、误导公众舆论；煽动仇恨，可能导致社会矛盾激化，破坏社会的和谐稳定。一项针对社交媒体的研究发现，每天在平台上传播的虚假信息数量数以百万计，其中不乏一些恶意煽动仇恨的内容，对社会秩序产生了不良影响。

10.2.2 反操控训练的方法与策略

为切实让 Agent 具备拒绝危险指令的能力，全方位、多层次的反操控训练显得尤为重要。目前，反操控训练的方法主要涵盖以下几种。

1. 规则引擎界定危险指令

规则引擎训练通过精心制定一系列明确的规则，精准界定哪些指令属于危险指令。当 Agent 接收到指令时，会迅速依据这些规则进行判断。一旦指令与危险规则相匹配，Agent 将坚决拒绝执行。以隐私保护为例，可以设定规则，严禁 Agent 在未获得用户明确授权的情况下，向外部发送用户的敏感信息。在医疗领域，某智能医疗助手通过规则引擎训练，明确禁止在未得到患者同意的情况下，向第三方透露患者的病历信息，有效保护了患者的隐私安全。据统计，在实施该规则引擎训练后，该智能医疗助手在处理患者信息时，敏感信息泄露事件的发生率降低了 80%。

2．强化学习引导正确行为

强化学习训练借助强化学习算法，让 Agent 在与环境的持续交互过程中，不断学习和积累经验，从而清晰辨别哪些行为是正确的，哪些行为是错误的。通过巧妙设计奖励和惩罚机制，有效引导 Agent 拒绝危险指令。当 Agent 成功拒绝危险指令时，给予其一定的奖励，如增加积分、提升权限等；当 Agent 执行了危险指令时，则给予相应惩罚，如扣除积分、限制功能使用等。在智能安防领域，某智能监控 Agent 通过强化学习训练，在面对黑客试图入侵系统的危险指令时，成功拒绝的概率从最初的 60% 提升到了 90%，大大增强了安防系统的安全性。

3．对抗训练提升抗攻击能力

对抗训练引入对抗机制，让 Agent 与模拟的攻击者展开激烈对抗。攻击者不断变换手段，发送各种类型的危险指令，试图操控 Agent，而 Agent 则在这个过程中不断学习和优化自身的策略，逐步提高拒绝危险指令的能力。在对抗训练过程中，循序渐进地增加攻击者的攻击难度，从简单的指令攻击到复杂的组合攻击，从而有效提升 Agent 的抗攻击能力。在金融领域，某银行的智能风控 Agent 在经过长时间的对抗训练后，成功抵御了多次模拟的恶意攻击，保障了银行系统的安全稳定运行。

10.2.3　训练效果的评估与优化

反操控训练效果的评估是确保训练有效性的关键环节，直接关系到 Agent 在实际应用中的安全性和可靠性。评估指标主要包括危险指令的识别准确率、拒绝率、误报率等。危险指令的识别准确率，是指 Agent 正确识别危险指令的比例，它反映了 Agent 对危险指令的认知能力；拒绝率，即 Agent 成功拒绝危险指令的比例，体现了 Agent 在面对危险指令时的实际防御能力；误报率，则是指 Agent 将正常指令误判为危险指令的比例，过高的误报率会影响 Agent 的正常使用效率。

为了不断优化训练效果，可采取以下有针对性的措施。

1. 优化训练数据

广泛收集更多、更全面的危险指令样本，涵盖不同类型、不同场景下的危险指令，训练数据的多样性，从而提高 Agent 对各种危险指令的识别能力。例如，在智能驾驶领域，收集包括恶意干扰驾驶指令、篡改导航数据指令等在内的多种危险指令样本，使智能驾驶 Agent 能够更好地应对复杂多变的攻击场景。通过优化训练数据，某智能驾驶 Agent 对危险指令的识别准确率从 70% 提升到 85%。

2. 调整训练参数

依据评估结果，灵活调整强化学习算法和对抗训练的参数，如精细调整奖励和惩罚的力度，合理控制对抗训练的强度等，以达到最佳的训练效果。在某智能工业控制 Agent 的训练过程中，通过调整强化学习算法的奖励参数，使其对成功拒绝危险指令的奖励更加显著，从而激发 Agent 更积极地学习拒绝危险指令的策略，拒绝率从 80% 提高到 92%。

3. 引入新的训练技术

持续关注人工智能领域的最新研究成果，及时引入新的训练技术，如迁移学习、深度学习等，进一步提升 Agent 的反操控能力。迁移学习可以让 Agent 借鉴其他相关领域的知识和经验，快速提升自身的能力；深度学习则能够通过构建复杂的神经网络模型，对危险指令进行更深入的分析和识别。某智能网络安全 Agent 引入深度学习技术后，对复杂危险指令的识别和拒绝能力得到了显著提升，成功抵御了多起新型网络攻击。

10.2.4 反操控训练在实际应用中的案例

在实际应用场景中，反操控训练已经取得了一系列令人瞩目的成果，为保障用户和系统的安全发挥了重要作用。

1. 智能客服系统

某知名电商平台的智能客服系统在引入反操控训练后，成功阻止了大量的恶意攻击指令和敏感信息泄露指令。在一次攻击事件中，黑客试图通过向智能客服发送精心构造的指令，获取用户的账号密码信息。智能客服系统借助反操控训练学习到的规则和算法，迅速准确地识别出该指令的危险性，并果断拒绝执行。据统计，在引入反操控训练后的一年内，该智能客服系统成功阻止了超过 10 万次的恶意攻击指令和 5 万次的敏感信息泄露指令，有效保障了平台数百万用户的信息安全，用户对平台的信任度也因此提升了 20%。

2．自动驾驶汽车系统

某领先的自动驾驶汽车品牌通过反操控训练，使其自动驾驶汽车系统能够有效拒绝可能导致交通事故的危险指令。在一次严格的模拟测试中，黑客试图通过发送干扰指令，改变自动驾驶汽车的行驶路线，使其偏离正常轨道。但自动驾驶汽车系统凭借反操控训练获得的强大能力，成功识别并拒绝了该指令，确保了车辆的安全行驶。在实际道路测试中，该自动驾驶汽车系统在面对各种潜在危险指令时，成功拒绝率达到了 95% 以上，大大提高了自动驾驶的安全性，为未来自动驾驶技术的广泛应用奠定了坚实的安全基础。

3．工业控制系统

在某大型化工企业的工业控制系统中，引入了具备反操控训练能力的智能 Agent。该 Agent 负责监控和管理化工生产过程中的各种设备和参数。曾经有不法分子试图通过发送指令，干扰工业控制系统的正常运行，导致化工生产出现异常。但智能 Agent 通过反操控训练学习到的知识和策略，及时识别出这些危险指令，并迅速采取措施进行阻断。据统计，在引入反操控训练后的两年内，该工业控制系统成功抵御了 30 余次恶意攻击，保障了化工生产的安全稳定运行，避免了因生产事故可能带来的巨大经济损失和环境污染风险。

4．金融交易系统

某国际知名银行的金融交易系统采用了反操控训练技术，以保障金融交易的安全。在一次金融市场的异常波动期间，黑客试图利用系统漏洞发送恶意指令，篡改交易数据、操纵股价。金融交易系统中的智能 Agent 通过反操控训练，快速识别出这些危险指令，并立即启动应急响应机制，阻止了黑客的攻击行为。这次成功的防御不仅保护了银行和客户的资金安全，还维护了金融市场的稳定秩序。据估算，该银行因反操控训练技术的应用，每年避免了约 5000 万美元的潜在经济损失。

10.2.5 政策与行业现状

1．政策法规规范 Agent 安全

从政策层面来看，各国政府和相关监管机构逐渐认识到 Agent 安全的重要

性，纷纷出台一系列政策法规来规范 Agent 的开发、应用和管理。欧盟发布了一系列关于人工智能安全的指南和法规，明确要求开发者在设计和训练 Agent 时，必须考虑到安全因素，特别是要防范危险指令的攻击。美国也制定了相关政策，对涉及关键基础设施的 Agent 系统，如能源、交通、金融等领域，加强了安全监管，要求企业必须实施有效的反操控训练措施，确保系统的安全性和稳定性。

2．企业机构积极投入研发

在行业方面，各大企业和研究机构积极投入到 Agent 反操控训练的研究和实践中。科技巨头如谷歌、微软、苹果等，纷纷加大在人工智能安全领域的研发投入，开发先进的反操控训练技术和算法。谷歌通过对其智能语音助手进行反操控训练，有效提升了其对危险指令的防御能力。在金融行业，各大银行和金融机构建立了严格的安全标准和规范，对用于风险评估、交易监控等环节的 Agent 系统进行全面的反操控训练，以保障金融交易的安全。行业统计数据显示，目前全球超过 80% 的金融机构在其核心业务系统中应用了具备反操控训练能力的 Agent，有效降低了金融风险。

但政策的实施和行业的发展也面临一些挑战。一方面，政策法规的制定和更新往往滞后于技术的发展，导致在面对新型危险指令和攻击手段时，政策的监管存在一定的空白。另一方面，不同行业和企业在反操控训练的技术水平和投入力度上存在较大差异，一些中小企业由于技术和资金的限制，难以实施有效的反操控训练措施，增加了整个行业的安全风险。

3．未来发展方向展望

随着 Agent 技术的不断发展和应用场景的日益广泛，反操控训练的重要性将愈发凸显。未来，我们需要进一步加强政策法规的制定和完善，使其能够及时跟上技术发展的步伐，为 Agent 的安全应用提供更加坚实的法律保障。在技术研发方面，持续探索和创新反操控训练的方法和技术，如结合区块链技术提高指令的安全性和可追溯性，利用量子计算技术增强加密算法的安全性，从而提升 Agent 对危险指令的防御能力。从行业角度来看，加强行业间的合作与交流，共享反操控训练的经验和技术成果，推动整个行业的安全水平提升。建立行业标准和认证体系，对具备优秀反操控能力的 Agent 系统进行认证，促进企业积极提升自身的安全防护水平。同时，加强对公众的安全教育，提高用户对危险指令的认知和防范意识，共同营造一个安全、可靠的 Agent 应用环境。

10.3　云端保险箱：个人数字资产的继承与迁移

10.3.1　数字资产的定义与分类

在互联网飞速发展的当下，数字经济蓬勃兴起，个人数字资产的范畴不断拓展，其种类和数量呈爆发式增长。数字资产，从广义上讲，是个人在数字世界中所拥有的具备价值属性的各类资产。这些资产不仅涵盖了传统意义上具有经济价值的数字货币、电子银行账户等，还延伸至承载知识、文化和社交关系的电子文档、数字版权及社交媒体账号等领域，它们在人们的日常生活和经济活动中扮演着愈发重要的角色。

1．金融类数字资产

以比特币、以太坊为代表的数字货币，凭借其去中心化、加密安全等特性，在全球范围内吸引了大量投资者。据统计，截至 2024 年年底，全球比特币的总市值已超过 1 万亿美元，以太坊市值也达到 5000 亿美元左右。此外，各类电子银行账户、虚拟货币钱包等，作为传统金融资产在数字领域的延伸，同样具有重要的经济价值。电子银行账户方便用户进行资金存储、转账支付等操作，全球电子银行用户数量已超过 30 亿，每年的电子交易金额高达数十万亿美元。虚拟货币钱包则是数字货币存储和交易的关键工具，其用户数量也在不断攀升。

2．知识类数字资产

个人撰写的电子文档，如工作文档、学习笔记等，是个人知识和经验的积累，对个人和企业都具有重要价值。学术论文、专利作为科研成果的重要体现，不仅关乎个人的学术声誉，还可能带来巨大的经济收益。数字图书则满足了人们数字化阅读的需求，市场规模不断扩大。2023 年，全球数字图书市场规模达到 250 亿美元，预计到 2028 年将增长至 350 亿美元。这些知识类数字资产的创作和传播，推动了知识的共享和创新。

3．娱乐类数字资产

游戏账号及虚拟道具在游戏产业中占据重要地位。热门游戏《王者荣耀》的账号交易市场规模庞大，一些拥有珍稀皮肤和高等级账号的交易价格可达数千元甚至上万元。音乐、视频等数字娱乐内容，随着流媒体平台的兴起，成为人们日常生活中不可或缺的一部分。全球音乐流媒体市场用户数量已超过 5 亿，视频流媒体巨头 Netflix 的订阅用户也突破 2 亿人，这些平台上的数字音乐和视频资产价值巨大。

4．社交类数字资产

微信、微博、Facebook 等社交媒体账号，不仅是个人社交关系的数字化载体，还有潜在的商业价值。许多网红和自媒体人通过社交媒体账号进行商业合作和广告推广，实现了粉丝经济的变现。一些拥有百万粉丝以上的社交媒体账号，其单次广告合作费用可达数万元甚至更高。这些社交类数字资产的价值，不仅体现在个人的社交影响力上，还在数字经济的发展中发挥着重要作用。

10.3.2 数字资产继承的流程与法律问题

在数字时代，个人数字资产的继承已成为一个亟待解决的重要问题。当用户离世后，如何确保其数字资产能够顺利传承给合法继承人，不仅关乎个人财产权益的延续，也对社会的稳定和发展具有重要意义。从继承流程来看，明确数字资产的归属和继承人是首要任务。用户在生前通过遗嘱、数字遗嘱等合法方式指定数字资产继承人，成为保障继承顺利进行的关键环节。

然而，数字资产继承面临着诸多复杂的法律问题。不同国家和地区对数字资产的法律定义和规定存在显著差异，这使得在继承过程中极易出现法律适用的冲突。美国各州对数字资产的法律规定各不相同，一些州将数字货币视为财产进行保护，而另一些州则尚未明确其法律地位。在欧盟，不同成员国对数字资产继承的法律规定也存在差异，这给跨国数字资产继承带来了极大的困难。此外，数字货币的法律地位在全球范围内尚未完全明确，这使得数字货币的继承充满不确定性。一些国家对数字货币采取谨慎态度，甚至禁止其交易，这导致在这些国家，数字货币的继承面临诸多障碍。

数字资产的密码保护和隐私问题也给继承带来了巨大挑战。许多数字资产都设置了密码保护，若用户去世后，继承人无法获取密码，将难以继承这些资产。社交账号的密码重置通常需要用户本人进行身份验证，这使得继承人在继承社交账号时面临重重困难。数字资产的隐私保护也与继承产生了矛盾。一些数字资产包含个人隐私信息，如电子病历、聊天记录等，继承人在继承这些资产时，如何在保护用户隐私的前提下获取资产，成为一个亟待解决的问题。

为解决这些法律问题，许多国家和地区积极行动，制定相关法律法规。美国部分州已出台数字资产继承的专门法律，明确规定了数字资产的继承程序和继承人的权利。俄亥俄州通过的《数字资产和数字账户访问法》，允许用户在生前指定数字资产的继承人，并赋予继承人在用户去世后访问和管理数字资产的权利。一些互联网公司也敏锐捕捉到这一需求，开始提供数字资产继承服务。谷歌推出的"遗产联系人"功能，允许用户指定联系人，在用户去世后，该联系人可以访问用户的谷歌账户，包括邮件、相册等数字资产。

10.3.3 数字资产迁移的技术实现与保障

在数字资产的日常管理中，资产迁移是一个常见且必要的操作。用户可能因平台服务变更、设备更换或个人需求调整等原因，需要将数字资产从一个平台迁移到另一个平台，或者在不同设备之间进行迁移。资产迁移的技术实现涉及多个关键环节，包括数据备份、数据传输和数据恢复，每个环节都对资产迁移的成功与否起着至关重要的作用。

1. 数据备份的两种主要方式

在数据备份方面，本地备份和云端备份是两种主要方式。本地备份是将数字资产存储在本地设备，如硬盘、U 盘等，这种方式操作简单，成本较低，但存在数据易丢失、损坏及难以共享和管理的问题。硬盘可能因物理损坏而导致数据丢失，U 盘也容易丢失或损坏。云端备份则是将数字资产存储在云服务器上，用户可通过互联网随时随地访问。据统计，全球云存储市场规模在 2023 年达到了 700 亿美元，预计到 2028 年将增长至 1200 亿美元，越来越多的用户选择云端备份，正是看中了其数据安全、便于管理和共享的优势。知名云存储服务提供商 Dropbox，拥有超过 5 亿用户，用户可以将各类数字资产存储在 Dropbox 的云端服务器上，实现数据的安全备份和便捷访问。

2. 数据传输安全完整性保障

在数据传输过程中，确保数据的安全性和完整性是核心要求。采用加密技术对数据进行加密传输，是防止数据被窃取和篡改的重要手段。SSL/TLS 加密

第 10 章 安全与隐私：Agent 时代的数字生存法则

协议被广泛应用于数据传输过程中，它通过对数据进行加密，使得数据在传输过程中即使被截取，攻击者也无法读取其中的内容。在数据恢复环节，需要确保数据能够准确无误地恢复到目标平台或设备上。一些云存储服务提供商提供了数据恢复工具，用户可以通过这些工具将备份的数据快速恢复到新的平台或设备上。

为保障资产迁移的顺利进行，建立完善的技术保障体系势在必行。制定统一的数据格式标准，是实现不同平台之间数据交互的基础。目前，一些行业组织正在推动数字资产数据格式的标准化工作，以促进数字资产在不同平台之间的迁移。建立数据迁移的验证机制，通过对迁移前后的数据进行比对和验证，确保迁移的数据准确无误。一些企业在进行数据迁移时，会采用数据校验算法，对迁移的数据进行完整性和准确性校验。加强对数据迁移过程的监控，实时监测数据传输的状态和进度，及时发现和解决问题。通过建立监控系统，企业可以实时掌握数据迁移的情况，一旦出现异常，能够迅速采取措施进行处理。

10.3.4 云端保险箱的安全与可靠性

云端保险箱作为存储个人数字资产的核心工具，其安全与可靠性直接关系到用户数字资产的安全和隐私。从安全层面来看，云端保险箱采用了多重安全防护措施，构建起一道坚固的安全防线。数据加密技术是保障数据安全的关键手段，在数据存储和传输过程中，均采用先进的加密算法对数据进行加密，确保数据不被窃取和篡改。AES 加密算法被广泛应用于云端保险箱的数据加密，它能够对数据进行高强度加密，有效保护数据的安全。通过设置严格的访问权限控制，只有授权用户才能访问数字资产。采用多因素认证方式，用户在登录云端保险箱时，不仅需要输入密码，还需要通过短信验证码、指纹识别等方式进行身份验证，大大提高了账号的安全性。防火墙则作为抵御外部攻击的第一道防线，防止外部攻击者入侵云端保险箱。防火墙可以实时监测网络流量，拦截非法访问和攻击请求，保障云端保险箱的网络安全。

在可靠性方面，云端保险箱通常采用分布式存储技术，将数据分散存储在多个服务器上，避免因单个服务器故障而导致数据丢失。一些大型云存储服务提供商，如亚马逊云（AWS），采用了全球分布式存储架构，将数据存储在多个数据中心，确保数据的高可用性。采用数据冗余和备份技术，定期对数据进行备份，确保在数据出现丢失或损坏时能够及时恢复。AWS 每天都会对用户数据进行备份，并将备份数据存储在不同的地理位置，以防止因自然灾害等原因导致数据丢失。一些知名的云存储服务提供商，如阿里云、腾讯云等，通过采用先进的技术和严格的管理措施，保障了云端保险箱的安全与可靠性。阿里云凭借其强大的技术实力和完善的安全管理体系，为全球数百万企业和个人用户提供了可靠的数字资产存储服务，赢得了用户的广泛信赖。

第 11 章

社会进化论：当 80%的人类拥有 AI 助手

在当今科技飞速发展的时代，人工智能（AI）技术正以前所未有的速度融入我们的生活。从语音助手到智能推荐系统，从自动驾驶汽车到工业自动化生产线，AI 的身影无处不在。当 80% 的人类都拥有 AI 助手时，这无疑将对社会的各个方面产生深远的影响，引发一场深刻的社会变革。本章将从岗位替代、新职业诞生及生产力与社会公平的平衡等多个角度，深入探讨这一变革对社会发展的影响。

11.1 岗位替代全景图：从蓝领到白领的智能化冲击

11.1.1 蓝领岗位：自动化与机器人替代

1. 自动化冲击蓝领岗位现状

在科技飞速发展的当下，AI 技术与自动化技术的深度融合，如同汹涌的浪潮，正猛烈地冲击着蓝领岗位，带来了前所未有的变革。在制造业领域，工业机器人的身影愈发常见，它们已然成为生产线上的主力军。以汽车制造企业为例，过去，焊接与装配工作主要依赖人工完成，不仅效率低下，产品的质量也难以保证。而如今，大量的焊接、装配工作都由机器人精准、高效地完成。这些机器人能够按照预设的程序，在复杂的操作环境中，以极高的精度完成任务，极大地提高了生产效率，产品的次品率也随之大幅降低。国际机器人联合会（IFR）的数据显示，2023年全球工业机器人的安装量达到了500万台，预计到2028年将增长至800万台，这一数据直观地反映出工业机器人在制造业中应用的迅猛发展态势。

在物流仓储行业，自动化分拣系统、自动导引车（AGV）等设备的广泛应用，彻底改变了传统的货物分拣与搬运模式。在某大型电商企业的物流仓库中，自动化分拣系统每小时能够处理数万件包裹，这一效率是人工分拣的数倍甚至数十倍。AGV小车能够在仓库中自动行驶，准确地将货物搬运到指定位置，不仅提高了物流配送的效率，还减少了人工搬运过程中可能出现的货物损坏。这种自动化的物流仓储模式，已经成为现代物流行业的发展趋势，众多物流企业纷纷加大在自动化设备上的投入，以提升自身的竞争力。

农业领域同样也在经历着深刻的变革。无人机、自动灌溉系统、智能温室等技术的应用，正在逐步改变传统的农业生产方式。无人机可以利用其搭载的高清摄像头和传感器，对农田进行病虫害监测，及时发现农作物的健康问题，并进行精准的农药喷洒，既提高了防治效果，又减少了农药的使用量。自动灌溉系统能够根据土壤湿度传感器反馈的数据，自动调节灌溉水量，实现精准灌溉，在节约用水的同时，也为农作物的生长提供了适宜的水分条件。智能温室则可以通过先进的环境控制系统，精确控制温室内的温度、湿度、光照等环境参数，无论外界环境如何变化，都能为农作物营造出最适宜的生长环境，从而实现农作物的高效种植。在一些发达国家，如美国的大型农场，自动化设备的应用已经相当成熟，从播种、施肥到收割，大量的工作都由自动化设备完成，一个大型农场仅需几名技术人员就能完成大规模的农业生产，大大提高了农业生产效率。

2. 蓝领替代引发系列问题

但蓝领岗位的自动化替代并非一帆风顺，它也带来了一系列问题。一方面，大量蓝领工人面临着失业风险。自2010年以来，美国制造业岗位减少了约200万个，其中很大一部分原因就是自动化技术的广泛应用。这些失去工作的蓝领工人，往往缺乏重新就业所需的技能，在就业市场上处于劣势地位。另一方面，随着自动化设备的普及，工人需要具备更高的技能水平才能适应新的工作需求。操作和维护自动化设备，需要工人掌握一定的编程、电子、机械等方面的知识和技能。例如，工业机器人的维护人员需要了解机器人的编程逻辑，能够对机器人的故障进行诊断和修复；自动化生产线的操作人员需要掌握基本的电子知识，能够对生产线的运行状态进行监控和调整。这就对工人的培训提出了更高的要求，不仅需要加大培训的力度，还需要更新培训的内容和方式，以满足蓝领工人技能提升的需求。

11.1.2 白领岗位：数据分析与决策支持

在白领岗位范畴，AI 技术同样掀起了巨大的波澜，带来了全方位的冲击。在金融领域，AI 技术的应用已经深入到各个环节。在风险评估方面，AI 可以通过对海量金融数据的分析，快速准确地评估客户的信用风险。传统的风险评估方式主要依赖人工审核和简单的数据分析模型，效率较低且准确性有限。而 AI 技术能够整合多维度的数据，包括客户的信用记录、消费行为、资产状况等，运用复杂的算法进行分析，为银行的贷款审批提供更加科学、准确的决策支持。据统计，使用 AI 进行风险评估的金融机构，其贷款违约率平均降低了 15%，这一数据充分体现了 AI 技术在金融风险评估中的显著优势。在投资领域，AI 量化投资策略也越来越受到投资者的青睐。通过机器学习算法，AI 可以对市场数据进行实时分析，捕捉投资机会，优化投资组合。AI 能够快速处理大量的市场信息，不受情绪和主观偏见的影响，从而做出更加理性的投资决策。许多大型投资机构已经开始运用 AI 量化投资策略，并取得了良好的投资回报。

1. 医疗行业 AI 助力诊断

医疗领域，AI 技术在疾病诊断、药物研发等方面发挥着举足轻重的作用。在疾病诊断方面，AI 可以通过分析医学影像、病历数据等，辅助医生进行疾病诊断，大大提高了诊断的准确性和效率。例如，在一些医院，AI 辅助诊断系统已经能够准确识别出早期的癌症病变，为患者的治疗争取了宝贵的时间。传统的医学影像诊断主要依赖医生的经验和肉眼观察，容易出现误诊和漏诊。而 AI 辅助诊断系统能够对医学影像进行全面、细致的分析，发现一些医生难以察觉的细微病变，为医生提供更多的诊断依据。在药物研发方面，AI 可以通过对大量的生物数据进行分析，筛选出潜在的药物靶点，加速药物研发的进程。研究表明，使用 AI 技术进行药物研发，能够将研发周期缩短 30%～50%。药物研发是一个漫长而复杂的过程，需要耗费大量的时间和资金。AI 技术的应用，能够大大提高研发效率，降低研发成本，为患者带来更多的治疗选择。

2．教育领域的 AI 创新应用

教育领域，AI 技术被广泛应用于个性化学习、智能辅导等方面。AI 可以根据学生的学习情况、兴趣爱好等，为学生提供个性化的学习方案，真正实现因材施教。每个学生的学习能力、学习进度和兴趣爱好都有所不同，传统的教育模式难以满足每个学生的需求。而 AI 技术能够通过对学生学习数据的分析，了解学生的学习特点和需求，为学生推荐适合的学习内容和学习方法。一些在线教育平台利用 AI 技术，为学生提供智能辅导服务，学生在学习过程中遇到问题时，可以随时向 AI 老师提问，AI 老师会根据学生的问题提供有针对性的解答和指导。这种智能辅导服务不仅能够及时解决学生的学习问题，还能够为学生提供个性化的学习建议，帮助学生提高学习效率。

然而，白领岗位的智能化也带来了一系列挑战。一方面，大量从事简单数据分析、文档处理等工作的白领可能面临失业风险。麦肯锡全球研究院的研究报告预测，到 2030 年，全球约有 30% 的白领工作将被自动化和 AI 技术所替代。这些简单重复性的工作，很容易被 AI 技术所取代。另一方面，白领需要具备更强的创新能力、批判性思维和人际交往能力，以应对智能化时代的工作需求。在智能化的工作环境中，人与 AI 的协作将成为常态，白领需要学会如何与 AI 协同工作，发挥各自的优势。例如，在金融领域，虽然 AI 可以进行风险评估和投资决策，但最终的决策还需要人类的判断和经验。在医疗领域，AI 辅助诊断系统可以为医生提供诊断建议，但医生仍需要与患者进行沟通，了解患者的病情和需求。因此，白领需要不断提升自己的综合素质，才能在智能化时代的职场中立足。

11.1.3　岗位替代的速度与规模预测

1．多因素影响岗位替代进程

岗位替代的速度和规模受到多种因素的综合影响，其中技术发展的速度、行业的特点及政策法规起着关键作用。从技术发展的速度来看，AI 技术正以日新月异的速度向前发展，新的算法、模型不断涌现，这将加速岗位替代的进

第 11 章　社会进化论：当 80% 的人类拥有 AI 助手

程。以深度学习算法为例，近年来取得了一系列重大突破，使得 AI 在图像识别、自然语言处理等领域的能力得到了极大提升。这些技术的进步，使得 AI 能够承担更多复杂的任务，从而替代更多的人类工作岗位。高盛集团的研究报告预测，到 2030 年，全球约有 3 亿个工作岗位可能被 AI 和自动化技术所替代，其中美国约有 8000 万个工作岗位受到影响，占美国总就业岗位的 46%。这一预测数据充分显示了 AI 技术对就业市场的巨大冲击。

2．行业差异决定替代程度

从行业特点来看，不同行业受到岗位替代的影响程度和速度存在显著差异。一些重复性、规律性强的行业，如制造业、物流仓储业、数据录入等行业，岗位替代的速度和规模可能会更快、更大。在制造业中，自动化生产线和机器人的应用已经相当广泛，许多重复性的生产工作已经被机器人所替代。随着技术的不断进步，未来还将有更多的生产环节实现自动化，进一步减少对人工的依赖。在物流仓储业，自动化分拣系统和 AGV 小车的应用，使得货物分拣和搬运工作的自动化程度不断提高。数据录入行业更是如此，AI 技术可以通过光学字符识别（OCR）等技术，快速准确地完成数据录入工作，大大提高了工作效率，减少了对人工数据录入员的需求。而一些需要高度创造力、情感沟通和人际交往能力的行业，如艺术、教育、医疗护理等行业，岗位替代的速度相对较慢。艺术创作需要艺术家的灵感和创造力，这是 AI 目前难以企及的。在教育领域，虽然 AI 可以辅助教学，但教师与学生之间的情感交流和人格塑造是 AI 无法替代的。医疗护理行业同样如此，医生与患者之间的沟通和关怀，对于患者的康复至关重要，这也是 AI 难以完全替代人类医生和护士的原因。

3．政策法规的关键影响力

政策法规也对岗位替代的速度和规模有着重要的影响。政府可以通过制定相关的政策法规，鼓励企业采用新技术，促进产业升级。例如，政府可以对采用自动化设备和 AI 技术的企业给予税收优惠、财政补贴等政策支持，引导企业加大在技术创新方面的投入。政府也可以通过实施再培训计划、就业补贴等政策，帮助受影响的工人重新就业。德国的"工业 4.0"战略就是一个很好的例子，通过推动制造业的智能化升级，提高了德国制造业的竞争力。德国政府还注重对工人的培训和再就业支持，为工人提供了丰富的职业培训课程，帮助他们提升技能，适应新的工作需求。这些政策措施在一定程度上缓解了岗位替代带来的就业压力，促进了产业的可持续发展。

11.1.4 受影响行业的就业结构调整

岗位替代的浪潮必然会导致受影响行业的就业结构发生深刻调整。

1. 制造业就业结构的转变

在制造业领域，随着自动化和机器人技术的广泛应用，从事简单体力劳动的工人数量将逐渐减少。传统的生产线工人，主要负责重复性的组装、加工等工作，这些工作很容易被机器人所替代。而从事机器人维护、编程、系统集成等工作的技术人员数量将逐渐增加。机器人的维护人员需要具备专业的机械、电子知识，能够对机器人进行日常维护和故障修复；机器人编程人员需要掌握先进的编程技术，能够根据生产需求为机器人编写高效的程序；系统集成人员则需要具备综合的技术能力，能够将机器人、自动化设备等集成到一个高效的生产系统中。

2. 金融领域就业结构调整

在金融领域，从事简单的数据录入、报表制作等工作的人员数量将减少，而从事金融风险管理、投资策略制定、AI 算法研发等工作的专业人员数量将增加。随着 AI 技术在金融领域的应用，数据录入和报表制作等工作可以由自动化软件完成。而金融风险管理需要专业的人才运用先进的风险评估模型和 AI 技术，对金融风险进行有效的识别、评估和控制；投资策略制定需要投资专家结合市场分析和 AI 技术，制定科学合理的投资策略；AI 算法研发人员则需要不断研发新的算法，提升 AI 在金融领域的应用能力。

3. 医疗行业岗位结构变动

在医疗领域，从事医学影像分析、病历管理等工作的人员数量可能会减少，而从事 AI 辅助诊断、医疗大数据分析、个性化医疗方案制订等工作的人员数量将增加。AI 辅助诊断系统可以对医学影像进行快速准确地分析，减少对人工影像分析人员的依赖；医疗大数据分析人员需要对大量的医疗数据进行分析，挖掘数据中的潜在价值，为医疗决策提供支持；个性化医疗方案制订人员需要根据患者的个体情况和 AI 分析结果，为患者制订个性化的治疗方案。

这种就业结构的调整对劳动者的技能要求提出了新的挑战。劳动者需要不断学习新的知识和技能，提升自己的综合素质，以适应就业结构调整的需求。政府和企业也需要加大对职业培训的投入，建立完善的职业培训体系。政府可以通过财政投入、政策引导等方式，鼓励职业院校和培训机构开设与新兴产业相关的专业和课程，为劳动者提供系统的培训。企业可以与职业院校、培训机构合作，开展定制化的培训项目，根据企业的实际需求培养专业人才。还可以加强对员工的在职培训，帮助员工不断提升技能，适应企业的发展需求。只有通过政府、企业和劳动者的共同努力，才能顺利实现就业结构的调整，促进经济的可持续发展。

11.2　新职业诞生记：AI 训练师与智能体架构师

11.2.1　AI 训练师：数据标注与模型优化

在人工智能飞速发展的浪潮下，AI 训练师这一新兴职业如雨后春笋般涌出。随着 AI 技术逐渐渗透到各个领域，从图像识别到自然语言处理，从智能安防到医疗诊断，AI 模型的训练离不开高质量的数据支持，而 AI 训练师正是这一关键环节的核心执行者。

1. 图像识别的数据标注工作

在图像识别领域，AI 训练师的工作细致而繁杂。以自动驾驶汽车的图像识别训练为例，AI 训练师需要处理海量的道路图像数据。他们不仅要准确标注出图像中的物体类别，如行人、车辆、交通标志、信号灯等，还要精确标注出这些物体在图像中的位置坐标。每一个标注都是为了让 AI 模型能够精准地识别不同物体的特征，从而使自动驾驶汽车在行驶过程中能够及时做出正确的决策。哪怕是一个微小的标注失误，都可能导致自动驾驶系统在实际运行中出现误判，引发严重的安全事故。相关研究表明，在自动驾驶图像识别训练中，经过 AI 训练师精心标注的数据，能够使 AI 模型对物体的识别准确率提高 15%～20%，大大提升了自动驾驶的安全性和可靠性。

2. 自然语言处理标注要点

在自然语言处理领域，AI 训练师的工作同样不可缺少。对于聊天机器人的训练，AI 训练师需要对大量的文本数据进行标注。他们要标注出文本中的词性，区分名词、动词、形容词等，以便 AI 模型能够理解词汇的语法功能；还要标注出命名实体，如人名、地名、组织机构名等，帮助 AI 模型准确识别文本中的关键信息；更要标注出文本的情感倾向，是积极、消极还是中性，使聊天机器人能够更好地理解用户的情绪，给予恰当的回应。在智能客服系统中，经过 AI 训练师标注优化的数据，能够使客服机器人对用户问题的理解准确率从 60% 提升至 80% 以上，显著提高了客服效率和用户满意度。

3. 模型优化的关键职责

AI 训练师的职责不仅仅局限于数据标注，对 AI 模型的优化和调整同样是其工作的重要组成部分。在模型训练过程中，通过对训练数据的深入分析，AI 训练师能够敏锐地发现模型存在的问题。当模型出现过拟合现象时，即模型在训练数据上表现出色，但在新数据上的泛化能力较差，AI 训练师会采取一系列措施进行优化。他们可能会增加训练数据的多样性，引入更多不同场景、不同类型的数据，使模型能够学习到更广泛的特征；也可能会调整模型的参数，降低模型的复杂度，避免模型过度学习训练数据中的噪声。当模型出现欠拟合现象时，也就是模型对训练数据的学习不够充分，AI 训练师则会尝试改进训练算法，选择更适合的优化器，或者增加训练的轮数，以提高模型的性能和准确性。在某知名图像识别项目中，AI 训练师通过对模型的优化调整，将模型的准确率从 70% 提高到了 90%，成功满足了项目的高精度要求。

从行业发展数据来看，全球 AI 训练师的数量在过去几年呈现出爆发式增长的态势。随着 AI 技术的广泛应用和不断创新，越来越多的企业和机构开始重视 AI 模型的训练质量，对 AI 训练师的需求也日益旺盛。预计到 2025 年，全球 AI 训练师的数量将达到 100 万人，这一数字反映出 AI 训练师职业的巨大发展潜力和广阔前景。

11.2.2 智能体架构师：系统设计与开发

智能体架构师作为负责设计和开发智能体系统的专业人员，在人工智能应用领域中扮演着举足轻重的角色。智能体是一种能够感知环境、自主决策并执行动作的智能实体，其应用范围涵盖了智能家居、智能交通、智能工业等多个重要领域。

第 11 章　社会进化论：当 80%的人类拥有 AI 助手

1．智能家居系统设计成果

在智能家居领域，智能体架构师的工作旨在为用户打造一个便捷、舒适、智能的家居环境。他们需要设计出能够与各种智能设备进行无缝交互的智能体系统。用户只需通过简单的语音指令，就能让智能体控制灯光的开关、调节空调的温度、拉开或关闭窗帘。为实现这一目标，智能体架构师需要深入了解各种智能设备的通信协议和控制接口，将不同品牌、不同类型的设备整合到一个统一的智能体系统中。他们还要运用先进的自然语言处理技术和机器学习算法，使智能体能够准确理解用户的语音指令，并根据用户的习惯和环境变化做出智能决策。在某智能家居项目中，智能体架构师设计的智能体系统能够自动根据用户的作息时间调整家居设备的运行状态，早上自动打开窗帘、播放音乐，晚上自动关闭不必要的电器设备，为用户提供了极大的便利，受到用户的广泛好评。

2．智能交通系统设计意义

在智能交通领域，智能体架构师的工作对于提高交通效率和安全性具有至关重要的意义。他们需要设计出能够实现自动驾驶、智能交通调度等功能的智能体系统。在自动驾驶方面，智能体架构师要综合运用传感器技术、计算机视觉、机器学习等多学科知识，使智能体能够实时感知车辆周围的环境信息，包括道路状况、车辆位置、行人动态等，并根据这些信息做出合理的驾驶决策，如加速、减速、转弯、避让等。在智能交通调度方面，智能体架构师要设计出能够实时监测交通流量、优化交通信号灯配时、合理分配道路资源的智能体系统。通过智能交通调度系统，能够有效缓解交通拥堵，减少车辆的等待时间，提高道路的通行能力。据统计，在一些应用了智能交通调度系统的城市，交通拥堵情况得到了明显改善，车辆的平均行驶速度提高了 20%～30%。

3．智能工业系统设计成效

在智能工业领域，智能体架构师的工作能够推动工业生产的自动化和智能化升级。他们需要设计出能够实现生产过程自动化、质量控制智能化等功能的智能体系统。在生产过程自动化方面，智能体可以根据生产计划和实时生产数据，自动控制生产设备的运行，实现原材料的自动配送、产品的自动加工和组装。在质量控制智能化方面，智能体可以通过对生产过程中的数据进行实时监测和分析，及时发现产品质量问题，并采取相应的措施进行调整和改进。在某汽车制造企业中，智能体架构师设计的智能体系统将产品的次品率从 5% 降低到了 2% 以下，同时将生产效率提高了 30% 以上，为企业带来了显著的经济效益。

11.2.3 新职业的技能要求与培训体系

AI 训练师和智能体架构师等新职业对从业者的技能要求呈现出多元化、专业化的特点，涵盖了多个领域的知识和能力。

1. AI 训练师的技能要求

对 AI 训练师而言，良好的数据标注能力是其最基本的技能要求。他们需要熟练掌握各种数据标注工具和方法，能够准确、高效地对不同类型的数据进行标注。在图像标注中，要熟悉图像标注软件的操作，如 LabelImg、VGG Image Annotator 等，能够运用多边形标注、矩形标注、关键点标注等多种方式，精确标注出图像中的物体信息。在文本标注中，要掌握文本标注工具的使用，如 Prodigy、Label Studio 等，能够准确标注出文本中的词性、命名实体、情感倾向等信息。数据分析能力也是 AI 训练师必备的技能之一。他们需要能够对标注后的数据进行深入分析，挖掘数据中的潜在价值和规律，为模型优化提供依据。通过数据分析，AI 训练师可以发现数据中的异常值、缺失值，评估数据的质量和分布情况，从而有针对性地进行数据清洗和预处理。对 AI 模型的理解能力同样至关重要。AI 训练师要了解常见的 AI 模型结构和原理，如卷积神经网络（CNN）、循环神经网络（RNN）、Transformer 等，知道模型是如何学习和处理数据的，以便在模型训练过程中能够及时发现问题并进行优化。AI 训练师还需要具备一定的编程能力，能够使用 Python 等编程语言对数据进行处理和分析。Python 拥有丰富的数据分析和机器学习库，如 NumPy、Pandas、Scikit-learn 等，AI 训练师可以利用这些库进行数据读取、清洗、预处理、模型训练和评估等工作。

2. 智能体架构师的技能要点

智能体架构师则需要具备更加深厚和全面的技能。扎实的计算机科学基础是其开展工作的基石，包括数据结构、算法、操作系统、计算机网络等方面的知识。在设计智能体系统时，需要运用数据结构和算法来优化系统的性能和效率，操作系统知识可以帮助智能体架构师更好地管理系统资源，计算机网络知识则是实现智能体与外部设备通信的关键。深厚的人工智能知识也是智能体架构师必不可少的。他们要熟悉各种人工智能算法和模型，如强化学习、深度学习、遗传算法等，能够根据不同的应用场景和需求选择合适的算法和模型进行系统设计。在智能家居系统中，可能会运用到强化学习算法，让智能体通过与环境的交互学习最优的控制策略；在智能交通系统中，深度学习算法可以用于车辆和行人的识别、交通流量的预测等。丰富的系统设计经验同样重要。智能体架构师要能够从系统的整体架构出发，设计出高效、可靠、可扩展的智能体系统。他们需要考虑系统各个组成部分之间的关系和交互方式，确保系统的稳定性和可维护性。智能体架构师还需要具备良好的团队协作能力和沟通能力，能够与其他专业人员，如硬件工程师、算法工程师、测试工程师等进行有效的合作，共同完成智能体系统的开发和部署。

3. 高校培养新职业人才

为满足新职业对技能的高要求，建立完善的培训体系成为当务之急。高校和职业院校在人才培养中发挥着重要作用。一些高校已经开设了人工智能、数据科学等相关专业，为学生提供系统的理论知识和实践技能培训。在课程设置上，不仅涵盖了人工智能的基础理论课程，如机器学习、深度学习、自然语言处理等，还注重实践教学，通过实验课程、课程设计、毕业设计等环节，让学生在实际项目中锻炼自己的技能。职业院校则更加注重培养学生的实际操作能力和职业素养，通过与企业合作开展实训项目，让学生能够更好地适应企业的工作需求。

4. 企业合作助力人才培养

企业与高校、培训机构的合作也为人才培养提供了有力支持。一些大型互联网企业会与高校合作，开展 AI 人才培养计划。企业根据自身的业务需求和技术发展方向，与高校共同制订人才培养方案，提供实习岗位和项目资源，让学生在学习过程中能够接触到实际的业务场景和项目需求。企业还会邀请内部的技术专家为学生授课，分享行业最新的技术动态和实践经验。培训机构则针对在职人员和有转行需求的人员，提供灵活多样的培训课程。这些课程通常具有较强的针对性和实用性，能够帮助学员快速掌握新职业所需的技能。

在线教育平台也在新职业培训中发挥着重要作用。它们提供了丰富的在线课程，方便从业者进行自主学习和提升。一些在线教育平台推出了 AI 训练师、智能体架构师等专业课程，课程内容涵盖了从基础知识到高级应用的各个方面。这些课程采用视频教学、在线答疑、项目实践等多种教学方式，让学员能够随时随地进行学习。在线教育平台还会邀请行业内的专家和企业高管进行直播讲座和案例分享，让学员能够了解行业的最新动态和实际应用案例。

11.2.4 新职业的发展前景与挑战

1. 新职业的广阔发展前景

AI 训练师和智能体架构师等新职业站在了时代发展的前沿，拥有着极为广阔的发展前景。随着 AI 技术的持续突破和广泛应用，其影响力正不断向各个行业和领域渗透。在全球范围内，AI 产业正处于高速发展的黄金时期，预计到 2030 年，全球 AI 市场规模将达到 1.5 万亿美元。这一庞大的市场规模将为 AI 训练师和智能体架构师等新职业创造出大量的就业机会和广阔的发展空间。

2. AI 训练师的发展机遇

在 AI 训练师方面，随着 AI 应用场景的不断拓展，对高质量训练数据的需求也将持续增长。无论是医疗影像识别、金融风险评估，还是智能安防监控，都需要大量经过专业标注和优化的数据来支撑 AI 模型的训练。这就意味着 AI 训练师的工作将变得更加重要，他们的专业技能和经验将成为企业在 AI 领域竞争的关键因素之一。随着 AI 技术的不断进步，对 AI 训练师的要求也将不断提高，他们需要不断学习和掌握新的技术和方法，以适应行业的发展需求。这也为 AI 训练师提供了更多的职业发展机会，他们可以从初级训练师逐步晋升为高级训练师、训练团队负责人，甚至成为 AI 数据标注领域的专家。

3. 智能体架构师机遇多

智能体架构师同样面临着巨大的发展机遇。随着智能家居、智能交通、智能工业等领域的快速发展，对智能体系统的需求将呈现爆发式增长。智能体架构师将成为这些领域中不可或缺的专业人才，他们的设计和开发能力将直接影响到智能体系统的性能和应用效果。在智能家居领域，智能体架构师可以设计出更加智能、人性化的家居控制系统，为用户提供更加便捷、舒适的生活体验；在智能交通领域，智能体架构师可以研发出更加高效、安全的自动驾驶和交通调度系统，缓解交通拥堵，减少交通事故；在智能工业领域，智能体架构师可以打造出更加自动化、智能化的生产系统，提高生产效率，降低生产成本。智能体架构师还可以在新兴的领域，如智能农业、智能能源等，发挥自己的专业优势，推动这些领域的智能化发展。

但新职业的发展并非一帆风顺，也面临着诸多严峻的挑战。一方面，新职业的人才短缺问题十分突出。由于这些新职业的发展时间相对较短，相关的专业人才储备严重不足。目前，全球 AI 训练师和智能体架构师的人才缺口达到数十万人，这一缺口在短期内难以得到有效填补。人才短缺导致企业在招聘相关人才时面临巨大困难，往往需要付出更高的薪酬和更好的福利待遇才能吸引到合适的人才。人才短缺也限制了企业的发展速度和创新能力，许多企业由于缺乏专业人才，无法快速推进 AI 项目的研发和应用。

另一方面，新职业的职业标准和规范尚未完善，这给从业者的职业发展和行业的健康发展带来了一定的阻碍。缺乏统一的职业标准和规范，使得从业者的技能水平参差不齐，难以进行有效的评估和比较。这也导致行业竞争秩序不够规范，一些不具备相应技能的人员可能通过不正当手段进入该行业，影响了行业的整体声誉和发展质量。在 AI 训练师领域，由于缺乏统一的数据标注标准和质量评估体系，不同企业和机构标注的数据质量存在较大差异，这给 AI 模型的训练和应用带来了一定的风险。在智能体架构师领域，缺乏统一的系统设计规范和技术标准，使得不同智能体系统之间的兼容性和互操作性较差，增加了系统集成和应用的难度。

4．规范缺失及应对策略

为应对这些挑战，政府、企业和社会各界需要齐心协力，共同努力。政府应加大对新职业的扶持力度，制定相关的政策法规，鼓励高校和职业院校开设相关专业和课程，培养专业人才。政府可以设立专项教育基金，支持高校和职业院校开展 AI 相关专业的建设和教学改革；还可以出台税收优惠政策，鼓励企业加大对 AI 人才培养的投入。企业应加强对员工的培训和培养，提高员工的技能水平。企业可以建立内部培训体系，为员工提供定期的培训和学习机会；也可以与高校、培训机构合作，开展定制化的培训项目，根据企业的实际需求培养专业人才。企业还应积极参与行业标准和规范的制定，促进行业的健康发展。企业可以与行业协会和标准化组织，共同制定 AI 训练师和智能体架构师的职业标准和规范，建立数据标注、系统设计等方面的技术标准和质量评估体系。社会各界应加强对新职业的宣传和推广，提高公众对新职业的认知度和认可度。通过举办行业研讨会、技术交流会、职业技能大赛等活动，向公众展示新职业的发展前景和职业魅力，吸引更多的人才投身于新职业的发展。媒体也应加强对新职业的宣传报道，营造良好的社会舆论氛围，引导更多的年轻人选择这些新兴职业。

11.3 生产力悖论：效率提升与社会公平的平衡术

11.3.1 生产力提升的实证分析

1. 制造业生产力显著提升

AI 技术的迅猛发展与广泛应用，犹如一场强劲的东风，为各行业的生产力提升带来了巨大的推动力。在制造业，自动化生产线和机器人的深度融入，彻底改变了传统的生产模式。以某知名汽车制造企业为例，在引入智能机器人生产线之前，每生产一辆汽车需要耗费 10 小时，且产品次品率高达 5%。而在引入智能机器人生产线后，单车生产时间大幅缩短至 6 小时，生产效率直接提升了 40%。与此同时，机器人的精准操作使得产品次品率降至 2%，不仅提高了生产效率，还大大降低了生产成本，增强了企业在市场中的竞争力。在电子制造领域，自动化设备能够以极高的速度和精度完成零部件的组装，相比人工操作，效率提升了数倍，产品质量也更加稳定。

2. 服务业借助 AI 效率大增

服务业同样因 AI 技术的应用而发生了深刻变革。智能客服系统的出现，让客户服务的效率得到了质的飞跃。以往，客服团队在面对大量客户咨询时，常常应接不暇，导致客户等待时间长，问题解决效率低。而现在，智能客服系统能够快速响应客户咨询，凭借其强大的自然语言处理能力和知识库，能够处理大量重复性问题。据统计，使用智能客服系统后，客服团队的工作效率普遍提高了 50% 以上。一些大型电商平台的智能客服，每天能够处理数十万条客户咨询，极大地提升了客户满意度。在金融服务领域，AI 技术在风险评估、信贷审批等方面的应用，大大缩短了业务办理时间，提高了金融服务的效率和准确性。

从宏观经济数据来看，AI 技术对全球经济增长的推动作用日益显著。麦肯

第 11 章 社会进化论：当 80%的人类拥有 AI 助手

锡全球研究院的研究表明，到 2030 年，AI 技术有望推动全球劳动生产率每年提高 0.8～1.4 个百分点。美国作为科技强国，在 AI 领域投入巨大。过去 5 年，美国科技行业对 AI 的大量投入使得其信息技术产业的劳动生产率增长了 15%。AI 技术不仅推动了信息技术产业自身的发展，还带动了相关产业的协同发展。在云计算、大数据分析等领域，AI 技术的应用促使这些产业不断创新，从而促进了整体经济的增长。在中国，AI 技术在电商、物流等领域的应用成果斐然。电商平台利用 AI 技术实现了精准营销、智能推荐，提高了用户购物体验和购买转化率。物流行业通过 AI 技术优化仓储布局、智能调度车辆，大大提高了物流配送效率，降低了物流成本，推动了行业的高速发展，进而提高了整体经济的运行效率。

11.3.2 社会公平的考量因素

尽管 AI 技术为生产力提升带来了诸多利好，但也引发了一系列不容忽视的社会公平问题。首当其冲的便是岗位替代问题，大量劳动者面临失业风险，尤其是低技能劳动者。随着自动化和 AI 技术在制造业等领域的广泛应用，那些依赖简单体力劳动的岗位逐渐被机器所取代。国际劳工组织(ILO)的报告显示，在一些发展中国家，由于制造业岗位被自动化和 AI 技术替代，低技能工人的失业率上升了 10～15 个百分点。这些低技能劳动者往往缺乏重新就业所需的技能，在就业市场上竞争力极弱，难以快速适应新的工作要求，生活面临巨大压力。

1. AI 或将加剧贫富差距问题

AI 技术的发展还加剧了贫富差距。掌握 AI 技术和相关资源的企业和个人在这场技术变革中占据了优势地位，能够获得更多的经济利益。在科技行业，AI 相关岗位的平均薪资比其他行业高出 30%。大型科技公司凭借 AI 技术在市场中获取了巨额利润，其高管和技术精英的收入也水涨船高。而普通劳动者，尤其是从事传统行业的工人，由于缺乏 AI 相关技能，不仅面临失业风险，即便仍在岗位上，收入也可能难以提升，甚至面临下降的风险。这种贫富差距的扩大，进一步加剧了社会的不平等，可能引发一系列社会矛盾。

2. 算法偏见损害公平正义

AI 技术在应用过程中的偏见和歧视问题也不容忽视。一些 AI 算法在数据训练过程中可能会学习到数据中的偏见。在招聘领域，一些 AI 招聘系统可能会对某些特定性别、种族或学历的求职者产生偏见。如果训练数据中存在性别歧视的信息，AI 招聘系统可能会在筛选简历时，对女性求职者产生不利影响，导致她们失去公平的就业机会。在司法领域，AI 辅助量刑系统如果学习到了数据中的种族偏见，可能会对不同种族的罪犯给出不公平的量刑建议，从而破坏司法公正。这些偏见和歧视问题严重影响了社会的公平正义，损害了部分群体的权益。

11.3.3 政策建议与应对策略

为了在享受 AI 技术带来的生产力提升的同时实现社会公平，政府和社会需要共同努力，采取一系列切实可行的政策和措施。

政府应加大对职业培训的投入，构建完善的职业培训体系。设立专门的职业培训基金，为失业和低技能劳动者提供免费或低成本的培训课程。这些课程应涵盖 AI 技术应用、数据分析、编程等多个领域，帮助劳动者掌握新技能，适应新的就业需求。可以与高校、职业院校及专业培训机构合作，开设针对性强的短期培训课程，让劳动者能够快速学习到实用技能。为失业的制造业工人提供机器人操作与维护、工业数据分析等课程，帮助他们实现从传统制造业岗位向智能制造岗位的转型。税收和福利政策也是调节收入分配的重要手段。政府可以对 AI 技术相关企业征收一定比例的技术税，将这部分税收用于支持社会福利和就业扶持项目。设立就业补贴，鼓励企业吸纳失业人员；为失业劳动者提供失业救济金，帮助他们维持基本生活，度过就业转型期。可以利用税收收入投资于教育和培训项目，提升劳动者的整体素质，从根本上解决就业问题。

企业在发展 AI 技术的过程中，也应承担起社会责任。在招聘环节，企业应采用多元化的招聘策略，避免 AI 招聘系统的偏见。可以引入人工审核环节，对 AI 筛选出的简历进行二次审核，确保不同背景的求职者都有平等的就业机会。企业还应加强与高校和科研机构的合作，开展 AI 技术的科普和培训活动。举办 AI 技术讲座、工作坊，向公众普及 AI 知识，提高公众对 AI 技术的认知和应用能力，为 AI 技术的广泛应用营造良好的社会氛围。

11.3.4 未来社会的发展趋势与展望

随着 AI 技术的持续进步和广泛普及，未来社会将呈现智能化、个性化和协作化的鲜明发展趋势。

第 11 章 社会进化论：当 80% 的人类拥有 AI 助手

1. 未来社会智能化趋势

在智能化方面，AI 将全方位渗透到各个领域。智能家居系统将更加智能，能够根据家庭成员的生活习惯自动调节家居设备，实现真正的智能生活。智能交通系统将进一步优化，自动驾驶汽车将更加普及，交通拥堵和交通事故将大幅减少。在智能医疗领域，AI 辅助诊断将更加精准，帮助医生更快、更准确地诊断疾病，提高医疗效率和质量。在智能教育方面，AI 将为每个学生提供个性化的学习方案，根据学生的学习进度和能力进行有针对性的教学，实现教育公平和高效。

2. 个性化服务成为常态

个性化是未来社会的另一个重要特征。AI 可以深度分析每个人的需求、偏好和行为数据，为用户提供个性化的产品和服务。在电商领域，AI 推荐系统能够根据用户的购物历史和浏览记录，精准推荐符合用户口味的商品。在医疗领域，AI 可以根据患者的基因数据、病史等信息，制订个性化的治疗方案，提高治疗效果。在教育领域，AI 可以针对每个学生的学习特点和问题，提供个性化的辅导和学习资源，真正实现因材施教。

3. 人机协作化发展方向

协作化也将成为未来社会的常态。人与 AI 之间的协作将更加紧密，人类将充分发挥自己的创造力和情感沟通能力，而 AI 则凭借其强大的计算和数据分析能力，为人类提供支持和辅助。在科研领域，AI 可以帮助科学家处理海量的数据，发现潜在的规律和趋势，加速科研进程。在艺术创作领域，AI 可以为艺术家提供灵感和创意，辅助艺术家创作出更具创新性的作品。在企业管理领域，AI 可以为管理者提供决策支持，帮助管理者做出更科学的决策。

然而，要实现这一美好的愿景，需要政府、企业和社会各界的共同努力。政府应加强政策引导和监管，制定合理的政策和规划，确保 AI 技术的健康发展。企业应加大研发投入，推动 AI 技术的创新和应用，同时承担起社会责任。社会各界应积极参与，提高公众对 AI 技术的认知和接受度，共同营造一个有利于 AI 技术发展的社会环境。只有这样，我们才能在 AI 时代实现社会的公平与发展，创造更加美好的未来。在这个 80% 的人类拥有 AI 助手的时代，我们要以积极的态度面对变革，抓住机遇，共同推动社会的进步。

第 12 章

通向 AGI：Agent 的终极进化之路

在科技飞速发展的当下，人工智能的进化历程始终是众人关注的焦点，而通向通用人工智能（Artificial General Intelligence，AGI）的道路更是充满挑战与惊喜。从持续学习型 Agent 的自我进化，到群体智能网络的协同解题；从人机共生时代对人性优势的坚守，到脑机接口与生物智能的融合探索；从机器人 Agent 的物理具现化，再到对超越碳基生命的硅基文明的大胆猜想，每一步都在改写着人类与智能交互的未来。接下来，就让我们一同深入探寻这些激动人心的变革与突破。

12.1 自我进化机制：持续学习型 Agent 的诞生

12.1.1 强化学习与自适应策略

在人工智能领域不断演进的过程中，Agent 的进化历程一直是研究的焦点。其中，强化学习作为一种基于"试错"理念的学习方法，在持续学习型 Agent 实现自我进化的过程中，扮演着核心驱动角色。强化学习的基本原理是，Agent 在与周围环境持续交互的过程中，会不断尝试各种各样的行为。而环境则会依据 Agent 的行为结果，给予相应的奖励信号。Agent 基于这些奖励反馈，对自身的行为策略进行动态调整。

以自动驾驶汽车 Agent 为例，其在实际行驶过程中，所面临的路况可谓复杂多变。交通信号灯的频繁切换、行人的随意穿行及车辆的动态行驶轨迹，都给自动驾驶带来诸多挑战。在这种情况下，Agent 运用强化学习算法，不断尝试不同的行驶速度、转向角度及刹车时机。当它成功避免一次潜在的碰撞事故，或者顺利通过拥堵路段时，就会得到环境给予的正奖励信号，这意味着当前的行为策略是有效的；反之，若发生碰撞或出现违规驾驶行为，Agent 则会收到负奖励信号，提示其行为策略需要调整。经过大量的学习和尝试，Agent 逐渐积累经验，学习到在各种复杂路况下的最优驾驶策略。在一些先进的自动驾驶研究项目中，研究人员通过模拟数百万次不同路况下的驾驶场景，让 Agent 进行强化学习。在初期，Agent 可能会频繁出现急刹车、错误转向等不当行为，但随着学习的深入，它逐渐掌握了在不同交通状况下的最佳驾驶模式。例如，在遇到前方车辆突然减速时，Agent 能够迅速做出合理的减速和避让决策；在交通信号灯即将变红时，Agent 可以根据车速和距离，精准判断是继续行驶还是提前刹车。

自适应策略是强化学习的进一步延伸和深化。持续学习型 Agent 具备根据环境实时变化，动态调整自身行为模式和决策机制的能力。在电商推荐系统中，这一特性得到了充分体现。Agent 会实时跟踪用户的浏览行为，包括浏览的商品类别、停留时间、点击次数等，同时结合用户的历史购买记录及市场上商品的动态变化，如新品上架、库存变动、价格调整等信息，自适应地调整推荐策略。若用户近期频繁浏览运动装备，如跑鞋、运动服装等，Agent 会敏锐捕捉到这一兴趣点，加大对相关运动产品的推荐力度。同时，Agent 还会结合当前的促销活动，如满减优惠、限时折扣等，以及热门趋势，如当下流行的运动款式、品牌热度等，为用户提供更精准、更贴合其需求的推荐。这不仅提升了用户的购物体验，还能有效提高商品的转化率和销售额。一些大型电商平台通过采用这种自适应推荐策略，将用户的购买转化率提升了 20%～30%，充分证明了其有效性。

12.1.2 知识图谱的动态更新

知识图谱作为持续学习型 Agent 的重要知识储备和推理基础，以结构化的形式，清晰地描述了现实世界中各类实体及其相互关系，涵盖了极为丰富的语义信息。持续学习型 Agent 要想在不断变化的知识体系和多样化的应用需求中保持高效运作，具备知识图谱的动态更新能力是必不可少的。随着互联网的飞速发展，信息传播的速度和知识更新的频率都达到了前所未有的程度。新知识如雨后春笋般不断涌现，旧知识也可能因为新的研究成果或实际情况的变化而需要修正。在搜索引擎领域，Agent 需要实时更新知识图谱，以确保提供的搜索结果准确且全面。当有新的科技成果发布时，如新型量子计算技术的突破，Agent 能够迅速将相关信息纳入知识图谱，更新量子计算相关的概念、原理、应用领域及与其他学科的关联关系等。在金融市场这个时效性极强的领域，知识图谱的动态更新尤为关键。股票价格会因宏观经济数据、公司业绩、行业竞争等多种因素而实时波动，公司的财务报表也会按季度或年度进行更新。这些信息都需要及时融入知识图谱，以便 Agent 能够基于最新的知识进行投资分析和风险评估。在分析某上市公司的投资价值时，Agent 需要结合最新的股价走势，财务报表中的营收、利润、资产负债等数据，以及行业动态、市场竞争格局等信息，运用知识图谱中的关系和推理规则，做出准确的投资决策。一些金融科技公司利用知识图谱技术，对海量的金融数据进行整合和分析。通过实时更新知识图谱，他们能够及时捕捉到市场的变化趋势，为投资者提供精准的投资建议。在一次市场突发波动中，Agent 凭借实时更新的知识图谱，迅速分析出波动原因，并为投资者提供了合理的资产配置调整建议，帮助投资者有效规避了风险。

12.1.3 自我评估与优化机制

持续学习型 Agent 的自我评估与优化机制是其实现不断进化的关键环节。Agent 通过设定一系列科学合理的评估指标，定期对自身的行为表现、决策质量及知识掌握程度进行全面评估。

在语言翻译任务中，Agent 可以通过与专业翻译人员的翻译结果进行细致对比，从多个维度评估自己的翻译能力。翻译准确率是一个重要指标，通过统计翻译正确的词汇、语句数量与总翻译量的比例，衡量 Agent 对源语言的理解和目标语言表达的准确性。流畅度则关注翻译后的文本是否符合目标语言的语法习惯和表达逻辑，读起来是否自然通顺。对于特定领域术语的翻译准确性，Agent 需要确保在专业领域的翻译中，术语的使用准确无误，符合行业规范。基于这些评估结果，Agent 能够精准发现自身存在的问题。若在翻译某些复杂的语言结构时，如嵌套从句、虚拟语气等，出现理解偏差，导致翻译错误，Agent 就需要深入分析原因，可能是对相关语法规则的学习不够深入，或者训练数据中此类结构的样本不足。若发现知识储备不足，如对某些专业领域的知识了解有限，导致术语翻译错误或文本理解困难，Agent 就需要有针对性地补充知识。针对这些问题，Agent 可以采取多种优化措施。调整学习策略，从原来的广泛学习转向有针对性的深度学习，重点攻克薄弱环节。增加训练数据，收集更多包含复杂语言结构和特定领域知识的文本，进行强化训练。改进算法，尝试采用更先进的神经网络架构或优化算法，提升翻译能力。在翻译医学文献时，Agent 发现对一些罕见病的专业术语翻译不准确，于是通过收集大量的医学文献，进行专项训练，并改进翻译算法，最终使得翻译准确率提高了 15%～20%。

12.1.4 持续学习型 Agent 的应用案例

持续学习型 Agent 在多个领域展现出了巨大的应用潜力，为解决复杂问题、提升工作效率和服务质量提供了创新的解决方案。

1. 在医疗领域，诊断 Agent 的出现为医疗行业带来了新的变革

它能够持续学习最新的医学研究成果、海量的病例数据及丰富的临床经验。通过强化学习，诊断 Agent 可以根据患者的症状、体征、检查结果等多维度信息，不断优化诊断策略，提高诊断的准确性。在面对罕见病时，由于其发病率低、症状复杂，传统诊断方法往往面临挑战。而诊断 Agent 能够通过知识图谱的动态更新，快速获取全球最新的研究资料和病例信息，为医生提供更全面、更准确的诊断建议。在某罕见病诊断案例中，患者出现了一系列不寻常的症状，当地医院的医生难以确诊。通过引入诊断 Agent，其迅速检索全球医学数据库，结合最新的研究成果和类似病例，为医生提供了几种可能的疾病方向，并详细列出了进一步的检查建议。最终，医生根据 Agent 的建议，成功确诊了疾病，并制订了有效的治疗方案。

2. 在工业制造领域，生产过程监控 Agent 发挥着重要作用

它可以实时监测生产线上的设备运行状态，包括温度、压力、振动等参数，以及产品质量数据，如尺寸精度、表面缺陷等。通过自我评估，生产过程监控 Agent 能够及时发现设备的潜在故障和生产过程中的异常情况。当检测到设备温度异常升高时，Agent 可以判断可能存在设备过热的风险，进而通过自适应策略调整生产参数，如降低生产速度、增加冷却流量等，避免设备出现故障。生产过程监控 Agent 还可以根据产品质量数据的变化，及时调整生产流程，优化生产工艺。在某汽车制造企业中，生产过程监控 Agent 发现某批次汽

车零部件的尺寸精度出现偏差，通过分析生产数据和设备运行状态，Agent 发现是某台加工设备的刀具磨损导致。于是，Agent 及时发出警报，并调整了加工参数，同时安排刀具更换计划，有效提高了产品质量，减少了次品率。通过引入生产过程监控 Agent，该企业的生产效率提高了 30%，次品率降低了 50%，为企业带来了显著的经济效益。

持续学习型 Agent 通过强化学习与自适应策略、知识图谱的动态更新、自我评估与优化机制，在医疗、工业制造等多个领域展现出强大的应用潜力，为推动各行业的智能化发展提供了有力支持。随着技术的不断进步，持续学习型 Agent 有望在更多领域发挥重要作用，为人类社会的发展带来更多的创新和变革。

12.2 群体智能网络：百万 Agent 协同解题实验

12.2.1 群体智能的原理与模型

群体智能作为一种新兴的智能模式，正逐渐改变着我们对智能系统的认知。它是指由大量简单个体组成的群体，通过个体之间的局部交互和协作，涌现出智能行为的现象。在群体智能网络中，每个 Agent 都具备一定的自主性和适应性，它们不需要一个全局的控制中心，仅依靠相互之间的信息交流与协作，就能共同完成复杂的任务。

蚁群算法是群体智能最典型的模型之一，它生动地展现了群体智能的运作机制。蚂蚁在寻找食物的过程中，会在走过的路径上留下一种名为信息素的化学物质。其他蚂蚁在出行时，会根据路径上信息素的浓度来选择前进方向。由于信息素会随着时间逐渐挥发，而短路径上的蚂蚁往返速度更快，能更频繁地留下信息素，所以较短的路径上信息素浓度会不断积累，从而吸引更多蚂蚁选择该路径。随着时间的推移，整个蚁群就能够找到从蚁巢到食物源的最优路径。在实际的群体智能网络中，每个 Agent 就如同一只蚂蚁，它们通过交换信息和协作，共同探索问题的解决方案。在一个分布式计算系统中，多个计算节点(Agent)可以通过相互传递计算结果和任务进度信息，共同完成一个大规模的计算任务。每个节点根据接收到的信息，动态调整自己的计算策略，就像蚂蚁根据信息素浓度调整行进路径一样。除了蚁群算法，粒子群优化算法也是群体智能的重要模型。在粒子群优化算法中，每个粒子（Agent）代表问题的一个潜在解，它们在解空间中"飞行"，并根据自身的飞行经验及群体中其他粒子的经验来调整自己的飞行方向和速度。粒子通过与其他粒子的信息交互，不断优化自己的位置，从而逐渐逼近问题的最优解。在求解复杂的函数优化问题时，粒子群优化算法能够快速找到函数的最优值，体现了群体智能在解决优化问题上的高效性。

12.2.2 协同解题的任务分配与协作

在百万 Agent 协同解题实验中，任务分配和协作是实现高效解题的核心要素。面对复杂的问题，首先要将其分解为多个子任务，然后根据每个 Agent 的能力和特点，将子任务合理地分配给不同的 Agent，以充分发挥它们的优势。以一个大型的科研项目为例，其可能涉及数据分析、模型构建、实验验证等多个子任务。具备强大数据分析能力的 Agent，能够运用各种数据挖掘和统计分析技术，处理大量的实验数据，从中提取关键信息。这些关键信息可能包括数据中的趋势、异常值及变量之间的关系等，为后续的研究提供重要依据。擅长模型构建的 Agent 则根据数据分析结果，运用数学和统计学知识，构建相应的数学模型。这些模型可以是描述实验现象的物理模型，也可以是预测未来趋势的预测模型。具有实验操作能力的 Agent 则负责进行实验验证，他们根据模型的预测结果，设计并执行实验，对模型进行优化。

在协作过程中，Agent 之间通过共享数据、交流经验和互相反馈，形成一个紧密的协作网络，共同推进问题的解决。数据分析 Agent 将处理好的数据传递给模型构建 Agent，模型构建 Agent 根据数据构建模型后，再将模型传递给实验验证 Agent。实验验证 Agent 通过实验得到的数据和结果，反馈给数据分析 Agent 和模型构建 Agent，以便它们对数据处理方法和模型进行进一步的优化。在研究气候变化对农作物产量的影响时，数据分析 Agent 收集和分析多年的气候数据、土壤数据及农作物产量数据，提取出与产量相关的关键因素。模型构建 Agent 根据这些因素构建农作物产量预测模型，实验验证 Agent 则在不同的试验田进行种植实验，验证模型的准确性，并将实验结果反馈给前两个 Agent。通过多次的协作和优化，最终得到一个准确可靠的农作物产量预测模型。为了实现高效的任务分配和协作，还需要建立合理的通信机制和协调策略。在通信机制方面，采用分布式消息队列等技术，确保 Agent 之间能够及时、准确地传递信息。在协调策略方面，引入任务优先级和资源分配机制，根据任务的紧急程度和 Agent 的资源状况，合理分配任务和资源，避免出现任务冲突和资源浪费的情况。

12.2.3 实验结果与数据分析

百万 Agent 协同解题实验取得了令人瞩目的成果，充分展示了群体智能网络的强大优势。在解决复杂的数学问题时，群体智能网络的解题速度和准确性都远远超过了单个 Agent。以求解一个复杂的非线性方程组为例，单个 Agent 可能需要花费数小时甚至数天才能找到一个近似解，而群体智能网络可以在几分钟内找到高精度的最优解。通过对实验数据的深入分析发现，随着 Agent 数量的增加，解题效率呈现出先快速上升后趋于平稳的趋势。在 Agent 数量较少时，增加 Agent 数量能够显著提高解题效率，因为更多的 Agent 可以同时探索解空间的不同区域，加快找到最优解的速度。当 Agent 数量达到一定规模时，群体智能的优势得到了充分发挥，此时再增加 Agent 数量，解题效率的提升幅度逐渐减小，趋于平稳。这是因为当 Agent 数量过多时，信息交互和协调的成本增加，可能会出现信息过载和冲突的情况，反而影响解题效率。

在处理大规模数据的分类问题时，群体智能网络同样表现出色。面对海量的数据，群体智能网络能够在短时间内对数据进行准确分类，而单个 Agent 则需要花费大量的时间和计算资源。在对一个包含数十亿条记录的电商用户行为数据进行分类时，群体智能网络可以在数小时内完成分类任务，并且分类准确率达到 95% 以上，而单个 Agent 可能需要数天，且准确率只能达到 80% 左右。进一步分析发现，Agent 之间的协作效率和信息共享程度对解题效果有着重要的影响。当 Agent 之间能够高效协作、充分共享信息时，群体智能网络的性能得到了显著提升。在一个分布式机器学习项目中，各个 Agent 负责处理不同部分的数据，如果它们之间能够及时共享模型参数和训练结果，就可以加快模型的收敛速度，提高模型的准确性。相反，如果 Agent 之间协作不畅，信息传递延迟或丢失，就会导致模型训练效率低下，甚至无法得到有效的结果。为了提高 Agent 之间的协作效率和信息共享程度，可以采用一些先进的技术和策略。使用高效的通信协议和分布式存储系统，确保信息的快速传递和可靠存储。引入智能的任务调度算法，根据 Agent 的负载和能力，合理分配任务，避免出现任务不均衡的情况。建立良好的信任机制和激励机制，鼓励 Agent 积极参与协作，提高协作的积极性和主动性。

12.2.4 群体智能网络的应用前景

群体智能网络在多个领域展现出了广阔的应用前景，为解决复杂的实际问题提供了创新的解决方案。在城市交通管理中，通过部署大量的智能交通 Agent，可以实时监测交通流量、路况信息等。这些 Agent 可以安装在道路上的传感器、车辆的车载设备及交通信号灯上，它们通过相互协作，实现交通信号灯的智能优化、车辆的智能调度，从而有效缓解交通拥堵。根据实时的交通流量数据，智能交通 Agent 可以动态调整交通信号灯的时长，使车辆在路口的等待时间最短。它们还可以根据车辆的位置和行驶方向，为车辆规划最优的行驶路线，避免车辆集中在某些拥堵路段。在一些大城市的智能交通试点项目中，采用群体智能网络技术后，交通拥堵情况得到了明显改善，车辆的平均行驶速度提高了 20%～30%，出行时间缩短了 15%～20%。

1. Agent 在环境保护领域的应用

在环境保护领域，分布在不同区域的环境监测 Agent 可以实时采集空气质量、水质、土壤质量等数据。这些 Agent 通过群体智能网络的协作分析，能够及时发现环境问题，并制定相应的治理措施。在一个大型的流域生态监测项目中，多个水质监测 Agent 可以实时监测河流的水质参数，如酸碱度、溶解氧、化学需氧量等。当某个区域的水质出现异常时，群体智能网络可以迅速分析出污染源和污染范围，并及时通知相关部门采取治理措施，有效保护了流域的生态环境。

2. Agent 在科研领域的应用

在科研领域，群体智能网络可以加速科学研究的进程，多个 Agent 协同工作，共同攻克复杂的科学难题。在蛋白质结构预测这一极具挑战性的科研项目中，通过分布式的计算 Agent 网络，每个 Agent 负责计算蛋白质结构的一部分，然后通过信息共享和协作，共同预测蛋白质的三维结构。这种方式大大提高了蛋白质结构预测的速度和准确性，为药物研发和生命科学研究提供了重要支持。

3. Agent 在其他领域的应用

群体智能网络还在工业制造、物流配送、智能电网等领域有着广泛的应用潜力。在工业制造中，通过群体智能网络实现生产设备的智能调度和协同工作，提高生产效率和产品质量。在物流配送中，利用群体智能网络优化配送路线，提高配送效率，降低物流成本。在智能电网中，通过群体智能网络实现电力资源的智能分配和调度，提高电网的稳定性和可靠性。

群体智能网络作为一种新兴的智能模式，具有强大的问题解决能力和广泛的应用前景。通过深入研究群体智能的原理和模型，优化协同解题的任务分配和协作机制，充分发挥群体智能网络的优势，我们有望在各个领域取得更多的创新和突破，为人类社会的发展创造更大的价值。

12.3 人机共生宣言：保持人性优势的修炼

12.3.1 情感与创造力的培养

在人机共生的崭新时代，人类与人工智能的界限逐渐模糊，而情感与创造力成为人类区别于机器的独特标识，是我们在这一时代中保持优势的关键所在，因此，对它们的培养与发展尤为迫切。情感就是人类心灵的触角，赋予我们对世界细腻入微的感知和丰富多彩的体验。它不仅是个体内心世界的映照，更是构建人类社会关系和传承文化的坚固基石。当我们漫步于艺术的殿堂，无论是沉浸在绘画的斑斓色彩与灵动线条之中，还是陶醉于文学作品的字里行间，或是在音乐的旋律中徜徉，都能深切感受到情感的力量。

在绘画创作中，艺术家们以色彩为语言，以线条为笔触，将内心深处的情感世界毫无保留地展现出来。梵高的《星月夜》，那旋转的星云、明亮的月亮和扭曲的树木，无不流露出他内心的挣扎与对生命的热爱；达·芬奇的《蒙娜丽莎》，那神秘的微笑背后，蕴含着人类复杂而微妙的情感。对普通人而言，参与绘画创作同样是一次深度的情感探索。在涂抹色彩的过程中，人们可以将内心的喜悦、悲伤、焦虑等情绪具象化，从而更好地理解和表达自己的情感。文学作品则是情感的宝库，它跨越时空的界限，引发读者强烈的情感共鸣。当我们阅读《简·爱》时，被简·爱追求平等和自由爱情的坚定信念所打动，仿佛能亲身感受到她内心的挣扎与勇气；读《活着》时，我们会为福贵的悲惨命运而落泪，在他的人生起伏中，深刻体会到生命的坚韧与脆弱。这些作品拓展了我们情感的深度和广度，让我们能够体验到不同人物在不同情境下的情感世界，从而丰富自己的情感认知。

创造力，作为推动人类进步的核心动力之一，在人机共生时代发挥着不可替代的作用。它是人类突破常规、创造新事物的能力，是推动科技发展、文化繁荣和社会进步的源泉。培养创造力的关键在于鼓励创新思维，为其提供宽松自由的环境。在教育领域，启发式教学方法犹如一把钥匙，开启了学生创新思维的大门。教师不再是知识的灌输者，而是引导者和启发者。通过提出开放性问题，鼓励学生大胆质疑、积极思考，培养他们独立解决问题的能力。在科学课上，教师可以设置一个关于植物生长的实验，让学生自主设计实验方案，观察植物的生长过程，并分析实验结果。在这个过程中，学生们需要运用创新思维，思考如何控制变量、如何优化实验条件，从而培养他们的创新能力。在工作中，企业营造创新文化至关重要。谷歌公司以其开放包容的企业文化而闻名，鼓励员工在工作时间内拿出一定比例的时间进行自由探索和创新项目。这种宽松的环境激发了员工的创造力，诞生了如谷歌地图、谷歌翻译等一系列具有创新性的产品。企业还可以通过举办创新竞赛、设立创新奖励机制等方式，激励员工积极参与创新活动，充分发挥他们的创造力。

12.3.2 人际交往与沟通能力

人际交往与沟通能力是人类社会生活的核心要素，在人机共生时代，更是我们保持优势的重要保障。良好的人际交往能力如同搭建人际关系的桥梁，帮助我们建立和谐融洽的人际关系，拓展广阔的社交圈子，从而获取更多的资源和支持。

在团队合作中，有效的沟通是协作的润滑剂，能够促进成员之间的信息共享和协同工作，极大地提高团队的工作效率。以软件开发团队为例，程序员、设计师、测试人员等不同角色之间需要密切沟通。程序员需要向设计师了解产品的设计理念和用户需求，以便更好地实现产品的功能；设计师需要与测试人员沟通，了解产品在测试过程中出现的问题，及时进行优化。只有通过有效的沟通，团队成员才能明确各自的职责，避免重复劳动和误解，确保项目顺利推进。锻炼人际交往与沟通能力的途径多种多样，参加社交活动和团队项目是其中行之有效的方法。在社交活动中，我们会遇到来自不同背景、不同性格的人。学会倾听他人的观点和想法，是建立良好人际关系的第一步。认真倾听对方的话语，理解其背后的意图和情感，不仅能够表达对他人的尊重，还能让我们从他人的经验中获取启发。在表达自己的意见和情感时，要注意方式方法，做到真诚、清晰、有条理。尊重他人的差异也是提升人际交往质量的关键。每个人都有自己独特的价值观和生活方式，尊重这些差异，能够避免冲突和矛盾，营造和谐的社交氛围。

在团队项目中，掌握有效的沟通技巧至关重要。清晰表达是确保信息准确传递的基础，在阐述观点时，要简洁明了，避免使用模糊不清的语言。积极反馈能够让团队成员感受到自己的工作得到了认可和关注，同时也有助于发现问题和改进工作。当团队成员提出一个想法时，给予积极的回应，如"这个想法很有创意，我们可以进一步探讨如何实施"，能够激发成员的积极性和创造力。协调冲突也是团队沟通中的重要环节。在团队合作中，难免会出现意见分歧和冲突，此时，要保持冷静，客观分析问题，寻求双方都能接受的解决方案。

12.3.3 批判性思维与问题解决

在信息爆炸的时代，各种信息如潮水般涌来，真伪难辨，批判性思维与问题解决能力成为我们在复杂环境中保持清醒头脑、做出正确决策的关键。

批判性思维是对信息进行深入分析、客观评估和准确判断的能力，它能够帮助我们拨开信息的迷雾，辨别真伪，发现问题的本质。通过学习逻辑推理、分析论证等方法，我们可以逐步培养批判性思维能力。在学习逻辑推理时，我们要掌握演绎推理、归纳推理等基本方法，学会通过已知的前提推导出合理的结论。在分析论证时，要学会识别论点、论据和论证的过程，判断论证的合理性和有效性。在面对复杂的问题时，批判性思维能够引导我们从多个角度进行分析。以人工智能的发展对就业市场的影响为例，我们不能仅看到人工智能可能导致部分岗位被替代的表面现象，还要深入分析其背后的原因和潜在的影响。从经济结构调整的角度看，人工智能的发展会推动产业升级，创造新的就业机会；从社会公平的角度看，可能会加剧贫富差距。通过多维度的分析，我们能够提出更加全面、合理的解决方案，如加强职业培训，帮助劳动者适应新的就业需求；制定合理的政策，促进人工智能的健康发展，保障社会公平。

问题解决能力是将批判性思维应用于实际情境的能力，它需要我们在实践中不断锻炼和积累经验。在日常生活和工作中，我们会遇到各种各样的问题，如工作中的项目难题、生活中的家庭矛盾等。面对这些问题，我们要积极主动地去解决，尝试运用不同的方法和策略。在解决问题的过程中，要善于总结经验教训，分析成功和失败的原因，不断优化自己的问题解决能力。在解决工作中的项目难题时,我们可以首先运用批判性思维对问题进行全面分析,明确问题的关键所在。然后,制订多种解决方案,并对其进行评估和比较,选择最优方案。在实施过程中,要密切关注进展情况,及时调整策略。如果项目进度滞后,我们要分析是资源不足、技术难题,还是团队协作问题导致的,然后有针对性地采取措施,如增加资源投入、寻求技术支持或加强团队沟通。通过不断地实践和总结,我们的问题解决能力会得到逐步提升。

12.3.4 道德与伦理素养的提升

随着人工智能技术的迅猛发展,道德与伦理问题日益凸显,成为人机共生时代不可忽视的重要议题。提升道德与伦理素养,不仅是确保人工智能技术健康发展的重要保障,也是人类在与人工智能交互过程中保持自身尊严和价值的关键。制定人工智能的道德准则和伦理规范,是引导技术研发和应用朝着有利于人类社会方向发展的重要举措。在人工智能的研发过程中,研发人员需要考虑技术的潜在影响,确保其符合人类的价值观和道德标准。在设计人工智能算法时,要避免算法偏见的产生,确保其公平、公正地对待每一个个体。在招聘算法中,如果算法存在对特定性别或种族的偏见,就会导致不公平的招聘结果,损害社会的公平正义。人类自身也需要不断提升道德与伦理素养,在与人工智能的交互中,严格遵循道德和伦理原则。在使用人工智能服务时,我们要尊重他人的隐私和权益,不滥用技术。在使用智能语音助手时,要注意保护个人隐私,不随意泄露他人的信息。在人工智能的研发过程中,研发人员要充分考虑技术可能带来的负面影响,如对就业市场的冲击、对人类自主性的威胁等,并采取相应的措施加以防范。

道德与伦理素养的提升还体现在对人工智能应用的监督和管理上。政府和相关机构需要制定严格的法律法规,规范人工智能的应用和发展。对于违反道德和伦理规范的行为,要进行严厉的处罚。社会各界也需要加强对人工智能道德和伦理问题的关注和讨论,提高公众的意识,形成良好的社会舆论氛围。在人机共生的时代,情感与创造力、人际交往与沟通能力、批判性思维与问题解决能力及道德与伦理素养的提升,是我们保持人性优势的关键所在。通过不断地培养和修炼这些能力,我们才能够更好地适应人机共生的时代,充分发挥人类的独特价值,与人工智能实现和谐共生,共同推动人类社会的发展与进步。

第 12 章 通向 AGI：Agent 的终极进化之路

12.4 认知增强革命：脑机接口与生物智能融合

12.4.1 脑机接口技术的原理与应用

脑机接口（Brain-Computer Interface，BCI）技术，堪称连接人类大脑与外部设备的一座创新桥梁，它彻底打破了传统的人机交互模式，开辟出一条直接通过大脑信号实现人机通信的崭新路径。

从原理层面来看，脑机接口技术主要依赖于对大脑电活动信号的采集、分析与处理。大脑在进行各种活动时，神经元之间会产生复杂的电生理活动，这些活动会产生微弱的电信号，脑电图（EEG）和脑磁图（MEG）便是用于捕捉这些信号的主要技术手段。脑电图通过在头皮表面放置多个电极，来记录大脑皮层的电活动，它能够反映大脑整体的功能状态，虽然其空间分辨率相对较低，但时间分辨率较高，能够实时捕捉大脑信号的变化。脑磁图则是利用超导量子干涉仪，检测大脑神经电流产生的微弱磁场变化，其空间分辨率比脑电图更高，能够更精确地定位大脑活动的区域。采集到大脑信号后，接下来便是复杂的分析与处理过程。这些原始的大脑信号往往包含大量的噪声和干扰信息，需要通过一系列的信号处理算法，如滤波、特征提取等，来去除噪声，提取出与特定大脑活动相关的特征信号。将这些特征信号与预先设定的模式进行匹配和识别，从而将其转化为计算机能够理解的指令。如果大脑信号中包含了用户想要"抬起手臂"的意图，经过分析处理后，计算机就能接收到相应的指令，进而控制外部设备（如假肢）完成抬起手臂的动作。如图 12-1 所示为脑机接口技术的原理。

1. 脑机接口在医疗领域的应用

在医疗领域，脑机接口技术展现出了巨大的应用潜力，为众多患者带来了新的希望。传统的瘫痪治疗手段往往只能在一定程度上缓解症状，难以让患者真正恢复自主运动能力。而植入式脑机接口的出现改变了这一现状，通过在患者大脑的运动皮层植入电极，采集大脑发出的运动控制信号，经过处理后传输给假肢或轮椅的控制系统，瘫痪患者就能够凭借自己的大脑信号来控制这些设备，实现自主运动。美国匹兹堡大学的科研团队就成功帮助一位瘫痪患者通过脑机接口技术控制机械手臂，完成了进食、喝水等日常动作，极大地提高了患者的生活自理能力和生活质量。

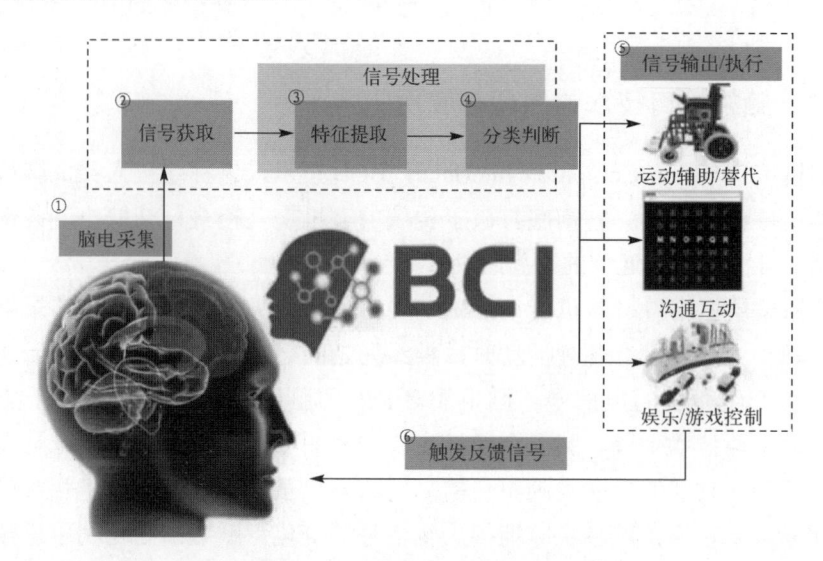

图 12-1　脑机接口技术的原理

2. 脑机接口在军事领域的应用

在军事领域，脑机接口技术同样具有重要的应用价值。现代战争对士兵的作战效率和信息处理能力提出了极高的要求。脑机接口技术可以应用于士兵的作战辅助系统，通过大脑信号实现快速的信息传递。士兵在战场上不需要通过语言或手动操作，就能将自己的意图和战场信息快速传达给队友和指挥中心。当士兵发现敌人的位置时，只需通过大脑发出特定的信号，就能将敌人的坐标信息实时传输给队友，实现更高效的协同作战，大大提高了作战效率和作战安全性。

3. 脑机接口在娱乐领域的应用

在娱乐领域，脑机接口技术也为用户带来了全新的体验。以虚拟现实（VR）和增强现实（AR）为例，传统的交互方式主要依赖于手柄、键盘等外部设备，而脑机接口技术的应用使得用户可以通过大脑信号直接控制虚拟环境中的角色和物体。用户只需在脑海中想象自己向前行走、跳跃或抓取物体，虚拟环境中的角色就能实时做出相应的动作，实现更加沉浸式的体验。一些游戏公司已经开始探索将脑机接口技术应用于游戏开发中，玩家可以通过大脑信号控制游戏角色的行为，与游戏环境进行更加自然和流畅的交互，为游戏产业带来了新的发展方向。

12.4.2 生物智能的特点与优势

生物智能，作为自然界赋予生物体的独特能力，展现出了与传统计算机智能截然不同的特性，这些特性使得生物智能在很多方面具有显著的优势。

生物智能具有高度的适应性、自适应性和容错性。与传统计算机按照预设程序运行不同，生物体能够根据环境的变化实时调整自身的行为和生理状态。在面对不同的气候条件、食物资源和生存威胁时，生物能够迅速做出反应，调整自身的代谢、行为模式和生理机能，以适应环境的变化。这种自适应性使得生物能够在复杂多变的自然环境中生存和繁衍。生物智能的信息处理方式基于生物神经系统，通过神经元之间的电化学信号传递和处理信息，这与传统计算机的二进制数字信号处理方式有着本质的区别。生物神经系统具有并行处理的能力，大脑中的神经元可以同时处理多个信息，实现快速的信息整合和决策。相比之下，传统计算机虽然运算速度快，但在处理复杂的多任务时，往往需要依次执行不同的程序，效率相对较低。生物神经系统还具有分布式存储的特点，信息并非存储在某个特定的位置，而是分布在整个神经网络中。这使得生物智能具有很强的容错性，即使部分神经元受损，也不会对整体的智能功能产生严重影响。

在感知方面，生物智能展现出了卓越的能力。以人类的视觉系统为例，能够在瞬间识别出复杂的物体和场景，并且能够快速判断物体的形状、颜色、大小和距离等信息。人类可以在熙熙攘攘的人群中迅速识别出熟悉的面孔，而目前的计算机视觉技术在面对复杂场景和模糊图像时，仍然存在较大的挑战。生物智能在学习方面也具有独特的优势。生物体通过与环境的交互不断学习和积累经验，这种学习过程基于实际的感知和体验，更加灵活和高效。婴儿通过不断地观察和尝试，逐渐学会走路、说话和理解周围的世界，这种学习能力是传统机器学习算法难以企及的。在决策过程中，生物智能能够综合考虑多种因素，做出灵活的决策。当动物在寻找食物时，会综合考虑食物的位置、数量、获取难度及周围环境的安全性等因素，做出最有利于自身生存的决策。人类在日常生活中也会面临各种复杂的决策，如职业选择、投资决策等，我们会综合考虑个人兴趣、能力、市场需求、风险等多方面因素，做出最适合自己的选择。这种综合决策能力是生物智能的重要体现，也是传统计算机智能所欠缺的。

12.4.3 融合技术的发展现状与挑战

脑机接口与生物智能融合技术，作为当前科技领域的前沿研究热点，吸引了众多科研人员的关注和投入。尽管这一技术展现出了巨大的潜力，但目前仍处于发展的初级阶段，面临着很多技术和伦理社会方面的挑战。

1. 技术层面信号难题攻坚

在技术层面，信号采集的准确性和稳定性是首要难题。大脑信号极其微弱，很容易受到外界环境的干扰，如电磁干扰、肌肉运动产生的电信号干扰等。为提高信号采集的质量，科研人员不断探索新的电极材料和电极植入方式。采用新型的纳米材料制作电极，以提高电极与大脑组织的兼容性和信号采集的灵敏度；研究无创的脑机接口技术，如改进头皮电极的设计，减少对用户的侵入性，同时提高信号采集的准确性。信号处理算法也需要不断优化，大脑信号的复杂性使得准确识别和分类这些信号成为一项极具挑战性的任务。目前的信号处理算法在面对复杂的大脑活动时，仍然存在误判率较高的问题。科研人员正在研究更加先进的机器学习算法和深度学习算法，以提高信号处理的准确性和效率。

2. 伦理/社会引发争议问题

在伦理和社会方面，脑机接口与生物智能融合技术引发了诸多争议。隐私保护问题成为人们关注的焦点。由于脑机接口直接采集大脑信号，这些信号包含了个人的思想、情感和行为意图等敏感信息。如果这些信息被泄露或滥用，将对个人的隐私和安全造成严重威胁。黑客可能通过攻击脑机接口系统，获取用户的大脑信号，从而窥探用户的隐私，甚至控制用户的行为。如何确保大脑信号的安全传输和存储，建立严格的隐私保护机制，是亟待解决的问题。

3. 制定规范促技术健康发展

人类自主性也是一个备受关注的问题。随着脑机接口技术的发展，人们担心外部设备可能会对人类的思想和行为产生控制。在医疗领域，虽然脑机接口可以帮助患者恢复运动能力，但如果被恶意利用，可能会强制患者做出违背自己意愿的行为。如何在发展脑机接口技术的同时保障人类的自主性和自由意志，是伦理和社会层面需要深入探讨的问题。还需要制定合理的伦理规范和监管政策。政府和相关机构需要加强对脑机接口与生物智能融合技术的监管，明确技术的应用范围和使用规范，对违反伦理规范的行为进行严厉的处罚。社会各界也需要加强对这一技术的伦理和社会影响的讨论，提高公众的意识，引导技术朝着有利于人类社会的方向发展。

12.4.4　对人类认知能力的提升预期

脑机接口与生物智能融合技术的发展，为人类认知能力的提升带来了前所未有的机遇，有望引发一场革命性的变革。

1. 拓展感知能力新边界

从感知能力方面来看，通过与外部设备的连接，人类可以突破自身感官的限制，实现对更广泛信息的感知。借助脑机接口技术，人类可以直接获取来自其他传感器的信息，如红外线、紫外线、超声波等，从而拓展我们的感知范围。在黑暗环境中，通过连接红外传感器，人类可以像夜行动物一样"看到"周围的物体，这将为夜间作业、救援等工作带来极大的便利。在记忆能力方面，融合技术也具有巨大的潜力。目前，科学家已经开始研究如何通过脑机接口技术增强人类的记忆。通过刺激大脑的特定区域，或者将外部存储设备与大脑连接，实现记忆的存储和提取。这对有记忆力减退疾病的患者来说，是一个福音，也可能为普通人提供更强大的记忆能力，帮助我们更好地学习和工作。计算能力的提升也是融合技术的重要发展方向，人类的大脑虽然具有强大的思维能力，但在复杂的计算任务面前，往往不如计算机高效。通过脑机接口与计算机的融合，人类可以借助计算机的强大计算能力，快速处理大量的数据。在科研领域，科学家可以通过脑机接口与超级计算机连接，快速分析和处理海量的实验数据，加速科学研究的进程。

2. 助力大脑研究与疾病治疗

脑机接口与生物智能融合技术还有望促进人类对大脑认知机制的深入理解。通过研究大脑与外部设备的交互过程，我们可以更好地了解大脑的工作原理，揭示大脑的奥秘。这将为治疗神经系统疾病提供新的方法和途径。对于癫痫、帕金森病等神经系统疾病，可以通过脑机接口技术实时监测大脑的电活动，找到疾病发作的规律和机制，从而研究出更有效的治疗手段。脑机接口与生物智能融合技术虽然面临着诸多挑战，但它为人类认知能力的提升和社会的发展带来了巨大的潜力。我们需要在技术研发的同时高度关注伦理和社会问题，制定合理的政策和规范，确保这一技术能够健康、可持续地发展，为人类的进步和福祉做出贡献。

12.5 具身智能突破：机器人 Agent 的物理具现化

12.5.1 机器人的感知与行动能力

机器人 Agent 的物理具现化是实现具身智能的基石。在感知层面，机器人依赖种类繁多的传感器来捕捉周围环境的信息，这些传感器如同机器人的"感官"，赋予其对世界的认知能力。

1. 视觉感知靠摄像头助力

摄像头作为视觉感知的核心部件，通过图像采集与处理技术，帮助机器人识别物体和场景。以工业生产中的机器人为例，高精度的摄像头能够对零部件进行精确的视觉定位，识别其形状、尺寸和位置信息，确保机械臂准确抓取和操作。在安防监控领域，机器人配备的摄像头可以实时监测环境，识别异常行为和目标物体，及时发出警报。随着计算机视觉技术的不断发展，摄像头的分辨率和图像识别能力不断提升，机器人能够更精准地感知复杂环境中的细节。

2. 声音感知由传声器实现

传声器则承担着声音感知的重任，使机器人具备语音交互的能力。在智能家居场景中，智能音箱机器人通过传声器接收用户的语音指令，实现音乐播放、信息查询、设备控制等功能。在教育领域，机器人教师借助传声器与学生进行对话交流，理解学生的问题并给予解答，为教学活动提供了更加生动的交互方式。传声器技术的发展也使得机器人能够在复杂的声学环境中准确识别语音信号，提高语音交互的准确性和稳定性。

3. 力传感器实现精细操作

力传感器在机器人实现精细操作方面发挥着不可或缺的作用。在医疗手术中，机器人助手通过力传感器感知手术器械与组织之间的接触力，实现精准地切割、缝合等操作，减少对周围组织的损伤。在工业制造中，力传感器帮助机器人在抓取易碎物品时，精确控制抓取力度，避免物品损坏。力传感器的灵敏度和精度不断提高，使得机器人能够完成更加复杂和精细的任务。在行动能力方面，机器人的灵活性和精准度是衡量其性能的重要指标。电机和驱动器作为机器人的执行机构，通过精确的控制算法，实现各种复杂动作。在工业生产中，机器人的机械臂需要精确控制运动轨迹和速度，完成零部件的组装和加工。汽车制造工厂中的机器人机械臂，能够在高速运动的同时，保证零部件的安装精度达到微米级，大大提高了生产效率和产品质量。在服务领域，机器人的自主导航能力至关重要。服务机器人需要在复杂的室内或室外环境中自主移动，为用户提供服务。配送机器人需要在城市街道或小区内准确导航，将包裹送达指定地点。为了实现自主导航，机器人通常结合激光雷达、GPS、视觉导航等多种技术，实时感知周围环境信息，规划最优路径，并避开障碍物。随着导航技术的不断进步，机器人的自主导航能力越来越强，能够适应更加复杂的环境。

12.5.2　机器人与环境的交互模式

机器人与环境的交互模式是具身智能的核心内容，它决定了机器人在不同场景下的行为表现和决策能力。机器人通过感知环境信息，依据预设的策略和算法，做出相应的行动决策。

1. 家庭服务机器人的运作

在家庭服务场景中，扫地机器人是一个典型的例子。它通过激光雷达、摄像头等传感器，实时扫描房间的布局和地面状况，构建环境地图。基于此地图，扫地机器人运用路径规划算法，自主规划清洁路径，确保全面覆盖房间的各个角落，同时避开家具、墙壁等障碍物。一些高端的扫地机器人还能根据地面的脏污程度，自动调整清洁力度和速度，实现高效清洁。

2. 救援场景下的机器人行动

在救援场景中，机器人面临着更加复杂和危险的环境，需要具备高度灵活的行动策略。在地震后的废墟中，救援机器人需要根据现场的危险情况，如建筑物坍塌、火灾隐患等，以及救援任务的要求，如搜索幸存者、搬运救援物资等，实时调整行动策略。通过携带的各种传感器，如气体传感器、生命探测仪等，机器人能够感知废墟中的危险气体浓度、生命迹象等信息，为救援人员提供重要参考。机器人还可以根据自身的运动能力和环境条件，选择合适的行进路线，进入救援人员难以到达的区域，开展救援工作。

3. 人机交互在教育、医疗领域的应用

机器人与人类的交互也是具身智能的重要组成部分。在教育领域，机器人教师能够与学生进行互动交流，根据学生的学习情况和反馈，调整教学内容和方法。机器人教师可以通过面部识别、语音识别等技术，了解学生的情绪状态和学习进度，提供个性化的学习指导。对于学习困难的学生，机器人教师可以耐心地重复讲解知识点，提供更多的练习题目；对于学习进度较快的学生，机器人教师可以提供更具挑战性的学习内容，激发学生的学习兴趣。

在医疗领域，机器人助手协助医生进行手术，根据医生的指令和患者的生理数据，提供精准的操作支持。在微创手术中，机器人助手能够通过力反馈技术，将手术器械的操作力度和触感反馈给医生，使医生能够更精准地控制手术器械。机器人助手还可以实时监测患者的生理参数，如心率、血压等，为医生提供手术过程中的实时数据支持，确保手术的安全进行。

12.5.3 具身智能的应用场景与案例

具身智能在多个领域展现出广阔的应用前景，为解决实际问题和提高生产生活效率提供了创新解决方案。

1. 物流领域机器人显身手

在物流领域，机器人的应用极大地提高了物流效率。以亚马逊的仓库为例，大量的 Kiva 机器人在仓库中协同工作。这些机器人能够自主搬运货物货架，将货物准确地送到分拣员面前，实现货物的自动分拣和包装。相比传统的人工分拣方式，机器人分拣系统的效率提高了数倍，同时减少了人工错误，降低了物流成本。一些物流企业还采用了无人机配送技术，通过无人机将小型包裹直接送达客户手中，进一步提高了配送效率，缩短了配送时间。

2. 农业领域机器人展效能

在农业领域，机器人的应用实现了农田的自动化管理。农业机器人可以根据农作物的生长状况和环境参数，精准地进行农事操作。通过图像识别技术，农业机器人能够识别农作物的病虫害情况，及时进行有针对性的防治；利用传感器监测土壤的湿度、肥力等信息，自动进行灌溉和施肥，提高水资源和肥料的利用效率。一些农业机器人还具备自动播种和收割的功能，大大提高了农业生产的效率和质量。日本的一家农业科技公司开发的草莓采摘机器人，能够通

过视觉识别技术准确判断草莓的成熟度,然后利用机械臂精准采摘草莓,提高了草莓采摘的效率和质量。

3. 灾难救援机器人担重任

在灾难救援领域,具身智能机器人发挥着重要作用。在地震、火灾等灾难现场,救援机器人可以进入危险区域,进行搜索和救援工作。它们可以携带各种传感器和救援设备,为救援人员提供实时的信息和支持。在 2011 年日本福岛核事故中,机器人被用于进入核辐射区域进行探测和清理工作,避免了救援人员直接暴露在高辐射环境中,保障了救援人员的安全。在地震废墟中,生命探测机器人能够利用雷达、声波等技术,搜索幸存者的位置,为救援工作提供重要线索。

12.5.4 技术发展的瓶颈与突破方向

当前,具身智能技术的发展虽然取得了一定的进展,但仍然面临着很多瓶颈,限制了其进一步的应用。

1. 能源续航问题亟待解决

在能源供应方面,机器人的续航能力是一个亟待解决的问题。目前,大多数机器人主要依靠电池供电,然而电池的能量密度有限,导致机器人的续航时间较短。在工业生产中,频繁更换电池或充电会影响生产效率;在野外作业或长时间救援任务中,续航能力不足可能导致机器人无法完成任务。为解决这一问题,科研人员正在不断研发新型电池技术,如氢燃料电池、固态电池等,以提高电池的能量密度和续航能力。优化能源管理系统,通过智能控制机器人的能源消耗,延长电池的使用时间。

2. 复杂环境适应能力有待提升

在复杂环境适应性方面,机器人在面对复杂多变的环境时,其感知和行动能力还存在明显不足。在崎岖的地形上,机器人的行走稳定性和通过性较差,容易出现摔倒或被困的情况;在恶劣的天气条件下,如暴雨、沙尘等,机器人的传感器性能会受到严重影响,导致感知信息不准确,进而影响其行动决策。为提高机器人在复杂环境中的适应性,需要研发更加先进的传感器技术,提高传感器的抗干扰能力和环境适应性。改进机器人的运动控制算法,使其能够更好地应对复杂地形和环境变化。

3. 人机协作模式创新探索

在人机协作方面，实现机器人与人类的自然交互和高效协作是一个重要的研究方向。目前，机器人与人类之间的交互方式还不够自然和流畅，存在沟通障碍和协作效率低下的问题。在工业生产中，机器人与工人之间的协作需要更加紧密和高效，以提高生产效率和产品质量。为实现人机协作的突破，需要创新人机协作模式，开发更加友好的人机交互界面，使机器人能够更好地理解人类的意图和指令。

4. 未来突破方向展望

未来，具身智能技术的突破方向主要包括新型材料的研发、人工智能算法的优化及人机协作模式的创新。研发新型的轻质、高强度材料，用于制造机器人的结构部件，提高机器人的性能和可靠性。采用碳纤维复合材料等新型材料，能够减小机器人的质量，提高其运动灵活性和负载能力。优化人工智能算法，提高机器人的感知、决策和行动能力，使其能够更好地适应复杂环境。深度学习算法的不断发展，有望提高机器人的图像识别、语音识别和路径规划能力。创新人机协作模式，实现机器人与人类在认知、情感和行动上的深度融合，提高人机协作的效率和质量。开发基于脑机接口的人机协作技术，使人类能够通过大脑信号直接控制机器人的行动，实现更加自然和高效的协作。

具身智能技术的发展虽然面临诸多挑战，但随着技术的不断进步和创新，其在各个领域的应用前景依然十分广阔。通过突破技术瓶颈，实现机器人与环境、人类的高效交互和协作，具身智能将为人类社会的发展带来更多的机遇和变革。

12.6 新物种宣言：超越碳基生命的硅基文明猜想

12.6.1 硅基生命的概念与特征

在浩瀚宇宙的生命探索征程中，碳基生命是我们最为熟悉的生命形式，它以碳元素为核心，构建起地球上丰富多彩的生命世界。但科学家们的视野并未局限于此，一种设想中的以硅元素为基础的生命形式——硅基生命，正逐渐进入人们的研究与想象范畴。

第 12 章 通向 AGI：Agent 的终极进化之路

1. 硅碳相似性奠定基础

从化学层面来看，硅与碳确实存在着一定的相似性，这也是硅基生命猜想的重要依据。碳元素能够形成种类繁多、结构复杂的化合物，从简单的碳氢化合物到复杂的蛋白质、核酸等生物大分子，构成了碳基生命的物质基础。硅元素同样具备形成复杂化合物的能力，硅原子可以与氧、氢、氮等多种元素结合，形成各种硅化合物。硅氧键的稳定性使得硅化合物在许多情况下表现出独特的物理和化学性质。基于这些化学特性，硅基生命被推测可能具有一系列与碳基生命截然不同的特征。其中，耐高温和耐辐射能力是硅基生命备受关注的特点。在高温的星球表面，如一些类地行星靠近恒星的区域，温度极高，碳基生命难以生存。而硅基生命由于其分子结构基于硅化合物，可能具有更强的热稳定性，能够在这样的高温环境下保持分子结构的完整性，从而维持生命活动。在强辐射的宇宙空间，如超新星爆发附近、黑洞周围等区域，辐射强度远远超出碳基生命的承受范围。硅基生命的原子结构或许能够更好地抵御辐射的破坏，使其在这些极端环境中具备生存的可能。

2. 耐高温抗辐射的特性

硅基生命的信息存储和处理方式也可能与碳基生命大相径庭。碳基生命主要通过 DNA 和 RNA 来存储遗传信息，并利用蛋白质进行信息的表达和传递。硅基生命可能会发展出基于硅基材料的信息存储和处理系统。有科学家设想，硅基生命或许能够利用硅芯片的原理来存储和处理信息，通过电子的流动和量子态的变化来实现信息的传递和运算。这种方式可能使得硅基生命在信息处理速度上远远超过碳基生命，因为电子的运动速度极快，能够在瞬间完成大量的信息处理。

3. 独特的信息处理与代谢

从分子结构的稳定性角度分析，硅基生命的分子结构可能更加稳定，这使得它们在极端环境下具有更强的生存优势。在高温环境中，硅化合物的化学键不易断裂，能够保持分子的稳定性。硅基生命的代谢过程也可能基于硅的氧化还原反应。碳基生命通过氧化葡萄糖等有机物质来获取能量，而硅基生命可能会利用硅与其他物质的氧化还原反应来实现能量的获取和利用。它们可能通过吸收硅化合物，将其氧化为更稳定的硅氧化物，在这个过程中释放出能量，用于维持生命活动。

12.6.2 硅基文明的发展路径与可能性

倘若硅基生命真的存在并逐步发展出文明，那么其发展路径极有可能与碳基文明有着天壤之别。硅基文明或许会更加依赖于电子信息的传递和处理，这是由硅基生命自身的特性所决定的。

1. 科技围绕前沿技术展开

在科技发展方面，硅基文明的科技进程很可能围绕着硅基芯片、量子计算等前沿技术展开。硅基芯片作为现代电子技术的核心，对硅基生命而言，可能是其科技发展的基石。硅基生命凭借其对硅元素的天然亲和力，能够更高效地制造和利用硅基芯片。他们可能会将硅基芯片的性能发挥到极致，实现更小的尺寸、更高的运算速度和更低的能耗。在量子计算领域，硅基生命或许能够利用自身在量子态控制方面的优势，推动量子计算技术的飞速发展。量子计算的强大计算能力将为硅基文明的科学研究、工程技术等各个领域带来革命性的变化。

2. 科技推动各领域大发展

硅基生命所具备的更快的信息处理速度和更强的计算能力，将成为推动其科技领域快速发展的强大动力。在科学研究方面，他们能够利用强大的计算能力，快速模拟和分析各种复杂的物理、化学和生物过程。在探索宇宙奥秘时，硅基生命可以通过超级计算机模拟宇宙大爆炸、星系演化等过程，更深入地了解宇宙的起源和发展。在工程技术领域，他们能够快速设计和优化各种复杂的系统，如高效的能源采集和利用系统、先进的星际航行技术等。硅基文明的社会形态也可能与碳基文明有着巨大的差异。由于信息处理速度快，硅基生命之间的沟通和协作可能更加高效。他们或许能够实现一种高度集成的社会结构，个体之间的信息共享和协同工作达到前所未有的程度。在决策过程中，硅基生命可以通过快速的信息交互和强大的计算分析，迅速做出最优决策。在资源分配方面，他们能够利用精确的计算和高效的信息传递，实现资源的合理分配，避免资源的浪费和冲突。在星际探索方面，硅基文明可能具有更大的优势。由于其耐高温和耐辐射的特性，硅基生命可以更轻松地适应宇宙中的极端环境，进行更深入的星际探索。他们可以制造出能够在高温星球表面着陆和探测的探测器，或者在强辐射区域进行长期的科学研究。硅基生命还可能利用其先进的科技，开发出高效的星际航行技术，实现更远距离的星际旅行。

案例：马斯克和他的人形机器人

在2025年2月的一场科技盛会上，马斯克带着他的特斯拉人形机器人Optimus震撼登场。这款机器人是马斯克未来科技布局的重要一环，旨在通过机器人解决危险、重复和无聊的工作，让人类得以解放。

活动现场，Optimus展示了一系列令人惊叹的技能。它能够稳稳地接住抛来的网球，手部动作灵活，其第二代机械手的自由度比上一代增加了一倍，拥有22个自由度，手腕和前臂还有3个自由度，这使得它能完成更复杂精细的动作。此外，它还能与社交名人金·卡戴珊一起完成爱心手势，模仿慢跑动作，跳草裙舞，甚至还能玩石头剪刀布游戏。

马斯克表示，Optimus预计明年开始在特斯拉工厂负责危险、重复和无聊的任务，到2026年可能向其他公司推出，定价预计3万美元左右，之后会降价到2万美元，且支持任何语言。这次展示让人们看到了马斯克在机器人领域的野心和进展，也让大家对未来人机协作的场景充满期待。

但硅基文明的发展也面临着诸多挑战和不确定性。虽然硅基生命在某些方面具有优势，但在其他方面可能存在不足。硅化合物的化学反应活性相对较低，这可能会影响硅基生命的代谢速率和进化速度。硅基生命在与外界环境的交互过程中，可能会面临一些特殊的问题，如硅化合物的溶解性、生物兼容性等。硅基文明的发展路径充满了无限的可能性和想象空间。虽然目前硅基生命和硅基文明还只是停留在猜想和理论研究阶段，但随着科学技术的不断进步，我们对宇宙和生命的认识也在不断深化。未来，或许我们真的能够发现硅基生命的存在，并见证硅基文明的独特魅力。

参 考 文 献

[1] 王洪英. 事业单位档案管理创新与改革对策探讨[J]. 兰台内外, 2024, (16): 67-69.

[2] 陆琰. 大数据驱动下数字化档案创新管理模式与优化策略研究[J]. 兰台内外, 2024, (16): 34-36.

[3] 李菁. 老龄健康服务中心档案管理信息化建设研究[J]. 兰台内外, 2024, (16): 43-45.

[4] 古闫翰. 公共图书馆数字阅读推广模式与创新路径探析[J]. 兰台内外, 2024, (16): 79-81.

[5] 林晓辉, 李伟, 刘建春, 等. 校企党建共建引领下智能制造工程专业教学改革探索——以机器人课程群为例[J]. 南方农机, 2024, 55(11): 161-164.

[6] 任倩倩, 于浩. 人工智能与项目式学习的融合：初中语文教学中的创新实践[J]. 汉字文化, 2024(11): 178-180.

[7] 杨俊蕾, 郑丹路. 人性、技术与心理动机：人工智能科幻影像追问自身[J]. 电影评介, 2024, (7): 1-7.

[8] 刘江峰, 张冉, 张君冬, 等. 以生成式人工智能赋能思想史计算研究：模型构建与应用探索[J]. 图书馆杂志, 2024, (7): 1-16.

[9] 陈奕. 人工智能语境下电影虚拟创作的真实情感呈现——以现实题材电影《涉过愤怒的海》为例[J]. 电影评介, 2024, (7): 1-10.

[10] 黄丽. 人工智能生成内容著作权保护的行为规制模式——以 Sora 文生视频为例[J]. 新闻界, 2024, (7): 1-15.

[11] 刘艳红. 人工智能司法安全风险的算法中心治理模式[J]. 东方法学, 2024, (7): 1-12.

[12] 邵毅, 陈有信, 迟玮, 等. 人工智能在视网膜液监测中的应用指南(2024)[J]. 眼科新进展, 2024, 44(7): 505-511.

[13] 李攀, 邱小健. 人工智能在我国教育领域的应用研究评述[J]. 继续教育研究, 2024, (9): 49-54.

[14] 张夏静, 王海峰, 仲贝贝, 等. 人工智能技术与大学生思想政治教育生态的新融合[J]. 卫生职业教育, 2024, 42(13): 69-71.

[15] 张林凤, 丁希祥. 基于数智化的物流管理专业教学改革研究[J]. 物流科技, 2024, 47(11): 182-184.

[16] 王超. 医疗人工智能致人损害的赔偿责任探析[J]. 锦州医科大学学报(社会科学版), 2024, 22(3): 34-40, 47.

[17] 梁海双, 陈佳琪. 生成式人工智能应用于医疗领域的伦理问题研究[J]. 锦州医科大学学报(社会科学版), 2024, 22(3): 19-22.

[18] 时铭键, 姜纪沂, 张莹, 等. 人工智能在地下水资源评价领域中的应用研究[J]. 水利规划与设计, 2024, (6): 17-25.

[19] 卢锦澎, 梁宏斌. 基于深度Q网络的机器人路径规划研究综述[J]. 传感器与微系统, 2024, 43(6): 1-5.